中国海洋大学"985"工程海洋发展人文社会科学研究基地建设经费资助
教育部人文社会科学重点研究基地中国海洋发展研究院资助
国家社会科学规划基金（12BZZ052）经费资助

海洋公共管理丛书

主编 娄成武

ZHONGGUO **HAIYANG**
QINGFEI GUANLI DELILUN
YU SHIJIAN

中国海洋倾废管理的理论与实践

吕建华 著

人民出版社

序

　　中共十八大报告提出了"发展海洋经济，建设海洋强国"战略，同时将"生态文明建设"纳入了中国特色社会主义事业总体布局，建设海洋生态文明已成为促进海洋经济可持续发展和建设现代化海洋强国的必然选择。"海洋强国战略"首次在党和国家层面的提出，足以证明党和国家对海洋的高度关注和建设海洋强国的决心。作为一名多年从事海洋管理教学与研究的中国海洋大学的教师，对我国海洋事业的发展不仅充满无限憧憬，更是抱有信心和决心。

　　海洋事业的发展在很大程度上取决于海洋环境的状况如何，而人类能否文明、理性、合法有序、有度地开发与利用海洋资源，是保证海洋环境处于优劣状况的先决条件。为此，作者近年来将海洋管理研究的视角更多地投向了海洋环境管理领域，尤其是海洋倾废管理，试图通过人类这一经常性的行为来说明前面所提到的命题。当然，作者研究它更重要的是想唤起人类保护海洋环境的意识、行动和责任，达到保全和保护海洋环境的目的，从而为我国海洋事业发展尽绵薄之力。

　　对于本书的写作内容作者在此做一简要介绍：

　　海洋倾废是基于人类的物质生产与社会生活而产生的大量废弃物的海上倾倒，是考虑陆域空间有限，而海洋空间资源丰富的情况下人类处理废弃物的理性选择，体现了海洋空间资源环境效益。海洋倾废活动造成的海洋环境污染问题早在20世纪50—60年代已引起许多沿海国家政府的重视，从而催生了海洋倾废管理。中国政府一直以来高度重视海洋环境保护工作。为了防止人们有意地向海洋倾倒有毒有害废弃物，保护海洋环境，1985 年中国政府颁布实施《中华人民共和国海洋倾废管理条例》，为我国政府在治理海洋倾废污染方面提供了管理制度的保证。本书的作者近年来一直关注国内外海洋倾废管理的理论与实践，进行了大量调研，获取了丰富的研究资料。该书理论与实践密切结合，通过丰富的案例和实证研究，对我国的海洋倾废管理进行了系统的梳理和深入分析，首次提出了海洋倾废管理流程的精细化管理思想和中国四大海区整合统一的整体性管理思想，为我国海洋倾废的有效管理提供了建设性的思路和对策，是目前国内第一部关于海洋倾废管理的专著。

　　本书围绕主题，安排了如下八章内容：首先，梳理和阐述了中国海洋倾废的由来和海洋倾废管理的产生及其发展的历史进程。人类进行海洋倾废的历史经历了三个发展阶段：由 19 世纪中叶开始的主要对疏浚物、城市垃圾和破船残骸等无毒废弃物的倾弃；到第二次世界大战结束后废弃物没有经过任何无害化、资源化和减量化的技术处理的有毒有害的倾弃；再到 1972 年世界环境大会通过的《人类环境宣言》后，人类开始敬畏生态环境，对保护生态环境达成共识，海洋倾废活动受到人们的关注，经历了由低潮到高潮，再到反思收敛，20 世纪 90 年代海洋倾废活动终于得到有效控制。通过历史回顾与总结，指出海洋倾废及其管理活动是人类物质生产和人居生活的产物，是社会经济发展所必经的阶段，是末端治理过程的具体表现。在海洋倾废由来阐述的基础上，理性分析并界定了海洋倾废概念的内涵，提出对海洋倾废概念的修订应注重倾废的结果描述而不是倾废的手段或方式描述。同时对中国海洋倾废管理的目标、任务和流程进行了定位与分解。其次，对中国海洋倾废管理中重中之重的工作：倾倒区的管理和倾废物的管理现状及其对海洋环境的影响分别立章进行重点论述。再次，对我国海洋倾废管理体制现状及其完善进行了从现实考量到未来变革的方案设想，在海洋倾废管理问题上首次提出"精细化管理"和"整体性治理"的主张，倡导海洋倾废管理运行机制的构建要在精细化问题上下功夫，主张海洋倾废实行精细化的过程管理，同时建议建立海区海洋倾废管理的整体政府治理模式。复次，对我国海洋倾废管理法进行了梳理、反思与重构，提出在立法上从倾废的管辖范围、倾倒区选划与设置及倾废物的管理流程和监测分类标准、倾废收费标准、主管部门签发许可证与监督管理等问题对《海洋倾废管理条例》进行修订和补充，建议将海上排污纳入海洋倾废管辖的范畴；对向海洋排污和倾废实行总量控制制度以及公众参与倾倒区选划和管理工作，进一步完善我国海洋倾废管理制度。最后，本书以具有典型代表意义的四大海区之一——中国东海区海洋倾废管理实践和具有典型代表意义的省域海域山东省海洋倾倒区使用与管理实践作为个案进行实证分析，指出目前中国东海区和山东省海洋倾废管理存在的诸多问题，比如：倾倒区选划位置不科学，多在近海区域，海域污染严重；倾倒区分布不均匀，影响倾废需求，制约沿海经济发展；倾废量控制没有上限规定，以及违规倾废现象严重等都影响了海洋开发与利用的正常秩序；倾倒费用征收标准偏低不足以支付管理成本；海洋倾废管理部门管理不到位、处罚不及时，影响了管理成效等。通过对存在问题的原因进行分析，提出了科学规划、健全制度、精细流程、全方位管控来实现海洋倾废有效管理。

本书作者虽然历经近五年的时间，主持研究了与该书主题相关的五个课题，收获了一些有价值的学术成果，并促成了本书的完稿。但作者深感自己就目前的学术影响距离成为该研究领域的学术权威还有很长的路程要走，因此倍感路漫漫、任重道远，唯有奋力前行才是。

鉴于作者才疏学浅，书中难免存有问题，不当之处敬请业界专家学者和读者批评指正。

吕建华

2013 年 7 月 24 日于青岛天福苑

目　　录

第一章　中国海洋倾废的由来和
海洋倾废管理的产生

海洋污染是当前国际社会所面临的一大难题。无论是沿海发达国家，还是沿海发展中国家都存在不同程度的海洋污染问题。海洋污染给沿海国家带来的海洋环境破坏是空前的，给海洋经济建设带来的损失是不可估量的。因此防治海洋污染，保全海洋资源与环境，维护海洋生态平衡是21世纪各沿海国家发展海洋经济的头等大事。要合理有效地防治海洋污染，就应理性分析造成海洋污染的原因。

按照海洋法的规定，海洋环境污染主要有四类：一类是陆源污染物通过河道口、港口及排污口排放入海的海上排污行为；另一类是海岸工程或海上工程操作性事故和自然灾害等引起的污染；再一类是海底石油勘探开发中因操作不当所造成的污染；最后一类是人类利用工具（船舶、航空器、平台及其他海上构造物）有意向海洋倾倒或弃置废弃物和其他物质的海洋倾废行为。据统计，这四类海洋污染源中陆源污染所占比例最大，接近70%。其次是海洋倾废污染，约占11%。海洋倾废污染虽然所占海洋污染比例不算太高，但给海洋带来的危害则较大。为此，要有效控制海洋倾废活动，就必须首先准确把握海洋倾废的概念，了解海洋倾废的由来与发展。

第一节　海洋倾废的由来及对概念的把握

一、海洋倾废的由来

海洋环境污染是造成海洋环境质量恶化的主要原因。污染物质包括：污水、营养物、有机化合物、沉积物、垃圾和塑料、金属、放射性物质、石油等。因为它们在食物链内同时具有毒性、持久性及生物积累性质，因而对海洋环境的危害性极大。海洋是人类生存的重要生命系统和资源基地，海洋在给了我们丰厚财富的同时，也具备了浩瀚水体对废弃物有毒、有害成分进行降解的自净能力，接纳了来自于人类生活与生产活动产生的废弃物，成为人们处理废弃物的场所之一。

人类利用海洋空间资源处置废弃物的海洋倾废活动已有 100 多年的历史。美国、英国、德国、日本等国家都是海洋倾废较早的国家。纵观世界海洋倾废的历史，可以看出，海洋倾废活动是基于人类的生产、生活活动而产生的大量废弃物垃圾的海洋倾废，是考虑陆域空间有限，而海洋空间资源丰富的情况下人类对处理废弃物所需场所的理性选择。早期的海洋倾废活动开始于欧洲工业革命之后，由于欧美国家工业和海上贸易发展，开始向海洋倾倒城市垃圾和港口疏浚物质。二次大战以后，由于战争产生的大量废弃物和工业迅速发展产生的工业垃圾以及城市生活垃圾的数量剧增，海洋倾废的规模和数量也大大增加。[①] 海洋倾废史从海洋倾倒废弃物的数量与程度可划分为三个阶段。

第一阶段：从 19 世纪中叶到第二次世界大战前，倾倒的废弃物和其他物质主要是疏浚物、城市垃圾和破船残骸等无毒的废弃物。人类社会发展到产业革命阶段，由于临海的优势，沿海城市规模扩大，海上运输业发展很快。海洋交通运输业的发展，需要疏通河道，扩建港口，产生大量的疏浚物，一些沿海国家就开始向海洋倾废。如，英国在 1887 年向泰晤士河口处倾倒城市垃圾；在利物浦、布里斯托尔湾、普利茅斯湾倾倒疏浚物。美国早

---

① 张和庆：《中国海洋倾废历史与管理现状》，《湛江海洋大学学报》2003 年第 5 期。

期的海洋倾废是在费城湾和纽约湾。但是此时的化工及武器制造业还没有形成规模生产以前，向海上倾倒的废弃物种类一般只限于疏浚物、城市生活垃圾和破船残骸，基本属于无毒废弃物，倾倒区也一般设置在沿海国近海海域。倾废特点是规模小，废弃物种类以航道疏浚物为主，对海洋生态环境造成的影响不大。①

第二阶段：第二次世界大战结束到 1972 年。倾倒的废弃物主要是二次世界大战中产生的大量有毒有害的生化武器和各种低放射性废弃物。二战期间，各国生产了大量的生化武器，随着战争的结束，战争遗留下的武器，特别是一些生化武器的处置是人类面临的一个难题。为了避免武器中的有毒有害物质对人类的直接危害，西方一些国家将海洋作为处置这些生化武器的场所，而且是没有经过对这些武器进行任何技术处理就投向大海。苏联将过时的毒气和其他武器沉入地中海；美国也将各种低放射性废弃物处置到大西洋和太平洋中的几十个地区，仅 1946—1969 年，美国在太平洋的 5 个地区就倾倒了 55389 桶放射性废弃物；至 1972 年，英国、比利时、瑞士等西欧国家在太平洋中倾倒了 35790 桶放射性废弃物，总计 11000 吨；日本和韩国也在 1965—1972 年间不同程度地向太平洋倾倒了一些放射性废弃物。这个时期废弃物的有毒有害成分大而且数量也大，严重危害了海洋环境。各国及国际组织相关的管理机制没有建立，海洋倾废基本处于混乱和无序状态。②

第三阶段：1972 年以后至今。这一时期倾倒的废弃物主要是工业生产中产生的大量工业废弃物，海岸工程、海洋工程中产生的废弃物和施工垃圾，还有船舶本身及其在航行中产生的废弃物等。这个时期废弃物的种类多，而且数量特别大，严重危害了海洋环境。1972 年，人类第一次世界环境大会在瑞典的斯德哥尔摩召开，会上与会国共同发表了《人类环境宣言》。人们对生态、环境与人类发展关系的认识进入了新的阶段。人们认识到，污染是海洋环境恶化的根本原因，海水净化废弃物使其转化为无害物质的自净能力也是有限的，特别是港口、海湾等一些近海海域，海域的水文动力情况不足以使倾倒的废弃物得到及时的扩散，久而久之，废弃物的有毒有

---

① 郑淑英：《中国海上排污与倾废收费政策及标准研究》，海洋出版社 2006 年版，第 3 页。
② 郑淑英：《中国海上排污与倾废收费政策及标准研究》，海洋出版社 2006 年版，第 3—4 页。

害成分得不到降解，海水的自净能力逐渐减退，直至无法恢复，造成水体严重污染，甚至成片的海域成为死海，这样的实例并不鲜见。特别是随着沿海工业生产规模的扩大，一些化学物质，包括一些放射性废弃物也被运到海上进行倾倒，表面看似乎使这些有毒有害物质远离了人类居住的陆地，但是这些有害有毒物质通过海水的传播，使范围扩大，令海洋生物中毒，并通过食物链影响鱼类，最终影响人类健康。据统计，世界每年向海里倾倒的废弃物达 200 亿吨。人类合成的化学品有 700 万种，约有 10 万余种进入人类的生存环境，其中持久性的有机污染对人类健康和生态系统产生的毒性影响最为持久，且对人类危害最大。特别是近海，人类受其影响最为严重。[①] 从世界范围来看，20 世纪 70 年代开始，海洋倾废活动引起人们的注意，80 年代海洋倾废达到高潮，90 年代中期以后开始收敛，海洋倾废活动逐渐得到有效控制。

中国海洋倾废历史与世界海洋倾废历史基本同步。中国的早期海洋倾废主要是航道、港池疏浚物的倾倒，海洋倾废活动最早出现在经济活动频繁的上海。由于吴淞口内淤沙的淤积阻碍黄浦江航道，清政府于 1882 年向英国购买了"安定号"挖泥船，并于 1883 年 3 月 1 日起疏浚吴淞口外泥沙（位于吴淞口外的黄浦江与长江交汇处），开始了海上倾倒活动，倾废地点在吴淞口外海域。此后，青岛、天津、烟台、广州等地相继进行了海上倾倒活动。[②] 早期年疏浚物倾倒量约为百万吨。倾倒的废弃物及其特点和倾倒行为带来的危害基本相同。

新中国成立后，我国进入经济建设与经济发展阶段。随着国民经济和海上对外贸易的发展，港口和航道建设也得到了长足的发展。与此同时，利用海洋空间处置废弃物的规模也迅速扩大。港口、航道疏浚物的倾废量逐年增加，疏浚物倾废量从 50 年代的 300 多万 m^3 增加到 60 年代的 800 万 m^3，70 年代上升到近 2000 万 m^3，80 年代达到了近 5000 万 m^3，[③] 90 年代则达到了 6000 万 m^3，21 世纪初更是达到了 6500 万 m^3。[④] 大量的疏浚物倾废入海，给

---

① 郑淑英：《中国海上排污与倾废收费政策及标准研究》，海洋出版社 2006 年版，第 4 页。
② 张和庆：《中国海洋倾废历史与管理现状》，《湛江海洋大学学报》2003 年第 5 期。
③ 张和庆：《中国海洋倾废历史与管理现状》，《湛江海洋大学学报》2003 年第 5 期。
④ 国家海洋局：《中国海洋倾废管理公报》（1999—2008 年）。

海水养殖业造成了很大的危害，同时也给海洋环境和海洋资源造成严重的污染和危害。为此，保护海洋环境就是保护人类的家园。重视海洋倾废的有效管控已成为世界各沿海国的重要任务。

海洋倾废活动造成的海洋环境污染问题早在20世纪50—60年代已引起许多沿海国家政府的重视。为了防止人们继续有意地向海洋倒废垃圾和有害物质，保全海洋资源，保护海洋环境，1972年11月13日英国政府在"防止倾倒废物和其他物质污染海洋公约"的标题下组织会议，与参会的美国、澳大利亚、德国、日本等国签约通过了《防止倾倒废物及其他物质污染海洋的公约》，即《1972伦敦公约》。自此，人类进行海洋倾废活动有了法律层面上的法规制约，也预示了国际海洋倾废活动进入法制化规制的崭新阶段。

二、对海洋倾废概念的正确理解与把握

海洋倾废是海洋空间资源环境效益的重要体现。对于海洋倾废概念的理解，人们往往简单认为，只要是人类利用海洋的自净能力和海洋的环境容量选择适宜的海洋空间来处置废弃物质的行为，就是海洋倾废。然而，海洋倾废的概念并非简单，要正确理解不仅要考量海洋污染源入海的手段和途径，还要考量向海里倾倒废弃物的目的，甚至还要和司法实践结合起来综合考量才能正确把握。

世界各沿海国对"海洋倾废"概念的界定基本上是来源于1972年国际海洋组织在伦敦签订的《1972伦敦公约》，包括1996年11月各缔约国签订的《1972伦敦公约/1996议定书》和1982年签订的《联合国海洋法公约》。《1972伦敦公约》第3条规定："为本公约目的，'倾废'是指：①从船舶、航空器、平台或其他海上人工构造物上有意地在海上弃置废弃物或其他物质的任何行为；②有意地在海上弃置船舶、航空器、平台或其他海上人工构造物的任何行为。'倾废'不包括：①伴随船舶、航空器、平台或其他海上人工构造物及其设备的正常操作所产生的废弃物或其他物质的处置。但为了处置这类物质而操作的船舶、航空器、平台或其他海上人工构造物所载运的或向这类器具所运送的废弃物或其他物质，或在这类船舶、航空器、平台或构造物上处理这类废弃物或其他物质所产生的废弃物或其他物质除外。②并非

为了单纯处置物质的目的而置放物质，但以这类置放不违反本公约的目的为限。"①《1972 伦敦公约》缔约国于 1996 年签订《议定书》，对公约部分内容进行了修订和补充，《议定书》对倾倒废弃物行为统一简称为"倾废"，并增加了"海上焚烧"（指在船舶、平台或其他海上人造结构物上焚烧废弃物或其他物质，以便通过热销毁方式对其做出故意处置）也属于海上倾倒的条款规定，但非故意或正常作业时进行的焚烧不属于"海上焚烧"。②

《联合国海洋法公约》第 1 条规定："为本公约的目的，'倾废'是指：①从船只、飞机、平台或其他人造海上结构故意处置废弃物或其他物质的行为；②故意处置船只、飞机、平台或其他人造海上结构的行为。'倾废'不包括：①船只、飞机、平台或其他人造海上结构及其装备的正常操作所附带发生或产生的废弃物或其他物质的处置，但为了处置这种物质而操作的船只、飞机、平台或其他人造海上结构所运载或向其输送的废弃物或其他物质，或在这种船只、飞机、平台或结构上处理这种废弃物或其他物质所产生的废弃物或其他物质均除外；②并非为了单纯处置物质而放置物质，但以这种放置不违反本公约的目的为限。"③

上述两个公约对"倾废"概念的界定，犹如一座风向标，各沿海国的海洋倾废法律制度也都作了与之相类似的规定，且都有意将岸上排污、船舶倾污和海底矿物资源的勘探、开发所产生的废弃物和其他物质的处置区分开来。如澳大利亚《海洋倾废历史》中写道："许多物质经各种不同的渠道进入海洋，一般认为海洋倾废的定义是运用一种特殊的方法向海洋排放物质，即《1972 伦敦公约》第 3 条明确规定……"

我国 1985 年通过的《中华人民共和国海洋倾废管理条例》（以下简称《海洋倾废管理条例》）第 2 条规定："本条例中的'倾废'，是指利用船舶、航空器、平台及其他载运工具，向海洋处置废弃物和其他物质；向海洋弃置船舶、航空器、平台和其他海上人工构造物；以及向海洋处置由于海底矿物资源的勘探开发及与勘探开发相关的海上加工的废弃物和其他物质。"1999 年修订的《中华人民共和国海洋环境保护法》（以下简称《海洋环境保护

---

① 《防止倾倒废物及其他物质污染海洋公约》（又称《1972 伦敦公约》），海洋出版社 1983 年版。
② 孙书贤：《海洋行政执法法律依据汇编（国家篇）》，海洋出版社 2007 年版。
③ 《联合国海洋法公约》，海洋出版社 1983 年版。

法》）第 95 条第 11 款同样规定："倾废，是指通过船舶、航空器、平台或者其他载运工具，向海洋处置废弃物和其他有害物质的行为，包括弃置船舶、航空器、平台及其辅助设施和其他浮动工具的行为。"①

由此看来，我国法律在"倾废"的概念界定上，和上述两个公约的规定如出一辙，基本还停留在两个公约对"海洋倾废"概念的传统界定上，即以何种手段和方式向海洋处置废弃物或其他物质。肖慧丹、杨小鸣认为，在海洋倾废的管理实践中，由于各种新的处置方式的出现，导致对海洋倾废定义有了不同的理解，也引发了多种案例。要判断哪类处置属于倾废，关键要判定处置违不违反公约保护海洋环境的目的，对不利于保护环境，影响或损害海洋环境的，就应属于倾废；对于不是为单纯处置物质且不会影响或破坏海洋环境，便不属于倾废。对如果不是为了单纯处置物质而放置物质，但违反公约的目的，即不利于保护环境的，影响或损害海洋环境的，就应属于倾废。② 肖慧丹、杨小鸣的观点很清楚地传递了这样一个信息：对海洋倾废概念的立法界定主要应看倾废是否造成危害海洋环境的结果，即应以倾废的结果来界定海洋倾废的定义。如果立法可以采纳，那么对海洋倾废概念的界定就不需借助如此复杂的工具和排除如此复杂的情形。从另一角度来说，法律如果制定得太过于细致、具体、全面，虽然增强了可操作性和可预测性，但由于规则与事实的摩擦地带通常是在司法过程和执法过程，而不是在立法过程，因而处理许多疑难法律事件还须司法者和执法者在法律规定的框架内斟酌权衡，给司法者和执法者保留适度的自由裁量权，有助于克服法律自身的僵硬呆板。无论如何，企图用详尽无遗的法律将司法者和执法者的自由裁量权彻底取缔的设想是不切实际的。进一步说，法律如果被制定得过于细致具体，其灵活性和机动性都会大大减弱，在处理许多具体问题的时候就会缺少腾挪闪转的空间。不仅如此，过分的细致意味着烦琐，如果事无巨细全部做到有法可依，那么法律的条文和篇幅肯定会膨胀到让任何人都难以忍受的程度。尤其是那种冗长、烦琐、面面俱到的定义既不好理解，也不容易记住，在实践中还会因为理解不同而造成分歧和纷争。比如，学者或法律对海

---

① 《中华人民共和国海洋环境保护法》，海洋出版社 2000 年版。
② 肖慧丹、杨小鸣：《如何正确理解海洋倾废的定义》，《海洋开发与管理》2006 年第 3 期。

洋污染概念的界定有许许多多，但笔者颇为赞同的是联合国海洋污染专家（GESAMP）（1983）对海洋污染的定义——人类直接或间接把物质或能量引入海洋环境（包括河口湾），以至造成损害生物资源、危害人类健康、妨碍包括捕鱼、损坏海水使用质量和减损环境优美等有害影响。GESAMP 对海洋污染概念界定得非常简单明了，认为只要对"海洋优美环境发生有害影响"的就是海洋污染。

《联合国海洋法公约》（The UN Convention on the Law of the Sea）于 1982年根据 GESAMP 的定义，将海洋污染定义为：人类直接或间接把物质或能量引入海洋环境，其中包括河口湾，以至造成或可能造成损害生物资源和海洋生物、危害人类健康，妨碍包括捕鱼和海洋的其他正当用途在内的各种海洋活动、损坏海水使用质量和减损环境优美等有害影响。《联合国海洋法公约》对海洋污染的定义很巧妙地用"造成或可能造成"这种言简意赅的语言涵盖了污染给海洋生态环境带来的所有危害后果的情况。[1]

鉴于以上论述，笔者认识到《1972 年伦敦公约》和我国的《海洋倾废管理条例》都特别在倾废的方式方法上做了些限制，而忽略了废弃物倾倒入海会造成或可能会造成海洋污染这一危害结果的存在。为此，笔者建议对海洋倾废概念的立法修订应注意两个问题：一是不要囿于手段、方式，而应以污染结果、目的为标准；二是尽量使用简单明了、言简意赅的语言进行描述。至于海洋倾废的概念到底应该怎样界定，本书在第六章立法修订的建议中作了较详细的论述，此处不再赘述。

第二节　中国海洋倾废管理的产生和发展

人类在利用海洋空间资源处置废弃物为本国的国民经济发展和港口、航道建设提供便利条件的同时，由于人们对海洋倾废缺乏有效的管理，加上没有相应的法律规制，尤其是有些企业单位缺乏海洋环境保护意识，追求商业利润和贪图方便，把海洋当成垃圾桶，随意向海洋倾倒废弃物。有毒有害物质在没有科学论证和管控的情况下向海洋倾倒，对海洋环境和海洋资源造成

---

①　此部分内容引自吕建华《对海洋倾废概念立法修订的理性思考》，《环境保护》2011 年第 12 期。

污染和危害，也给人类生存环境造成了空前的危害。[1] 因此，人类的海洋倾废活动历史必然也产生了海洋倾废污染防止与管理的历史，主要有因海洋倾倒废弃物、海上油气开发废弃物的海洋倾废和海上港口航道疏浚物海洋倾废污染海洋的防止与管理。以《1972 伦敦公约》的通过与实施为标志，人类开始对海洋倾废进行管理，并进入了科学有序的管理阶段。

中国海洋倾废与防止历史与世界同步。倾废行为引发管理行为。中国海洋倾废管理是海洋环境管理的重要组成部分。尹杰认为，海洋倾废管理是指为防止、控制和减少由于倾倒废弃物和其他物质造成海洋生态环境的污染损害，海洋管理部门依据有关法律规定，采取一切切实可行的步骤和有效措施，对海上倾倒活动实施管理，使倾废活动按照法律的规程和科学的步骤有序进行，以达到保护海洋生态环境和海洋资源，促进经济发展的目标。[2]

中国海洋倾废管理的主管部门是国家海洋局及其派出机构和沿海地方政府海洋或海洋与渔业管理部门。1964 年 7 月，国家海洋局正式成立。国家海洋局的成立，标志着我国开始了专门的海洋管理。我国有 11 个省级沿海地方政府，其中包括 7 个省政府，1 个自治区政府和 2 个直辖市政府。此外，还有 6 个副省级沿海地方政府，它们是大连、青岛、宁波、厦门、深圳5 个副省级城市和天津滨海新区 1 个副省级市辖区。成立之初的国家海洋局，其职能包括统一管理海洋资源和海洋环境调查、资料收集整编和海洋公益服务。此外，海洋局还在地方组建了北海分局、东海分局、南海分局、海洋科技情报研究所，接管建设了 60 多个沿海海洋观测站、海洋水文气象预报总台、海洋仪器研究所以及第一、第二、第三三个海洋研究所和东北工作站（后来改为海洋环境保护研究所）等机构。[3]

中国海洋倾废管理就是国家海洋局及其派出机构依据相关的法律规定对海洋倾倒区及倾废活动进行选划、设置、监督、监视和执法处罚的规范有序的管理控制活动。

中国政府历来十分重视海洋倾废管理工作。自 1985 年中国政府颁布并实施《海洋倾废管理条例》及加入《1972 伦敦公约》后，中国结束了长期

① 张和庆：《中国海洋倾废历史与管理现状》，《湛江海洋大学学报》2003 年第 5 期。
② 尹杰：《海洋倾废管理研究》，中国海洋大学环境科学专业博士论文，2002 年。
③ 鹿守本等：《海岸带综合管理》，海洋出版社 2001 年版，第 127—128 页。

以来海洋倾废无序无度的状况，进入了按严格规程和限度进行海洋倾废的法制化管理阶段。20 世纪 80 年代后，中国海洋环境保护史上发生了两件大事：一是党和国家把环境保护定为基本国策；二是 1982 年 8 月 23 日第五届全国人民代表大会常务委员会第二十四次会议通过并颁布了《海洋环境保护法》，它们是我国海洋倾废管理和监测工作的基石。继《海洋环境保护法》实施以后，1985 年 4 月 1 日国务院颁布了《海洋倾废管理条例》，同年经全国人大批准，中国政府于 11 月 14 日加入《1972 伦敦公约》，对防止倾倒废弃物对海洋环境的污染损害作了规定。1992 年，为贯彻实施《海洋倾废管理条例》，国家海洋局制定了《中华人民共和国海洋倾废管理实施办法》（以下简称《实施办法》），2003 年国家海洋局又发布《中华人民共和国倾倒区管理暂行规定》（以下简称《暂行规定》），至此，中国海洋倾废进入了法制化管理和监测新阶段。近 30 年来，中国的环境保护政策始终坚持"预防为主，防治结合"、"三同时"方针和环境影响评价制度。至今，中国的海洋倾废管理建立了较为完整的法规体系、海洋管理体制和海洋执法监察队伍、倾废许可证制度和倾倒区选划制度，规范了倾倒区选划和监测技术。2010 年党的十七届五中全会首次提出"海洋发展战略"思想，把对"海洋的开发、控制和管理"作为今后海洋战略的主要目标。在 2010 年初的国家海洋工作会议上，与会单位一致通过了由国家海洋局为首牵头进行海洋执法综合管理的决议，这表明我国对现有的海洋行政管理体制的改革已正式拉开序幕，建立整体性政府治理模式①的时代即将到来。2012 年党的十八大正式提出"海洋强国发展战略"，将发展海洋事业与建设生态文明提到国家的战略高度。在 2013 年初，新一轮机构改革扩大了国家海洋局的管理权限，对国家海洋局进行了重组，将中国海监、中国渔政、中国海上公安边防及中国海关缉私四支队伍整合为中国海警队伍，由国家海洋局行使统一海上维权执法职能，并在国务院设立高层次、高规格的国家海洋委员会，委托国家海洋

---

①　整体性治理（Holistic Governance）理论是 20 世纪 90 年代后期基于对新公共管理的反思和批判基础上提出来的后公共治理理论，强调预防导向、公民需求导向和结果导向，强调整体性整合，强调整合信息技术、简化网络、提供一站式服务，注重内调目标和手段的关系，注重信约、责任感和制度化。整体性治理是相对于传统官僚型行政的一种新范式（典范），其代表人物是英国的佩里·希克斯（Perri 1997）和帕却克·登力维（Demos　2002）及台湾学者彭锦鹏（2005）。

局行使协调职能。由此看来，国家开发海洋与保护海洋的春天真正到来。中国海洋倾废管理的理想局面在不久的将来也会得以实现。

第三节　中国海洋倾废管理的目标、任务和流程

一、海洋倾废管理的目标、任务

中国近几年随着海洋经济的迅猛发展，每年向海洋倾倒的废弃物达6500万吨以上[①]，如此下去，海洋在未来终究会有被废弃物填满的那一日，到那时，一切海洋生物将消失，我们人类的海洋食物链将永远断掉。为防止这样的惨剧发生，一方面，我们人类必须现在有意识地减少生产垃圾量，低碳生活，为海洋这个垃圾场减负；另一方面，海洋倾废管理部门必须明确管理目标和任务，转变管理方式，由粗放式到精细化管理，实行海洋倾废的废弃物总量控制，有效控制人类的海洋倾废活动。

海洋环境管理是国家海洋行政职能部门的管理活动，是以保护和改善海洋环境、维护海洋生态平衡为目标，划定近岸海域环境功能区，对海水水质实行分类管理，通过监测与监视规范、标准和法律的贯彻执行，控制陆源、海岸工程建设项目、海洋工程建设项目、海上船舶、海洋倾废等污染源对海洋环境的污染损害，以及海洋开发利用活动对海洋环境的有害影响，防止生态环境和生物多样性遭受人类活动的过度损害。海洋倾废管理除具有海洋环境管理的共性以外，如实施海洋综合管理和海洋区域管理，还必须体现自己的独特性，即必须保证海洋倾废管理的监视监测管理系统有效运转和海上执法队伍初具规模。

基于此，中国海洋倾废管理目标与海洋环境管理目标是一致的，都是为了实现保护和保全海洋环境的最终目的。海洋倾废管理目标可概括为：禁止向海洋倾倒有毒有害物质；限制疏浚物倾废量；限制倾倒区倾废物倾废量和使用年限；加大倾倒区倾废的监测和监管力度；严惩不当或违法倾废行为，保持海洋生态系统平衡，保护海洋资源和海洋环境美好、完整，促进海洋事

---

① 国家海洋局：《中国海洋环境质量公报》（2008—2012 年）。

业的发展。为实现该目标，海洋倾废管理部门必须做好并完成以下五方面的工作任务：第一，进行严格的废弃物分类及审查；第二，按照倾废许可证制度的要求核发许可证；第三，科学合理、生态经济地选划海洋倾倒区；第四，定期定时对海洋倾倒区实行环境监测；第五，对海洋倾废活动进行监督检查，对违法倾废进行处罚。最终将海洋倾废造成的海洋污染降到最低。

二、海洋倾废管理的工作流程

我国海洋倾废管理主要经过倾废许可→倾倒区的选划设置→倾废费的征收管理→倾废作业的跟踪监测与监督→倾废检查与处罚五个环节的工作。

（一）海洋倾废许可证管理

1. 我国海洋倾废实行许可证制度

海洋倾废许可证制度是海洋倾废管理的核心内容，是海洋倾废管理实行的一项基本制度，是实施《海洋环境保护法》和《海洋倾废管理条例》的保证，也是维护合法的海洋倾废秩序，防止影响和损害海洋环境的重要措施。①

许可证制度要求倾废执法部门严格按照法定的条件和程序进行执法管理。对一般的倾废申请，只要申请材料齐全、形式合法、符合规定要求的，遵循行政许可便民原则，可当场回复或签发倾废许可证；对经检测疏浚物不宜倾废的不予签发。《海洋环境保护法》第 55 条明确规定："任何单位未经国家海洋行政主管部门批准，不得向中华人民共和国管辖海域倾废任何废弃物"；"需要倾倒废弃物的单位，必须向国家海洋行政主管部门提出书面申请，经国家海洋行政主管部门审查批准，发给许可证后，方可倾废"。《海洋倾废管理条例》第 4 条至第 6 条规定："海洋倾倒废弃物的主管部门是中华人民共和国国家海洋局及其派出机构（简称主管部门）"，"需要向海洋倾倒废弃物的单位，应事先向主管部门提出申请，按规定的格式填报倾倒废弃物申请书，并附报废弃物特性和成分检验单"，"主管部门在接到申请书之日起两个月内予以审批，对同意倾废者应发给废弃物

---

① 孙书贤：《海洋行政执法法律依据汇编（国家篇）》，海洋出版社 2007 年版，第 214 页。

倾废许可证"。

2. 海洋倾废许可证类别

根据《中华人民共和国海洋倾废管理条例实施办法》（以下简称《实施办法》）第 10 条、第 13 条规定："倾废许可证分为紧急许可证、特别许可证、普通许可证。""紧急许可证由国家海洋局签发或者经国家海洋局批准，由海区主管部门签发。""特别许可证、普通许可证由海区主管部门签发。"

（1）紧急许可证。根据《海洋倾废管理条例》附件 1 所列的物质称为一类废弃物，该类废弃物是禁止向海洋倾废的，当出现紧急情况或在陆地处理会严重危及人民健康时，经国家海洋局批准，获得紧急许可证。根据《实施办法》的规定，紧急许可证为一次性使用的许可证，只要倾废活动完成，该许可证也同时作废。

（2）特别许可证。需要向海洋倾废的废弃物质如属《海洋倾废管理条例》附件 2 所列的物质称为二类废弃物，该类废弃物向海洋倾废应当事先获得特别许可证。特别许可证的有效期不超过 6 个月。《海洋倾废管理条例》附件 1 第 13 项物质，经生物学检验不属"痕量玷污物"[①]，在海洋环境中不能迅速转化为无害物质，但可采取有效预防措施的物质可视为二类废弃物。

（3）普通许可证。未列入《海洋倾废管理条例》附件 1、附件 2 的低毒或无毒的废弃物称为三类废弃物，该类废弃物只要事先获得普通许可证，即可到指定的倾倒区倾废。普通许可证有效期不超过 1 年。同一工程的有效期在有效期届满仍需继续倾废的，应在期满前两个月内到发证机关办理换证手续。

许可证由需要向海洋倾倒废弃物的废弃物所有者及疏浚工程单位依法向海洋行政主管部门申请。实施倾废作业单位与废弃物所有者或疏浚工程单位有合同约定的，也可依合同规定向海洋行政主管部门提出申请。

3. 倾废许可证申请审批程序（见图 1-1 所示）

---

① 孙书贤：《海洋行政执法法律依据汇编（国家篇）》，海洋出版社 2007 年版，第 219 页。

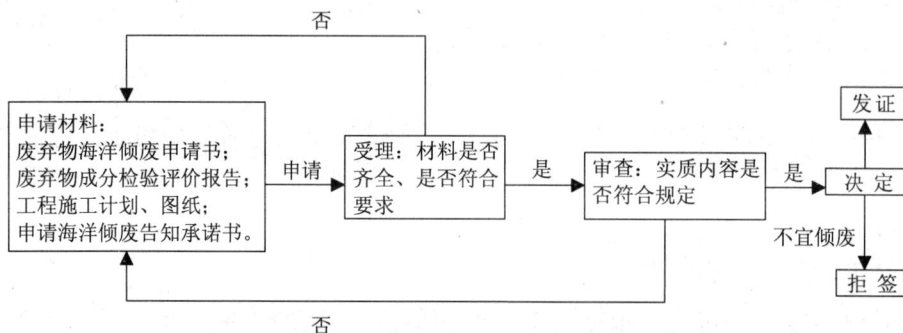

图1-1：海洋疏浚物（三类废弃物）倾废申请程序流程图①

（二）海洋倾倒区选划

《海洋倾废管理条例》第5条规定："海洋倾倒区由主管部门商同有关部门，按科学合理、安全经济的原则划出，报国务院批准。"海洋倾倒区分为一、二、三类废弃物倾倒区、实验倾倒区和临时倾倒区。

一、二、三类倾倒区是为处置一、二、三类废弃物而选划确定的，其中一类倾倒区是为紧急处置一类废弃物而选划确定的。实验倾倒区是为倾废试验而选划确定的（使用期限不超过2年），如经倾废试验对海洋环境不造成危害和明显影响的，商同有关部门后报国务院批准为正式倾倒区。

海洋倾倒区因类别不同选划的管理部门也不同。《实施办法》第8条明确规定："一类、二类倾倒区②，由国家海洋局组织选划。三类倾倒区、实验倾倒区、临时倾倒区由海区主管部门组织选划。""一、二、三类倾倒区经商议有关部门后，由国家海洋局报国务院批准，国家海洋局公布。"第9条规定："临时倾倒区由海区主管部门（分局级）审查批准，报国家海洋局备案。试用期满，立即封闭。"

（三）倾废费的征收管理

我国海洋倾废管理对海洋倾废者实行收费管理，在倾废费征收管理方面实行收支两条线管理。收取海洋倾废费是促进企业改进生产技术、减少废弃物污染海洋的经济手段，同时收取的费用依据国家的有关规定用于海洋环境

---

① 国家海洋局东海分局：《2004年度东海分局海洋倾废管理公报》。
② 孙书贤：《海洋行政执法法律依据汇编（国家篇）》，海洋出版社2007年版，第213—214页。

污染的防治，从减少污染源和对污染的治理两个方面，保护海洋环境不受各种污染物的影响。中国海洋倾废费的收费项目和收费标准由国家物价局、财政部和国家海洋局联合制定。[①]

2005 年以前我国在征收海洋倾废费用的标准上存在偏低的问题。海洋倾废费征收标准是 1992 年 8 月 20 日国家物价局、财政部发布的《关于征收海洋废弃物倾废费和海洋石油勘探开发超标排污费的通知》中制定的标准，这个标准大大低于污染物的治理单价。[②] 如我国《海洋倾废管理条例》中规定：三类疏浚物在距最近陆地 12 海里以内倾废的，每立方米 0.05 元；12 海里以外倾废的，每立方米 0.04 元。二类疏浚物在距最近陆地 12 海里内倾废的，每立方米 0.07 元；12 海里以外倾废的，每立方米 0.06 元。三类废弃物每吨 0.15 元，二类废弃物每吨 0.5 元。收费标准偏低，就不能有效地激励倾废者治理污染物，致使许多倾废者宁愿缴纳倾废费也不愿治理，因此也就不能最大限度地发挥促进倾废单位完善经营管理，加快污染治理和改善海洋环境的作用。这也是多年来我国海洋环境状况得不到根本好转的重要原因之一。为解决这一问题，1999 年新修订的《海洋环境保护法》赋予国家海洋局对废弃物倾废收费进行管理和收取倾废费的职责。本着坚持收费标准高于治理成本的原则[③]，国家海洋局依据《海洋环境保护法》第 11 条第 2 款，《海洋倾废管理条例实施办法》第 3 条第 2 款、第 15 条，《委托签发废弃物海洋倾废许可证管理办法》（国土资源部）第 12 条 和《国家发展改革委、财政部关于重新核定废弃物海洋倾废费收费标准的通知》（发改价格［2005］2648 号）（国家发改委、财政部）第 1 条、第 2 条、第 4 条、第 5 条的规定调整了收费标准（见表 1-1）。

---

① 孙书贤：《海洋行政执法法律依据汇编（国家篇）》，海洋出版社 2007 年版，第 215 页。
② 郑淑英：《中国海上排污与倾废收费政策及标准研究》，海洋出版社 2006 年版，第 127 页。
③ 郑淑英：《中国海上排污与倾废收费政策及标准研究》，海洋出版社 2006 年版，第 127 页。

表1-1：新的海洋倾废收费标准
The new Ocean Dumping Charges　　　　（单位：元/立方米）

倾废地点与倾废方式＼废弃物种类			近岸倾废[A]	远海倾废[B]	有益处置[C]
疏浚物		清洁疏浚物	0.30	0.15	0.05
	玷污疏浚物	通过全部生物学检验	0.40	0.20	0.10
		一种生物未通过生物学检验	0.80	0.40	0.15
		两种或三种生物未通过生物学检验	1.50	0.60	0.20
	污染疏浚物	一种生物未通过生物学检验	1.50	0.60	0.20
		两种或三种生物未通过生物学检验	3.00	1.00	—
城市阴沟淤泥			6.00	2.00	—
渔业加工废料			0.40	0.20	
惰性无机地质材料			0.50	0.20	0.10
天然有机物			0.40	0.20	0.10
岛上建筑物料			0.40	0.20	0.10
船舶、平台及其他海上人工构造物			国家海洋行政主管部门根据废弃物的性质、原地弃置或异地弃置或异地弃置、弃置区的环境敏感性、废弃物的体积、占海面积、倾废前的拆解情况、是否采取有别于海洋弃置的其他有益方式等情况进行个别处理，一次性收费，收费标准报国务院价格主管部门、财政部门备案		

　　与2006年以前收费标准相比较，2006年后提高了倾废费的收费标准，与此同时，海洋倾废执法部门对倾废费的收缴力度也有所提高。

　　需要说明的是，我国倾废费的征收标准因倾倒区与倾废方式及倾废的废弃物种类的不同而不同。我国倾废地区与倾废方式是这样划定的：

　　第一是近岸倾废：指倾倒区距离海岸12海里以内。

　　第二是远海倾废：指倾倒区距离海岸12海里以外。

　　第三是有益处置：指将废弃物作为海滩及养殖海底培育、营造生物栖息地、岸线维护或加固、美化景观、海上建坝等海洋工程原材料而进行的海洋处置方式。

同时按有关规定，可以在海上倾倒的废弃物包括七大类，具体是：

第一是疏浚物：从水下挖掘出的沉积物，包括淤积的、河流冲刷形成的或自然沉积的沉淀物。依据疏浚物海洋倾废分类标准，按照疏浚物的特性、污染物含量水平及其对海洋环境的影响程度，疏浚物分为三类：清洁疏浚物、玷污疏浚物和污染疏浚物。玷污疏浚物和污染疏浚物必须进行生物学检验，并进行适当处理后方可在海上倾倒。

第二是城市阴沟淤泥：市政污水处理后残余的富含有机物的废弃物，主要由物理过程产生。

第三是渔业加工废料：由远洋捕捞、水产养殖等渔业加工过程所产生的含有水产品肉、皮、骨、内脏、外壳或鱼粉残液等废弃物。

第四是惰性无机地质材料：矿物开采或工程建设产生的来源于自然界的无机废弃物。主要成分为岩石、砂石和泥土等，不得含有海泥、塘泥、家居垃圾、塑胶、金属、沥青、工业和化工废料、木材和动植物残体。

第五是天然有机物：源于农业产出的动植物。

第六是岛上建筑物料：远离大陆的岛屿产生的包括铁、钢、混凝土和只会产生物理影响的无害物质。

第七是船舶、平台：船舶是指任何形式的水上航行工具；平台是为生产、加工、储存或支持矿物资源开采设计并制造的装置。

另外，疏浚物倾废量的核定方法由海洋主管部门按疏浚工程水下实际基建开挖量进行核定。

现行的海洋倾废收费标准是我国海洋环境保护制度体系的重要组成部分，为刺激倾废单位减少倾废，促进倾废单位加强污染治理，节约和综合利用海洋资源，促进海洋环境保护事业的发展，发挥了重要的作用。目前中国海洋倾废收费标准已初步形成了有理论基础，有法律依据，有衡量标准，有执行程序，有实践成效，并取得了比较显著的经济效益、社会效益和环境效益。[①]

---

① 郑淑英：《中国海上排污与倾废收费政策及标准研究》，海洋出版社 2006 年版，第 125—127 页。

（四）对海洋倾倒区的监测与管理

对海洋倾倒区的监测与管理是我国海洋倾废管理的一个重要组成部分。海洋倾倒区经科学选划并经国务院批准正式启用后，为了及时掌握和发现由于倾废活动造成的对海洋环境的影响情况，国家海洋行政主管部门应定期或不定期地对海洋倾倒区进行监测，加强管理，以避免对渔业资源和其他海上活动的有害影响。当发现倾倒区不宜继续倾废或不宜继续倾废某种物质时，主管部门可决定予以封闭，或停止某种物质的海洋倾废，或及时采取有效措施对倾倒区进行污染治理。

我国对海洋倾倒区的监测分为常规监测和专项检测两类。

1. 常规监测。常规监测一般是纳入全国海洋环境监测计划中进行，这种监测适用于正在使用中的所有倾倒区。常规监测的重点内容有：海洋倾倒区的水深、水质、海底地形、地貌；沉积物质量；海洋生物资源现状等，通过监测对上述情况做出评价。

2. 专项监测。专项监测是在倾倒区使用的不同时期或特别需要的情况下进行的监测活动。这类监测又分为两种：一种是倾废初期的跟踪监测，一种是在紧急情况下的应急监测。跟踪监测，一般是有目的地进行物理、化学和生物学的跟踪监测活动，通过跟踪了解废弃物倾废后的初始稀释状态、沉降、飘移、扩散对环境质量和对生物可能产生的有害影响进行评价。应急监测，是在倾倒区环境发生异常时紧急进行的监测活动，这种监测的目的是查清产生环境异常的原因，评价环境变化与倾废的关系，为是否继续使用倾倒区提供科学依据。自《海洋倾废管理条例》实施后，国家海洋行政主管部门依据有关规定，定期与不定期地对所有倾倒区进行监测，及时了解掌握有关情况，为有效实施倾倒区的管理提供了科学依据，对倾倒区的监测结果，每年发布在海洋环境质量公报上。

（五）对海洋倾废活动的执法监督检查

对海洋倾废活动的执法监督检查是防止海洋倾倒废弃物污染海洋环境的重要环节之一。防止倾倒废弃物对海洋环境的污染损害的执法监督检查，目的是对海洋倾废管理有关法律、法规的实施情况进行监督检查，阻止违法违规向海洋倾倒废弃物，防止对海洋环境造成污染损害，保持海洋生态平衡，保护海洋资源。

　　目前，我国对海洋倾废活动的执法监督检查的主要力量是由国家海洋局所属的中国海监总队及其下属各海区总队和各沿海省、自治区、直辖市的地方海监总队两部分力量组成的统一执法队伍。我国各海区海监执法机构是：东海区海监执法工作由东海总队、江苏省、浙江省、福建省和上海市五个总队成员单位组成；北海区海监执法工作由北海总队、山东省、辽宁省、河北省和北京市、天津市六个总队成员单位组成；南海区海监执法工作由南海总队、广东省、海南省、广西壮族自治区四个总队成员单位组成。

　　近年来，中国海监队伍建设和执法能力建设取得了显著成效。中国海监队伍的国家、省（自治区、直辖市）、市（地）、县四级机构体系已基本组建完成，执法装备建设得到了进一步加强，执法人员的素质继续稳步提高。海洋倾废执法检查的力度大大加强。中国海监执法部门在海洋倾废的执法监督检查中执法的法律依据有《海洋环境保护法》、《海洋倾废管理条例》、《实施办法》、《倾倒区管理暂行规定》、《1972 伦敦公约》、《1972 伦敦公约/1996 议定书》、《海洋临时倾倒区管理办法》、《海洋行政处罚实施办法》等。执法监督检查的内容主要包括对废弃物的装载数量、性质等进行核实以及对倾废作业进行监视。海洋倾废执法监督检查工作具体表现为：

　　首先，对正常的海洋倾废活动进行监管。获得倾废许可的部门或单位，为海洋倾废的目的，在我国陆岸、港口装载废弃物或其他物质及在我国管辖海域倾倒废弃物或其他物质的，国家海洋主管部门应在废弃物和其他物质装载前或倾废前进行核实。核实的主要内容有：倾废审批手续是否完备；实际装载的废弃物和这些物质的名称、数量、成分及有害物质含量与许可证记载是否一致；废弃物的包装是否符合要求；倾废工具和倾废方式是否符合要求及其他有关内容。

　　利用船舶装载废弃物和其他物质的核实，我国目前采取双重核实制度，即除了主管部门核实外，驶出港的港务监督也要对其进行核实监督。在军港装运的，由军队环境保护部门进行核实。海洋主管部门应及时将有关情况，包括废弃物的数量、装载时间、装载地点、废弃物所有者、所发许可证编号、批准倾倒废弃物的名称等具体内容通知有关港务监督或军队环境保护部门，以便港监及军队环境保护部门对废弃物的装载进行核实。核实工作在废弃物装载或在倾废船舶离开码头之前进行。疏浚物的倾废核实工作一般在海上采用抽查的方式进行。经核查，如果核实结果符合规定，主管部门予以放行；对违反规定不符合要求的，则不予放行，且吊销其倾废许可证。

其次，对外籍船舶以倾废为目的的、经过我国管辖海域的监管。我国禁止任何其他国家在我国管辖海域进行倾废活动。对以倾废为目的，需要经过我国管辖海域运送废弃物和其他物质的外国籍船舶和载运工具的所有者，应提前15天向国家海洋局通报，并附报所运载废弃物的名称、数量、成分是否与报告的一致；是否无害通过；是否有其他违反中华人民共和国法律规定的行为。

最后，对以科学研究为目的的海上投放某种物质的监管。以进行科学研究为目的，在海上投放某种物质，虽然这种物质不属于海洋倾废的范畴，但是从海洋环境保护的角度出发，依据国内及国际公约的管理目标及国际实践，应将其纳入海洋倾废管理的范畴。我国在《海洋倾废管理条例实施办法》第24条中明确规定：为开展科学研究需要向海洋投放某种物质的单位，应按规定向国家海洋主管部门提出申请，并附报投放试验计划和海洋环境影响评估报告书。在海洋环境影响报告书中应包括投放实验的海域（经纬度）、时间；投放物质的名称、数量、成分；投放海域的海洋水文气象、自然资源、海洋开发利用状况以及所投放物质对海洋环境的影响等。国家海洋局对报告进行审批时，发现投放物质的海域、范围、投放物质的数量及其他有关内容不妥时，应向试验单位提出重新制定实验区域、范围和投放计划的要求，确认可行时给其颁发相应类别的许可证。主管部门应尽可能派船及相关人员对投放活动进行监视、监督。①

第四节　《1972 伦敦公约》、《1972 伦敦公约/
1996 议定书》及其在中国的执行

人类保护海洋环境，治理海洋污染的决心从来没有动摇过。治理海洋污染的一个重要方面就是依照法规严格控制海洋倾废污染。

---

① 郑淑英：《中国海上排污与倾废收费政策及标准研究》，海洋出版社 2006 年版，第 13—14 页。

一、《1972 伦敦公约》

（一）《1972 伦敦公约》的产生

《1972 伦敦公约》，即《防止倾倒废弃物及其他物质污染海洋的公约》，是 1972 年 10 月 30 日至 11 月 13 日在伦敦召开的关于海上倾倒废弃物公约的政府间会议上通过的。[①] 这是一个专以控制海洋倾废为目的的全球性公约，实质是禁止向海洋倾倒有毒有害的废弃物的公约；一些海区可以接受的低毒无害的废弃物，倾废时要选择在一定的倾废范围内进行。公约的问世是海洋环境保护国际合作的又一里程碑。《1972 伦敦公约》是第一个控制多种污染海洋的废弃物倾废较为全面的全球性公约。

1972 年斯德哥尔摩人类环境会议，是世界环境与发展历史上一次重要的会议。这次会议审议了《防止海上倾倒废弃物造成污染的公约草案》，通过了《人类环境宣言》，敦促和建议各国政府确保"对其国民在任何区域进行的或任何人在其管辖下的区域内进行的海洋倾废活动的控制，并建议各国政府继续工作，以便尽快完成控制海洋的综合性法律文件，以及在该文件范围内的必要的区域协定，特别是对于更容易遭受污染的封闭海和半封闭海区域的协定，并使之生效"。根据这一建议，1972 年 10 月 30 日至 11 月 13 日各国政府在伦敦召开了有关海上倾倒废弃物公约的政府间会议，会上通过了《防止倾倒废弃物及其他物质污染海洋的公约》，即《1972 伦敦公约》。该公约自 1972 年 12 月 29 日至 1973 年 12 月 31 日在伦敦、墨西哥城、莫斯科和华盛顿对所有国家开放签字，1975 年 8 月 30 日正式生效。由此可见，《1972 伦敦公约》的产生源于 1972 年在瑞典斯德哥尔摩举行的联合国人类环境会议。该会议通过的《人类环境宣言》，有力地促进了国际海洋环境保护法律的发展和完善。除此之外，1972 年 2 月，毗邻北海的西欧 13 个国家在奥斯陆签署的《防止船舶和航空器倾倒废弃物引起海洋污染公约》（简称《奥斯陆公约》），也为《1972 伦敦公约》的产生奠定了一定的基础。

（二）《1972 伦敦公约》的内容

《1972 伦敦公约》主要内容包括：制定公约的宗旨、公约涉及的名词定

---

① 杨文鹤：《伦敦公约二十五年》，海洋出版社 1999 年版，第 4 页。

义、公约的目的、公约规范的主要物质、公约的实施、缔约国的权利和义务、缔约国与其他国际组织的关系、缔约国与相邻国家的关系、公约修改、公约签字、保存与生效。其中公约第 4 条连同 3 个附件列举的物质类别是《1972 伦敦公约》规范的主要物质，是公约的核心部分，其他条款则是防止这些物质倾废和污染海洋的保障条款。

（三）《1972 伦敦公约》的实施与发展

《1972 伦敦公约》的产生，是人类向海洋污染作斗争的一种手段，也是有条件利用海洋的一种尝试。《1972 伦敦公约》规定了禁止向海洋倾废的有毒物质，严格控制向海洋倾废的有害物质和允许向海洋倾废的一般物质，并通过缔约国采取颁发特别许可证和普通许可证制度，对向海洋倾倒废弃物和其他物质进行管控。

这一部分将着重讨论公约的实施和发展。公约的实施核心是缔约国按照《1972 伦敦公约》规定的办法，建立管理运行机制，建立倾废物质标准，进行科学实验和研究，向允许倾废的部门或单位颁发倾废许可证书；公约的发展，主要体现在公约管辖范围逐步扩大，海洋倾废管理更加严格，允许海上倾倒的物质种类越来越少，反映人们的海洋环境保护意识在逐步加强。

1.《1972 伦敦公约》的实施

《1972 伦敦公约》作为一项国际公约和国际制度，它的贯彻实施主要依赖两种效果都不高的运行机制来实现：一是国际间的组织、国际间的保障；二是缔约国内部组织、内部保障，两方面缺一不可。从国际运行机制来看，1975 年 12 月 18 日缔约国委托国际海事组织为负责本公约秘书处职责的组织，这就为该公约和活动的实施确定了国际的保证。缔约国大会、缔约国特别会议、科学组、工作组、专家组会议的召开以及缔约国倾废活动的情况通报，都由秘书处安排。《1972 伦敦公约》自 1975 年生效至 1997 年，共召开 18 次缔约国大会，1 次缔约国特别会议，19 次科学组会议，6 次放射性专家组会议，1 次长期战略专家组会议，5 次法律工作组会议，3 次公约修改组会议。

从缔约国内部运行机制看，关键是按照《1972 伦敦公约》第 6 条的规定确定倾废管理主管机构。因为它既是缔约国倾废活动的主管者、审批者、许可证的签发者，又是《1972 伦敦公约》实际活动的组织者、实施者，是落实《1972 伦敦公约》的关键。自《1972 伦敦公约》签订以来，已有 75 个成员国制定了国内主管机构，并对应于国际海事组织秘书处开展工作。

《1972 伦敦公约》的一项原则是，每当在海上倾倒废弃物或其他物质时，缔约国要首先签发倾废许可证。许可证共有两类，一类是根据附件 2 和附件 3 的规定，通过事先申请而特别签发的许可证——特别许可证；一类是根据附件 3 的规定，事先签发的许可证——普通许可证。申请者凭证进行规定废弃物和到指定地点的倾废。审批倾废时一般会考虑以下因素：废弃物的特性及成分；倾废场所的特性及倾废方法；其他方面的考虑与条件，包括对娱乐活动及海洋生物等的可能影响和海洋其他用途的影响。许可证签发标准和程序是严格的。通常只有在签发了许可证的情况下才允许倾倒废弃物。但公约同时规定，在恶劣天气所引起的不可抗力，对人类安全构成危险或对船舶、航空器、平台等构成实际威胁以及对人体健康造成不能容忍的危险，并且不可能有其他切实可行的解决办法时，允许在不签发许可证的情况下进行倾废。

2.《1972 伦敦公约》的发展

（1）缔约国扩大。《1972 伦敦公约》1972 年签订时，签字国只有 8 个。1975 年 8 月 30 日生效时，按公约规定，批准公约的国家也只有 15 个。但是经过 40 年的发展，到目前为止伦敦公约的成员国有 80 多个；此外，公约与联合国、国际海事组织、教科文组织、政府间海洋学委员会、联合国开发计划署、粮农组织等有着密切的联系。这说明《1972 伦敦公约》已受到各国和有关国际组织的重视，反映了世界海洋保护和保全意识的增强。

（2）公约管辖内容和范围逐步扩大，海洋倾废管控愈加严格规范。主要体现在六个方面。第一，允许海上倾倒的物质减少；第二，将近海石油平台就地弃置和推倒纳入倾废范畴；第三，贯彻预防为主、防治结合和谁污染谁付费原则；第四，争端解决条款细化，有利于操作；第五，建立了监督运行机制；第六，将内水纳入准管辖范围。

二、《1972 伦敦公约/1996 议定书》

《1972 伦敦公约/1996 议定书》（以下简称《议定书》）是在《1972 伦敦公约》实践的基础上发展起来的。它的产生及其实践，反映了人类控制海洋污染、保护海洋环境、维持海洋可持续发展的决心，也是海洋倾废活动发展到一定时期的必然结果。

（一）《议定书》的形成

《1972 伦敦公约》在防止废弃物海上倾倒方面是一个壮举，发挥了巨大作用。但是随着联合国海洋法第三次会议召开和《联合国海洋法公约》1982 年签署，以及 1992 年第二次联合国环境与发展大会的举行，海洋开发与保护受到广泛的重视，环境与发展已成为全人类的共同命题。为了适应这种形势的变化，增强《1972 伦敦公约》的作用，需要不断完善公约，充实新的内容、补充新的条款。为此，1989 年第十二次缔约国协商会议上，提出了《1972 伦敦公约》长期发展战略议题，并于 1990 年 4 月在伦敦召开了第一次长期战略专家组会议，重点对公约内容进行了讨论。

这些问题的提出，反映了伦敦倾废公约成员国不仅对《1972 伦敦公约》中倾废内容的重视，而且体现了对海洋环境保护意识的加强，预示着扩大《1972 伦敦公约》的管辖范围和内容或要制定一个新的全球性海洋环境保护公约，才能解决面临的日益恶化的环境问题。各国所持环境保护的主张大致分为两类：一类是承认海洋的自净能力，主张应当在科学的基础上有控制地加以利用，即应允许有控制地在海上倾倒废弃物，这一类的国家以美国、加拿大和中国为代表；而另一类则出于政治、社会、经济等方面考虑，要求对海洋要无条件地加以保护，必须禁止在海上处置除疏浚物以外的一切废弃物，其典型代表是德国、荷兰、丹麦等国。为了既不损害原伦敦倾废公约缔约国部分国家利益，又要反映国际社会对海洋环境加强保护、严格控制海洋倾废的呼声，并考虑到法律上与公约的衔接，1991 年第十四次缔约国协商会议通过一个由芬兰、瑞典、挪威、巴西等 12 国提出的在 1993 年召开修改《1972 伦敦公约》会议的决议案。会后，由公约秘书处根据以往对公约的修改情况拟定了一个公约修改的核心问题。经过核实和筛选，基本归纳为：扩大公约管辖范围、是否延长暂停一切放射性废弃物的处置的暂停令、逐步停止公约废弃物的海上处置问题、终止有毒液体的海上焚烧问题、在伦敦公约中纳入预防方法问题、公约附件结构问题、禁止以海上处置为目的的废弃物越境运输问题、公约实施程序问题、废弃物评价框架问题、技术合作问题、防止污染的整体方法问题以及对公约的修改形式等共 12 个主要问题。

从 1992 年到 1996 年的 4 年之间，就公约修改共召开了 3 次修改组会议和 4 次缔约国协商会议及 1 次缔约国特别会议。经过努力和多方协商，公约修改的若干问题——得到了解决，1993 年伦敦倾废缔约国第十六次会议接受了《议定书》的形成，并经过 1994 年缔约国第十七次会议、1995 年缔约国第十八次会议、1996 年缔约国第十九次会议讨论、修改、补充，基本形成了《议定书》的框架，并经过 1996 年 11 月至 12 月召开的缔约国特别会议敲定，正式接受了议定书案文。会议决定《议定书》将于 1997 年 4 月 1 日至 1998 年 3 月 31 日在国际海事组织总部开放签字；待 26 个缔约国（其中含至少 15 个《1972 伦敦公约》缔约国）交存了批准、接受、核准或加入《议定书》后第 30 天生效。至此，《议定书》产生，标志着《1972 伦敦公约》进入了一个新的发展阶段。

（二）《议定书》与《1972 伦敦公约》的关系

《议定书》源于《1972 伦敦公约》。它的产生，既受 1992 年联合国环境与发展大会的影响，又是《1972 伦敦公约》的继承、发展、补充和完善，它是公约实践与发展的结果。但作为两个独立的法律文件，在内容、法律程序和组织管理方面存在相同点和不同点：

第一，在内容方面，《1972 伦敦公约》经过 20 多年的实践，已将以往通过的决议内容正式纳入公约；而《议定书》则是在修订的《1972 伦敦公约》的基础上进行调整和补充。第二，《议定书》在批准和接受法律程序方面，所有原《1972 伦敦公约》的缔约国有权接受或不接受《议定书》。对于批准和接受议定书的《1972 伦敦公约》缔约国来说，《1972 伦敦公约》对其自动废止。不接受《议定书》的《1972 伦敦公约》缔约国还将继续执行《1972 伦敦公约》，但所执行的是经过修订的《1972 伦敦公约》。第三，在组织管理方面，公约与议定书的工作紧密相连，公约的责任机构和议定书的责任机构同为国际海事组织。公约与议定书秘书处的职责和议定书缔约国协商会议的召开等程序性内容大体一致。

议定书与公约的主要区别体现在以下几个方面：

1. 关于管辖范围

在管辖范围方面，可分为地理区域和实际内容两方面。在管辖地理区域方面，议定书与公约的区别是：议定书在公约"海"的定义上增加了各国内水以外的"海床及其底土",强调了"不包括仅由陆地进入的海底贮藏所"。

在管辖内容上,议定书与公约的区别可分为以下两个方面:其一,在内水管辖问题上,在公约"海"的定义中不写入内水,另加一"内水"条款作专门规定;其二,在倾废定义中增加近海石油平台的废弃和就地推倒行为。在原公约"倾废"定义中没有将海上平台或其他海上人工构造物的原址废弃和推倒列入公约内容,现议定书将"纯粹为了处置为目的的平台或其他海上人工构造物的弃置和原址推倒"作为倾废行为进行管理。

2. 关于附件

公约对禁止倾倒的废弃物严格加以控制需获得特别许可证方可倾废的物质以及颁发普通许可证可进行倾废的物质分别列入附件 1、附件 2 和附件 3。也就是说,凡是没有列入公约附件 1 和附件 2,并符合附件 3 的物质类别均可倾废。这样的特点是允许倾废的废弃物范围比较广泛。而议定书则采取的是与公约附件相反的反列方式,即将可以倾废的废弃物或其他物质名单代替禁止名单作为议定书的附件 1。凡是不在议定书附件 1 名单上的物质均不可倾废,严格地限制了倾废范围。

3. 关于禁止放射性废弃物和放射性物质的海洋处置

放射性废弃物的海洋处置可分为两类:一类是高放射性废弃物的海洋处置;一类是低放射性废弃物的海洋处置。

在《1972 伦敦公约》中,对于高放射性废弃物的海洋处置已明确规定予以禁止。是否恢复低放射性废弃物的海洋倾废,是公约修改中一个十分敏感的问题。由于俄联邦于 1993 年 10 月在日本倾倒了 900 吨的低放射性废弃物的事件①引起了国际舆论的哗然和日本、韩国的强烈反对,使得 1993 年 11 月召开的审议是否恢复低放射性废弃物的海洋倾废问题的《1972 伦敦公约》第十六次协商会议上,反对解除暂停令的呼声愈来愈大,会议通过了停止一切放射性废弃物的海洋处置的决议。

4. 关于禁止工业废弃物的海洋处置

在原《1972 伦敦公约》中,没有单独对公约废弃物的海洋处置做出规

---

① 1998 年 11 月 12 日伦敦公约成员国禁止在海上倾倒核废料,中国网 China.com.cn,浏览时间:2009—11—10。

定。在现议定书中，并没有明确写入禁止工业废弃物的具体内容，而是在附件 1 "可以考虑倾废的废弃物和其他物质"名单中列出了公约废弃物的豁免物质类别，如：疏浚物、阴沟污泥、鱼废弃物或渔业加工作业中产生的物质、船舶和平台或其他海上人工构造物，惰性的无机的地质材料、自然有机物等共 7 项类别。因此，只有列入公约废弃物清单中的废弃物可以倾废。对禁止工业废弃物海洋处置，不能一概而论，具体问题具体对待。

5. 关于争端解决的程序

关于争端解决问题，在原公约第 11 条中仅作了在第一次协商会议上审议解决有关"各缔约国因解释及适用本公约引起的争端程序"的规定。议定书上的争端解决程序条款则规定：有关解释或执行议定书的争端，首先应通过谈判、调解或其他和平方式解决；若在 12 个月内不能得到解决则应通过议定书规定的仲裁程序解决，除非各方同意利用 1982《联合国海洋法公约》第 287 条第 1 款的一种程序予以解决。因此，在争端解决程序上《议定书》与《1972 伦敦公约》的区别在于：议定书的仲裁程序与公约相比增加了在双方都同意的情况下采用《联合国海洋法公约》第 287 第 1 款中规定了 4 种导致有约束力裁判的强制程序的一种选择：（1）按照附件 4 设立的国际海洋法法庭；（2）国际法院；（3）按照附件 5 组成的仲裁法庭；（4）按照附件 6 组成的处理其中所列一类或一类以上争端的特别仲裁法庭。

6. 关于预防原则在公约和议定书中的执行

《1972 伦敦公约》制定于 20 世纪 70 年代，当时国际上还未出现有关预防原则①和预防方法的理念。

"预防原则"将其具体到海洋环境保护领域中的解释是："根据适当的标准认为进入海洋环境的物质和能量可能会对海洋环境产生有害影响时，即使在进入的能量或物质与其影响的因果之间的关系尚无科学结论的情况下，也应采取预防措施。"议定书第 3 条"一般义务"第 1 款写入了这一内容："在执行本议定书时各缔约国应当适用防止倾倒废弃物或其他物质保护海洋

---

① 1992 年举行的联合国环境与发展高峰会上通过的《里约环境与发展宣言》第十五条提出："为了保护环境，各国应按照本国的能力，广泛适用预防措施。遇有严重或不可逆转损害的威胁时，不得以缺乏科学充分确定证据为理由，延迟采取符合成本效益的措施防止环境恶化"。该项原则随后被写入联合国《21 世纪议程》和《生物多样性公约》。

环境的预防方法，当有理由认为这类废弃物或其他物质进入海洋环境可能造成危害，甚至在没有确定性的证据证明这类物质的输入与其影响之间的因果关系时也应采取预防措施。"

7. 关于污染者付费原则

《议定书》在第 3 条义务中增加了污染者付费原则的规定。其内容是：经批准进行海上倾倒者应负担用于对批准活动所产生的污染的防止和控制所需的费用。原《1972 伦敦公约》中没有这样的规定。

8. 关于禁止以海上处置为目的的废弃物出口和越境运输

《议定书》专门增加了废弃物或其他物质出口的条款，即议定书第 6 条。内容是：各缔约国不得允许为海上倾倒或焚烧的目的向其他国家出口废弃物或其他物质。

9. 交叉区域海洋污染的影响及整体调整方法

在议定书中的第 3 条义务中增加了第（4）款，即：在执行本议定书的各项规定时，各缔约国所采取的行动不应直接或间接地损害或可能发生的损害从环境的一部分转移到另一部分，或者将一种类型的污染变为另一种类型的污染。

10. 关于海上焚烧

海上焚烧废弃物和其他物质属于《1972 伦敦公约》的管辖范围。在原《1972 伦敦公约》中对"海上焚烧"和"海上焚烧设施"都做过定义，并有相应的"海上焚烧管理条例"作为技术指南。议定书基本沿用了公约焚烧的内容。议定书与原公约相比仅减少了"海上焚烧设施"的定义；专门用第 5 条规定了"各缔约国应当禁止在海上焚烧废弃物和其他物质"，并对伴随海上作业船舶、平台或其他海上人工构造物的正常作业中产生的废弃物的焚烧作为例外情况予以豁免。

11. 关于技术援助与合作

原《1972 伦敦公约》框架下的技术合作，在公约第 9 条有过专门规定。议定书在原公约的基础上，做出了"考虑到保护知识产权的需要以及发展中国家和向市场经济过渡国家的特殊需要，按照共同议定的特许或优惠条件转让技术，特别是向发展中国家和向市场经济过渡的国家提供和转让环境可靠的技术和专门技能"的议定。

从以上分析中可以看出：1996 年《议定书》与《1972 伦敦公约》（LC）相比，管理的倾废物质和区域范围更宽，允许倾废的物质控制得越来越严。首先，地理范围的扩大。该议定书缔约方可以决定在内水区域适用其规定，这是明确从 LC 范围之内。其次，1996 年《议定书》的另一个创新性的因素是对一个新的针对非缔约方出口的废弃物倾废或焚化目的全面禁令的引入。最后，1996 年《议定书》比《1972 伦敦公约》（LC）更强调规范，并要求各缔约方通过会议建立必需的评估和促进规范的程序和机制（条款 11）；提供技术性支持（条款 13）；以及建立争端解决程序（条款 16）。

1996 年《议定书》于 2006 年 3 月 24 日开始执行，采用 10 年后，取代《1972 伦敦公约》作为议定书各缔约方同时也是立法各方的代表。就目前而言，这两项文书将同时生效，成为海洋倾废管理的最具有权威的国际性公约。至此，国际倾废管理秩序进入了一个新的历史阶段。

三、《1972 伦敦公约》、《议定书》在中国的执行

我国海洋倾废管理的目标和程序都与《1972 伦敦公约》一致。但管理范围和管理手段与公约规定相比更具有广泛性和强制性。

（一）中国执行公约的国内法规和政策

1985 年 4 月 1 日正式生效的《海洋倾废管理条例》具体规定了与《1972 伦敦公约》相一致的海洋倾废管理的机制和程序。如按照《海洋倾废管理条例》第 11 条的规定，禁止倾废所有"黑名单"物质，包括强放射性物质和其他放射性物质。同条还规定，倾废"灰名单"物质须事先获得特别许可证。对倾废其他低毒或无毒的废弃物质，须事先获得普通许可证。中国在环境政策方面向来主张"预防为主，防治结合"。根据我国的《环境保护法》、《海洋环境保护法》和海洋环境保护实践，预防不是一概禁止排放废弃物或禁止所有的海洋倾废活动，而应是有一个与发展相互协调的环境规划和有可靠科学基础的废弃物处置管理方法。"预防为主"原则体现在对工程项目主体实行"同时设计、同时施工和同时投产使用"的"三同时"方针。具体到海洋倾废来说执行预防优先政策，鼓励废弃物的减少、再循环和综合利用技术，从污染源上防止、减少和控制污染。同时，监测工作也是中国海洋倾废管理政策中的一个重要组成部分，假如发现倾废活动对海洋有环

境影响时，主管部门将责令停止海上倾倒活动。[①]

（二）中国为执行公约而制定严格的技术规范标准

1992 年 9 月，国家海洋局根据《海洋倾废管理条例》以及《1972 伦敦公约》第十次协商会议正式通过的《公约附件应用于疏浚物处置指南》，结合中国国情，并参考国际现有的经验，首先制定并颁布了《疏浚物海洋倾废分类标准和评价程序》，作为颁发海洋疏浚物倾废许可证的依据。文中提出按照疏浚物成分、有害物质的含量水平和对海洋环境的影响程度，将疏浚物分成一、二、三类，分别相当于公约附件中的"黑名单"、"灰名单"、"白名单"物质，并采取与《1972 伦敦公约》相一致的措施。其次，国家海洋局还颁布了《海洋倾倒区监测试行方案》，方案中规定，三类废弃物倾倒区的监测至少应包括水文、气象、水质、沉积物和生物体等内容，并规定了监测所应遵从的站位布设原则、监测频率、监测方法以及报告的格式，符合公约对倾废场所监测的要求。1985 年，国家海洋局颁文对海上倾倒活动实行统计报告制度，并设计了统一格式的《海洋废弃物季度统计报表》和《倾倒区评价报告表》。在总结经验的基础上，按《1972 伦敦公约》的要求，1993 年 7 月国家海洋局又重申了加强统计报告制度的规定，为执行《1972 伦敦公约》以及建立倾倒区管理档案提供了必要基础。[②]

（三）中国执行公约的效果

中国自加入《1972 伦敦公约》以来，先后颁布了《海洋倾废管理条例》以及《实施办法》等一系列的法规、标准和技术规范，完善了海洋倾废管理制度，并对海上倾倒实行严格的控制措施，建立了良好的海上倾倒管理秩序。到目前为止，中国在海上倾倒的主要是港口、航道疏浚过程中的疏浚泥，年倾废量约为 6500 万立方米，疏浚泥必须经过清洁后方可倾废，并且所有倾倒入海的废弃物都要经过严格的检验，当确认对海洋环境和资源无损害时，才可批准倾倒。从这一点来说，中国的海洋倾废管理制度要严于《1972 伦敦公约》的规定。

---

① 方晓明：《〈伦敦倾废公约〉与中国海洋倾废管理》，《海洋开发与管理》1995 年第 2 期。
② 方晓明：《〈伦敦倾废公约〉与中国海洋倾废管理》，《海洋开发与管理》1995 年第 2 期。

第二章　中国海洋倾倒区的使用与管理现状

中国的海岸线长达 18000 千米，管辖的海域面积近 300 万平方公里。海洋倾倒区的设置主要分布在我国四个海区（渤海、北海、东海和南海）的近海海域，分布区域广、分散、不均衡，占海岸线长达 14000 千米。这种分布的特点给我国海洋倾废管理部门的工作带来了诸多的不便和困难。众所周知，海洋倾倒区的管理是海洋倾废管理工作的重中之重，如何对海洋倾倒区进行有效管理，是关系海洋倾废工作管理成效的关键。因此，对海洋倾倒区的有效管理是本章主要探讨的问题。

第一节　中国海洋倾倒区使用现状

海洋倾倒区的使用，是人类利用海洋自净能力的一种尝试，其优点是废弃物处置方式简便易行，经济成本低，且对人类健康的直接危害小。但海洋的自净能力和承载能力是有限的，如果不能及时掌握倾废海区的环境状况，盲目倾废，势必造成海洋生境破坏，危及人类。因此，对海洋倾倒区应本着"科学合理、经济生态"的原则选划和使用，同时做到"使用与管理并重"。

根据《管理规定》第 3 条的规定，海洋倾倒区是指由主管部门或经主管部门授权的机构，按规定程序划定的专门用于接受倾倒废弃物的海区。倾倒区通常以万平方米的单位量来计算。我国"倾倒区包括（正式）海洋倾倒区和临时性海洋倾倒区"。"正式海洋倾倒区是指由国务院批准的、供某一区域在海上倾倒日常生产建设活动产生的废弃物而划定的长期使用的倾倒区。""临时性海洋倾倒区是指为满足海岸和海洋工程等建设项目的需要而划定的限期、限量倾倒废弃物的倾倒区。"[①]

一、1986—2002 年中国海洋倾倒区使用状况

据调查考证，中国海洋倾倒区选划工作分为两个时期。第一时期正式开始于 1986 年 3 月 12 日国家海洋局在对全国海洋倾废全面普查核实后，根据沿海倾废的需要，在科学论证的基础上选划了第一批海洋倾倒区。1986 年 11 月 2 日，经国务院批准，国家海洋局公布第一批三类废弃物海洋倾倒区，到 1993 年，中国共有国务院批准的海洋倾倒区 41 个（见表 2-1）。随着我国沿海经济和港口航道建设的发展，国家海洋局根据各海区需要批准设立临时倾倒区以解决工程急需，各海区海洋管理部门批准的临时海洋倾倒区 25 个。此后，国家海洋局根据海洋倾倒区的使用情况，关闭了一些不宜继续使用的海洋倾倒区。到 1999 年，中国实际使用正式海洋倾倒区 21 个，临时海洋倾倒区 44 个。2000 年实际使用的海洋倾倒区（含临时倾倒区）65 个。2001 年，实际使用海洋倾倒区（含临时倾倒区）61 个。2002 年，实际使用海洋倾倒区（含临时倾倒区）60 个。[②] 2000 年，国家海洋局研究制定《海洋倾倒区管理规定》、《海洋倾废许可证管理办法》、《海洋倾倒区选划资格认证制度》、《海洋倾废船舶登记管理办法》四项制度，组织选划和审批了一批海洋倾倒区，着手开展了收费标准的调研协调工作。组织开展了倾倒区的监测和倾废评价程序及倾废物质分类标准的前期准备工作。[③] 因此，从 2000 年起，中国海洋倾倒区选划工作进入第二时期。这一时期，国家海洋局加大对海洋倾废管理力度，对正在使用的临时倾倒区进行清理整顿，在倾倒区选划审批的程序上更加规范化、法制化。

---

① 孙书贤：《海洋行政执法法律依据汇编（国家篇）》，海洋出版社 2007 年版，第 220 页。
② 张和庆：《中国海洋倾废历史与管理现状》，《湛江海洋大学学报》2003 年第 5 期。
③ 中国海洋年鉴编辑部：《2001 年中国海洋年鉴》，海洋出版社 2002 年版，第 96 页。

表 2-1：1986—1993 年国务院批准的海洋倾倒区①

批次	倾倒区名称	倾倒区名称
第1批	天津机场空中放油区 大连周水子机场空中放油区 上海虹桥机场空中放油区 杭州笕桥机场空中放油区	上海人粪尿海上临时倾倒区 胶州湾外象咀东南倾倒区 九澳岛东南疏浚物倾倒区 黄茅岛以南疏浚物倾倒区
第2批	大亚湾核电站码头疏浚物倾倒区 烟台港疏浚物倾倒区 珠江口淇澳岛东北倾倒区	淇澳岛东南倾倒区 内伶仃东南疏浚物倾倒区
第3批	厦门港疏浚物倾倒区 泉州湾疏浚物倾倒区	湄洲湾疏浚物倾倒区 南海三类废弃物倾倒区
第4批	长江口北槽倾倒区 长江口横沙倾倒区 长江口鸭窝沙北倾倒区 吴淞口北倾倒区 长江口鸭窝沙南倾倒区 海口倾倒区	马村倾倒区 八所倾倒区 洋浦倾倒区 三亚倾倒区 清澜倾倒区
第5批	大连港大窑湾倾倒区 大连港南海域倾倒区 连云港倾倒区 甬江口七里屿内侧倾倒区 甬江口七里屿外侧倾倒区 甬江口七里屿与外游山连线以西涨潮倾倒区 甬江口七里屿与北鸽山连线以东落潮倾倒区	甬江口双礁与黄牛礁连线以北倾倒区 椒江口倾倒区 欧江口大门岛涨潮倾倒区 欧江口大门岛落潮倾倒区 闽江口倾倒区 湛江港倾倒区

表 2-2：1990—2002 年中国海洋倾废的基本状况

年份	倾废许可证（份）	批准倾废弃物倾废量（万平方米）	废弃物类别及量（万吨）
1990—1992	1104	10417	疏浚泥 10378、粉煤灰 14.2，三类工业废弃物 8.1②
1993—1995	1599（特别许可证1份）	13603.7	三类废弃物 17.5、碱碴 9③

---

① 张和庆：《中国海洋倾废历史与管理现状》，《湛江海洋大学学报》2003 年第 5 期。
② 杨文鹤：《中国海洋年鉴》（1991—1993），海洋出版社 1994 年版，第 133—134 页。
③ 杨文鹤：《中国海洋年鉴》（1994—1996），海洋出版社 1997 年版，第 174—175 页。

续表

年份	倾废许可证（份）	批准倾废弃物倾废量（万平方米）	废弃物类别及量（万吨）
1996	441	2578.07	三类工业废弃物 3.31、碱渣 8①
1997	364	疏浚物 3329	碱渣 13.3②
1998	490	疏浚物 5110	
1999	507	5199.17	碱渣 8③
2000	538	9520④	
2001	541	8965.2⑤	
2002	526	10721	惰性无机地质废料 51.8⑥

　　由表 2-2 可以看出，1990—2002 年中国倾废许可证的发放份数和倾废许可量平均每年呈递增的发展趋势。表明近年来我国海洋经济发展迅猛，海洋工程项目开建多，建设产生的垃圾多，需要就近处理。

二、2003—2007 年中国海洋倾倒区使用现状

　　根据 2003—2007 年国家海洋局发布的全国海洋倾废管理月报⑦，经过归整梳理概况如下：

　　2003 年度全国海上共有国务院批准的疏浚物倾倒区 408 个，空中放油区 48 个，临时海洋倾倒区 371 个。本年度全国共使用倾倒区 382 个，其中临时倾倒区 371 个；共倾废三类疏浚物 130989811 立方米，骨灰 227 具；发放倾废许可证（正本）663 份，批准倾废疏浚物 218949276 立方米，收缴倾废费 15451756.66 元。共有 405 个申请单位提交了废弃物成分检验单。

　　2004 年度全国海上共有国务院批准的疏浚物倾倒区 408 个，空中放油

---

① 杨文鹤：《中国海洋年鉴》（1994—1996），海洋出版社 1997 年版，第 174—175 页。
② 杨文鹤：《中国海洋年鉴》（1997—1998），海洋出版社 1999 年版，第 211 页。
③ 杨文鹤：《中国海洋年鉴》（1999—2000），海洋出版社 2001 年版，第 211 页。
④ 国家海洋局：《中国海洋环境质量公报》（2000—2002 年），国家海洋局网站。
⑤ 国家海洋局：《中国海洋环境质量公报》（2000—2002 年），国家海洋局网站。
⑥ 国家海洋局：《中国海洋环境质量公报》（2000—2002 年），国家海洋局网站。
⑦ 国家海洋局：《2003—2007 年全国海洋倾废管理月报》，国家海洋局网站。

区 48 个，临时海洋倾倒区 302 个。本年度全国共使用倾倒区 470 个，其中临时倾倒区 310 个；共倾废三类疏浚物 162627439 立方米，发放倾废许可证（正本）755 份，批准倾废疏浚物 243686224 立方米，收缴倾废费 28581403.35 元。共有 793 个申请单位提交了废弃物成分检验单。

2005 年度全国海上共有国务院批准的疏浚物倾倒区 408 个，空中放油区 48 个，临时海洋倾倒区 302 个。本年度全国共使用倾倒区 414 个，其中临时倾倒区 302 个；共倾废三类疏浚物 193722993 吨。

2006 年度全国海上共有国务院批准的疏浚物倾倒区 408 个，空中放油区 48 个，临时海洋倾倒区 410 个。本年度全国共使用倾倒区 314 个，其中临时倾倒区 410 个；共倾废三类疏浚物 174512905 立方米，发放倾废许可证（正本）458 份，批准倾废疏浚物 203885085 立方米，收缴倾废废 47641210 元。共有 225 个申请单位提交了废弃物成分检验单，倾废骨灰 2433 具，共倾废三类疏浚物 19081 立方米，发放倾废许可证（正本）401 份，批准倾废疏浚物 26892 立方米，收缴倾废费 6232.4 元。共有 256 个申请单位提交了废弃物成分检验单。

2007 年度全国海上共有国务院批准的疏浚物倾倒区 408 个，空中放油区 48 个，临时海洋倾倒区立方米，发放倾废许可证（正本）528 份，批准倾废疏浚物 255707101 立方米，收缴倾废费 12635858.4 元。共有 277 个申请单位提交了废弃物成分检验单。

表 2-3：2003—2007 年海洋倾废概况

项目 ＼ 年份	2003 年度	2004 年度	2005 年度	2006 年度	2007 年度
国务院批准疏浚物倾倒区（个）	合计 408 月平均 34	合计 408 月平均 34	合计 408 月平均 34	合计 408 月平均 34	合计 1 月平均 0
国务院批准空中放油区（个）	48 4	48 4	48 4	48 4	— —
本年度全国共使用倾倒区（个）	合计 382 月平均 32	合计 470 月平均 39	合计 414 月平均 35	合计 314 月平均 26	合计— 月平均—
临时倾倒区（个）	371 31	310 26	302 25	410 34	390 33

年份 项目	2003 年度	2004 年度	2005 年度	2006 年度	2007 年度
倾废骨灰盒 （具）	227 19	— —	— —	— —	2433 203
倾废疏浚物 （立方米）	130989811 10915818	162627439 13552287	193722993 16143583	174512905 14542742	19081 1590
倾倒废弃物 （吨）	1769 354	— —	— —	— —	— —
发放倾废许可证 （份）	663 55	755 63	528 44	458 38	401 33
批准倾废疏浚物 （立方米）	218949276 18245773	243686224 20307185	255707101 21308925	203885085 16990424	26892 2241
收缴倾废费 （元）	15451756.66 1287631	28581403.35 2381784	12635858.4 1052988	47641210 3970101	6232.4 519
废弃物成分检验 单（份）	405 34	793 66	277 23	225 19	256 21

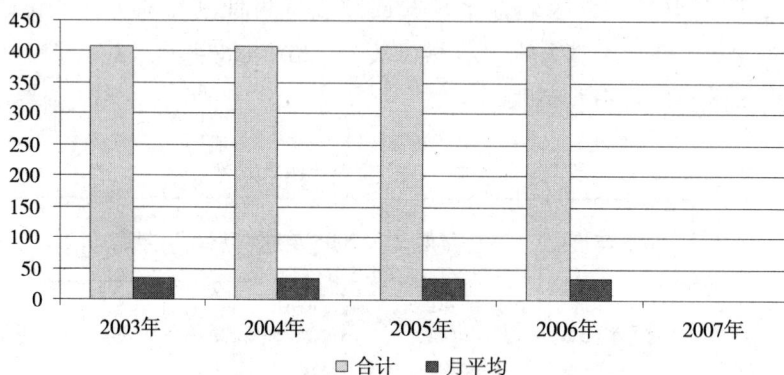

国务院批准疏浚物倾倒区

图 2-1：国务院批准疏浚物倾倒区个数

全国共使用倾倒区

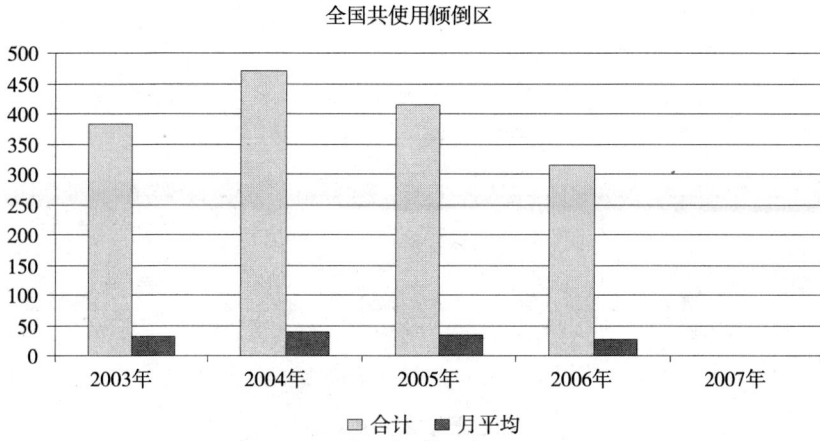

图 2-2：全国共使用倾倒区个数

发放倾倒许可证

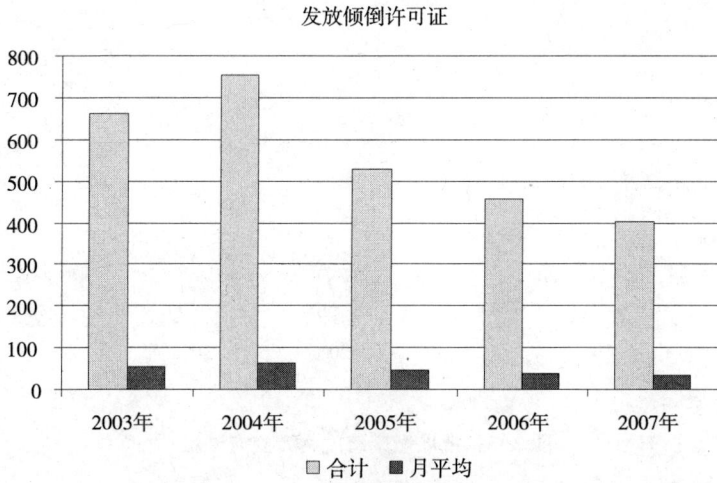

图 2-3：发放倾废许可证书（份）

临时倾倒区

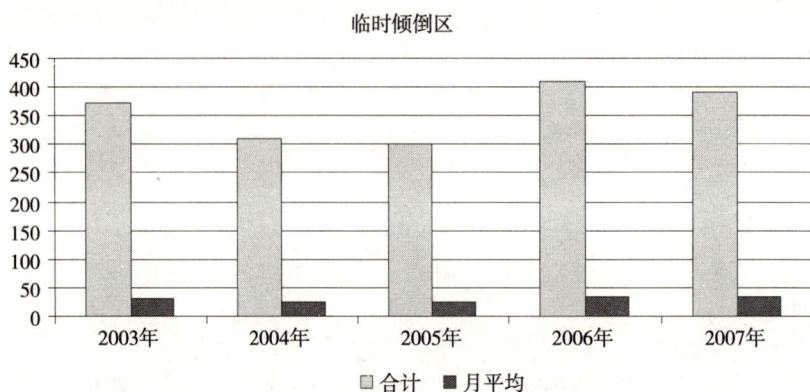

图 2-4：全国临时倾倒区（个）

收缴倾倒费

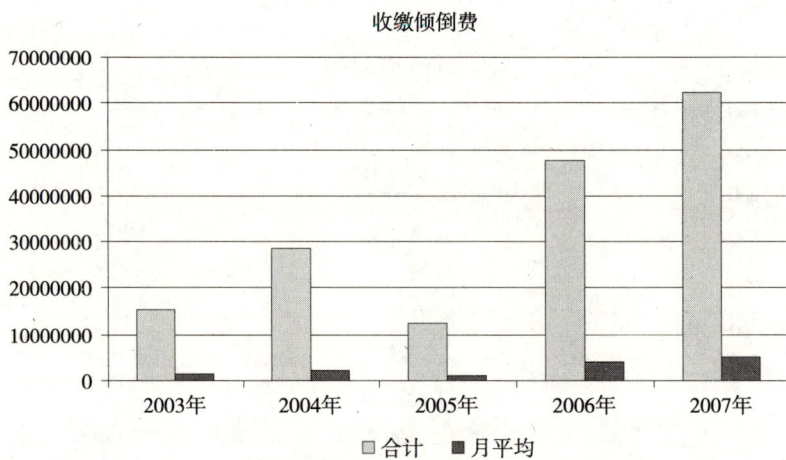

图 2-5：批准倾废疏浚物万立方米数

倾倒疏浚物

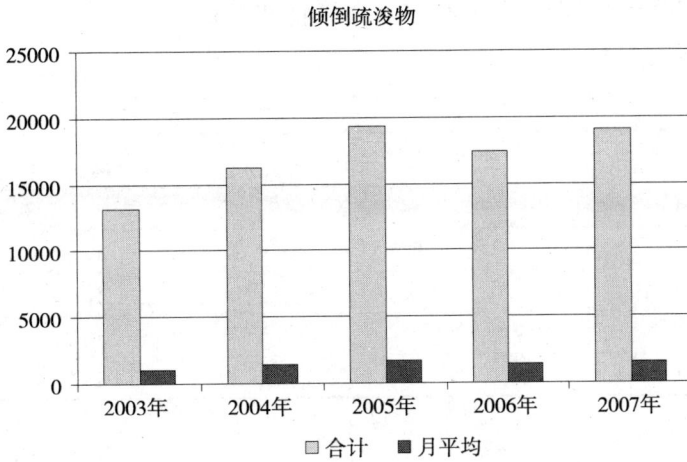

图 2-6：收缴倾废费人民币元数

废弃物成分检验单

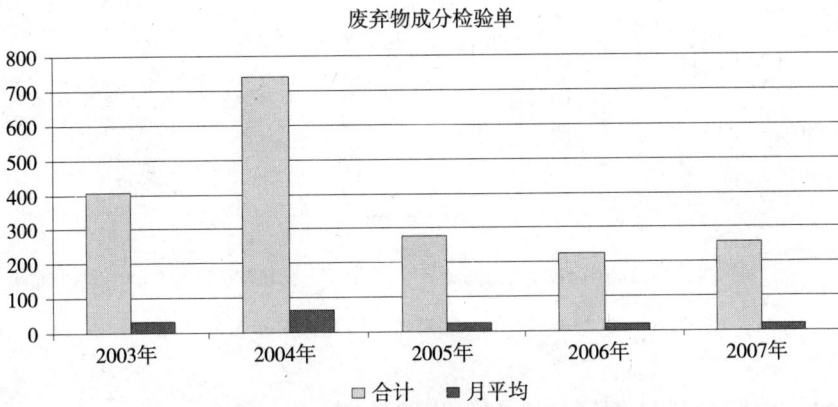

图 2-7：废弃物成分检验单份数

三、2008—2012 年中国海洋倾倒区使用情况

表 2-3：2008—2012 年全国疏浚物海洋倾废情况

年份	使用倾倒区（个）	倾废量（万立方米）
2008 年	54	12445.87
2009 年	57	12144
2010 年		16957
2011 年		16428
2012 年		18922

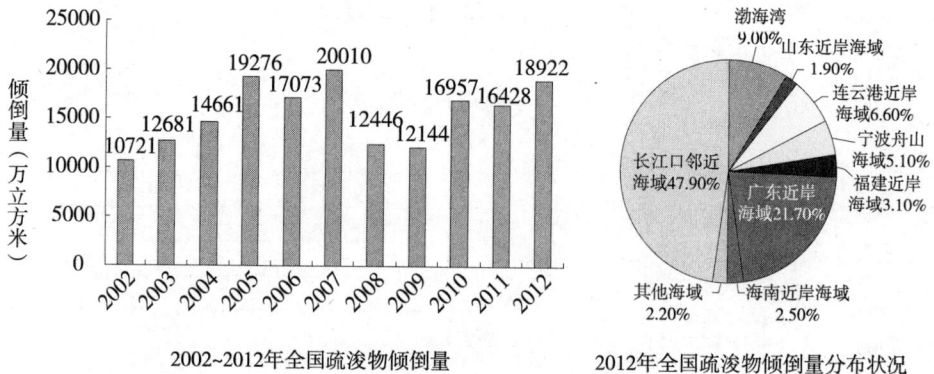

2002~2012年全国疏浚物倾倒量　　　　2012年全国疏浚物倾倒量分布状况

图 2-8：2002—2012 年中国海洋疏浚物倾废量及其分布①

四、中国海洋倾倒区的分布、位置情况

（一）渤海海区倾倒区的分布

目前渤海在用的倾倒区为 13 个，均为临时倾倒区，有 5 个倾倒区位于辽宁省，4 个位于河北省，3 个位于山东省，1 个位于天津市。② 见图 2-9-11 和表 2-4-8。

---

① 图 2-8 摘自国家海洋局《2012 年中国海洋环境质量公报》，国家海洋局网站。
② 郑琳等：《渤海海洋倾倒区使用现状与管理对策研究》，《海洋开发与管理》2010 年第 1 期。

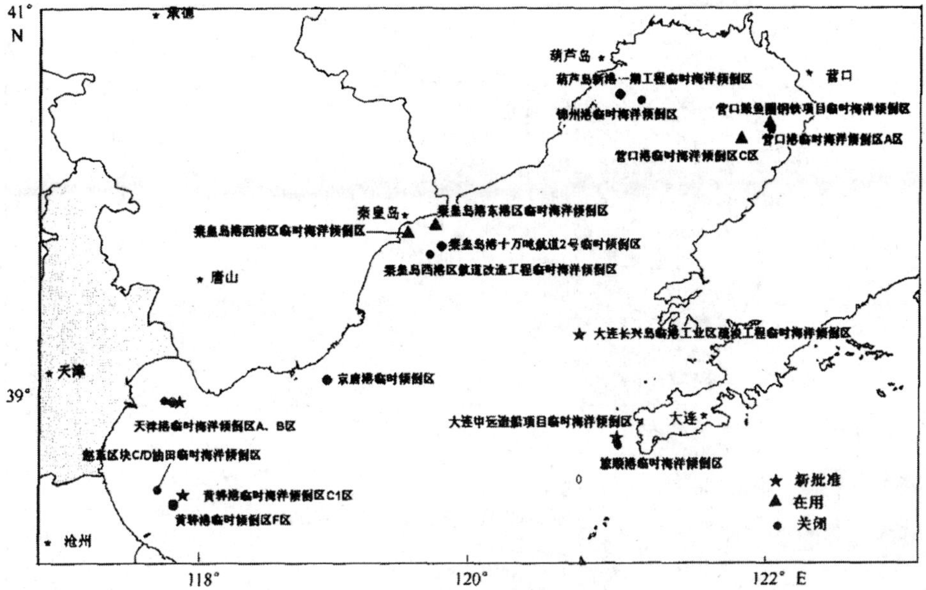

图 2-9：辽宁省海洋倾倒区的分布位置

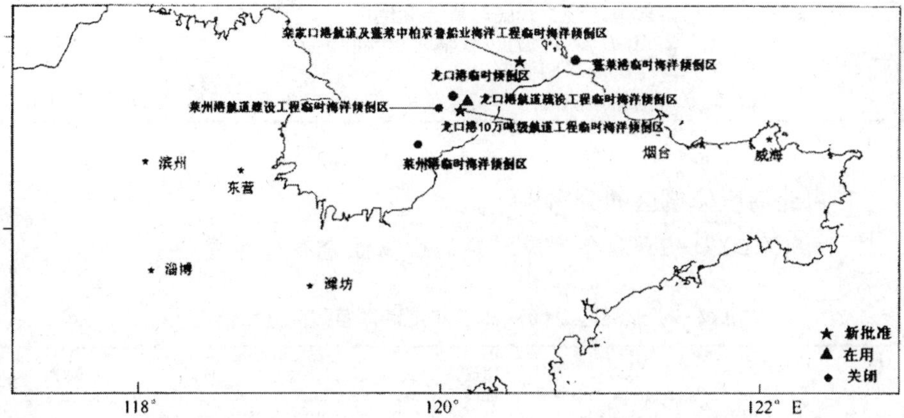

图 2-10：山东省海洋倾倒区分布位置

表 2-4：渤海海区倾倒区分布位置

省份	倾倒区
辽宁省	1. 葫芦岛新港一期工程临时海洋倾倒区 2. 锦州港临时海洋倾倒区 3. 营口港临时海洋倾倒区 A 区 4. 营口港临时海洋倾倒区 C 区 5. 营口鲅鱼圈钢铁项目疏浚工程临时海洋倾倒区 6. 大连长兴岛临港工业区疏浚工程临时倾倒区 7. 大连中远造船项目临时海洋倾倒区 8. 旅顺港临时海洋倾倒区
天津市	1. 天津港临时倾倒区 A 区 2. 天津港临时倾倒区 B 区 3. 天津港临时倾倒区 C 区
河北省	1. 秦皇岛港十万吨航道 2 号临时倾倒区 2. 秦皇岛港西港区临时海洋倾倒区 3. 秦皇岛港东港区临时海洋倾倒区 4. 秦皇岛港西港区航道改造工程临时海洋倾倒区 5. 京唐港临时海洋倾倒区 6. 黄骅港 C1 区临时海洋倾倒区 7. 黄骅港 F 区临时海洋倾倒区 8. 赵东 C/D 油田临时海洋倾倒区
山东省	1. 蓬莱港临时海洋倾倒区 2. 龙口港临时海洋倾倒区 3. 龙口港航道疏浚工程临时海洋倾倒区 4. 龙口港 10 万吨级航道工程临时海洋倾倒区 5. 莱州港临时海洋倾倒区 6. 栾家口港航道疏浚工程及蓬莱中柏京鲁船业海洋工程临时海洋倾倒区

（二）北海区倾倒区的分布

1. 北海区 2000—2008 年度海洋倾倒区位置分布情况情况

表 2-5：北海区 2000—2005 年度海洋倾倒区分布情况

	2000	2001	2002	2003	2004	2005
倾倒区 1	黄骅港临时倾倒区 F 区	天津港临时倾倒区 B 区		大连湾港区通用杂货泊位工程疏浚物临时海洋倾倒区	青岛灵山船厂临时倾倒区	

续表

	2000	2001	2002	2003	2004	2005
位置	38°28.0′N, 118°02.4′E, 半径1.5Km	38°59′30″N, 118°01′42″E, 半径1.0Km		38°51′00″N, 121°56′00″E, 半径0.5Km	中心点120°07′00″E, 35°51′00″N, 半径0.5Km	
倾倒区2		赵东C/D油田临时倾倒区			龙口港临时倾倒区	胶南积米崖渔港临时海洋倾倒区
位置		38°32′30″N、117°56′00″E, 半径1.0Km			37°42′00″N、120°01′00″E, 半径1.0Km	中心点120°12′02″E, 35°52′18″N, 半径1.0Km
倾倒区3—1					蓬莱港临时海洋倾倒区	威海新港港池疏浚物临时海洋倾倒区
位置					中心点120°49′00″E, 37°53′00″N, 半径1Km	37°29′00″N、122°18′00″E, 半径0.5Km
倾倒区3—2					丹东港大东港区临时海洋倾倒区	
位置					中心点124°06′20″E, 39°38′00″N, 半径0.5Km	
倾倒区4—1					大连松木岛港临时海洋倾倒区	葫芦岛新港一期工程临时海洋倾倒区
位置					39°15′00″N, 121°21′00″E, 半径1.0Km	40°34′00″N, 120°59′00″E, 半径1.0Km

	2000	2001	2002	2003	2004	2005
倾倒区 4—2					烟大铁路轮渡疏浚物临时海洋倾倒区 A 区	营口港临时海洋倾倒区 A 区
位置					中心点 38° 47′ 30″ N，121° 01′ 30″ E，半径 0.5Km	中心点 121° 59′ 12″ E，40° 22′ 48″ N，半径 0.5Km
倾倒区 5—1					烟大铁路轮渡疏浚物临时海洋倾倒区 B 区	锦州港临时海洋倾倒区
位置					中心点 38° 48′ 00″ N，121° 04′ 00″ E，半径 0.5Km	40° 32′ 00″ N，121° 07′ 30″ E，半径 0.5Km
倾倒区 5—2					庄河港工程临时海洋倾倒区	营口港临时海洋倾倒区 C 区
位置					中心点 123° 09′ 30″ E，39° 32′ 00″N，半径 1.0Km	中心点 121° 47′ 00″ E，40° 20′ 00″ N，半径 1.0Km
倾倒区 6					黄骅港 C1 区临时倾倒区	
位置					38° 30′ 30″ N、118°06′ 00″E，半径 1.5Km	

表 2-6：北海区 2006—2009 年度海洋倾倒区分布情况

	2006	2007	2008	2009
倾倒区 1	莱州港航道建设工程临时海洋倾倒区	日照港东西港区航道改扩建工程临时海洋倾倒区	乳山造船干船坞围堰工程和舾装码头工程临时海洋倾倒区	大连港庄河港区黄圈码头通用泊位工程临时海洋倾倒区（2009.1重开）
位置	37°38′10.63″N、119°55′26.40″E，半径 0.5Km	中心点 35°19′28″N，119°46′00″E，半径 1.0Km	A：36°40′00″，121°35′00″E，B：36°40′00″，121°36′00″E，C：36°41′00″N，121°36′00″E 三点连线海域	39°33′00″N，123°20′00″E，半径 1.0Km
倾倒区 2	海阳渔港扩建工程临时海洋倾倒区	岚山北港区 30 万吨级油码头建设工程临时海洋倾倒区	龙口港 10 万吨级航道工程临时海洋倾倒区	绥中 36—1 终端码头扩建工程临时海洋倾倒区
位置	36°37′00″N，121°27′00″E，半径 0.5Km	中心点 35°04′41″N，119°36′16″E，半径 1.0Km	120°04′20″E，37°37′30″N；120°04′30″E，37°37′00″N；120°05′35″E，37°37′14″N；120°05′25″E，37°37′44″N 四点围成海域	39°56′59″N、120°07′04″E，半径 1.0Km
倾倒区 3—1	青岛胶南贡口造船厂改扩建项目临时海洋倾倒区	岚山港临时海洋倾倒区	丹东港临时海洋倾倒区	烟台港西港区临时海洋倾倒区
位置	35°33′00″N，119°50′00″E，半径 0.5Km	中心点 35°00′00″N，119°24′00″E，半径 1.0Km	39°36′30″N、124°06′30″E，半径 0.5Km	121°11′25″E，37°57′34″N；121°12′44″E，37°57′13″N；121°12′56″E，37°57′43.5″N；121°11′37.6″E，37°58′03″N 四点围成海域
倾倒区 3—2	大连港新港码头建设工程临时海洋倾倒区	龙口港航道疏浚工程临时海洋倾倒区	大连长兴岛临港工业区疏浚工程临时海洋倾倒区	赵东 C/D 油田疏浚物临时倾倒区
位置	122°19′00″E，38°55′00″N，半径 0.5Km	中心点 37°39′30″N，120°06′13″E，半径 1.0Km	120°43′00″E，39°20′00″N，半径 1Km	38°32′30″N，117°56′00″E，半径 0.5Km

续表

	2006	2007	2008	2009
倾倒区 4—1	秦皇岛西港区航道改造工程临时海洋倾倒区	鞍本钢铁集团营口鲅鱼圈钢铁项目疏浚工程临时海洋倾倒区	大连中远造船项目临时海洋倾倒区	
位置	39°45′00″N、119°44′00″E，半径1.0Km	121°58′30″E，40°24′30″N，半径1Km	120°58′24″E，38°47′42″N，半径1Km	
倾倒区 4—2	大连大窑湾二期工程临时海洋倾倒区	秦皇岛港西港区临时海洋倾倒区	栾家口港航道疏浚工程及蓬莱中柏京鲁船业海洋工程临时海洋倾倒区	
位置	122°05′40″E，38°57′48″N，半径0.5Km	39°51′30″N、119°35′00″E，半径1.0Km	120°26′43″E，37°52′12″N；120°26′43″E，37°51′55″N；120°27′26″E，37°51′55″N；120°27′26″E，37°52′12″N 四点围成海域	
倾倒区 5—1	大连港庄河港区黄圈码头通用泊位工程临时海洋倾倒区	秦皇岛港东港区临时海洋倾倒区	天津港临时倾倒区C区	
位置	39°33′00″N，123°20′00″E，半径1.0Km	39°54′00″N、119°46′00″E，半径1.0Km	38°59′06″N、118°04′25″E，半径1.0Km	
倾倒区 5—2	大窑湾港区北航段建设工程临时海洋倾倒区		黄骅港C1区临时倾倒区（2008底重开）	
位置	122°07′36″E，38°53′54″N，半径1Km		38°30′30″N、118°06′00″E，半径1.5Km	
倾倒区6			锦州港临时海洋倾倒区（延期一年）	
位置			40°32′00″N，121°07′30″E，半径0.5Km	

表 2-7：北海区海洋倾废种类及数量

年份	清洁疏浚物（万方）
2000	——
2001	——
2002	——
2003	——
2004	4481.5985
2005	7351.7744
2006	6107.9989
2007	6313.971
2008	6066.9979
2009（1—9）	2792.0638

表 2-8：北海区海洋倾废管理情况

	发放倾废许可证/份	缴纳倾废费/万元
2000	——	——
2001	——	——
2002	——	——
2003	——	——
2004	99	270.18
2005	107	414.75
2006	114	1436.75
2007	85	1076.6882
2008	69	793.25
2009（1—9）	41	678.922

葫芦岛市

锦州港

鞍钢项目疏浚工程
锦州港　临时海洋倾倒区
临时海洋倾倒区

营口港

秦皇岛东港区
临时海洋倾倒区

营口港
临时海洋倾倒区

丹东

秦皇岛西港区
临时海洋倾倒区

绥中36-1终端码头扩建工程
临时海洋倾倒区
秦皇岛市

大连庄河港临时
海洋倾倒区

丹东港临时
海洋倾倒区

秦皇岛港

天津港

大连长兴岛
临时海洋倾倒区

大连市

大连大窑湾倾倒区

大连大窑湾港区
临时海洋倾倒区

渤　　海

天津港
临时海洋倾倒区

赵东C/D油田
临时海洋倾倒区

黄骅港
临时海洋倾倒区

大连中远造船项目
临时海洋倾倒区

大连南海域倾倒区

黄　　海

黄骅

东营

栾家口港航道疏浚工程
临时海洋倾倒区

烟台港西港区临时
海洋倾倒区

龙口10万吨级航道工程
临时海洋倾倒区

蓬莱市

龙口市

烟台港海洋倾倒区

烟台市

威海市

潍坊市

乳山市

青岛市

图　例

▲ 正式海洋倾倒区

青岛海洋倾倒区

日照市

● 临时性海洋倾倒区

岚山港临时海洋倾倒区

图 2-11：渤海区海洋倾倒区分布图

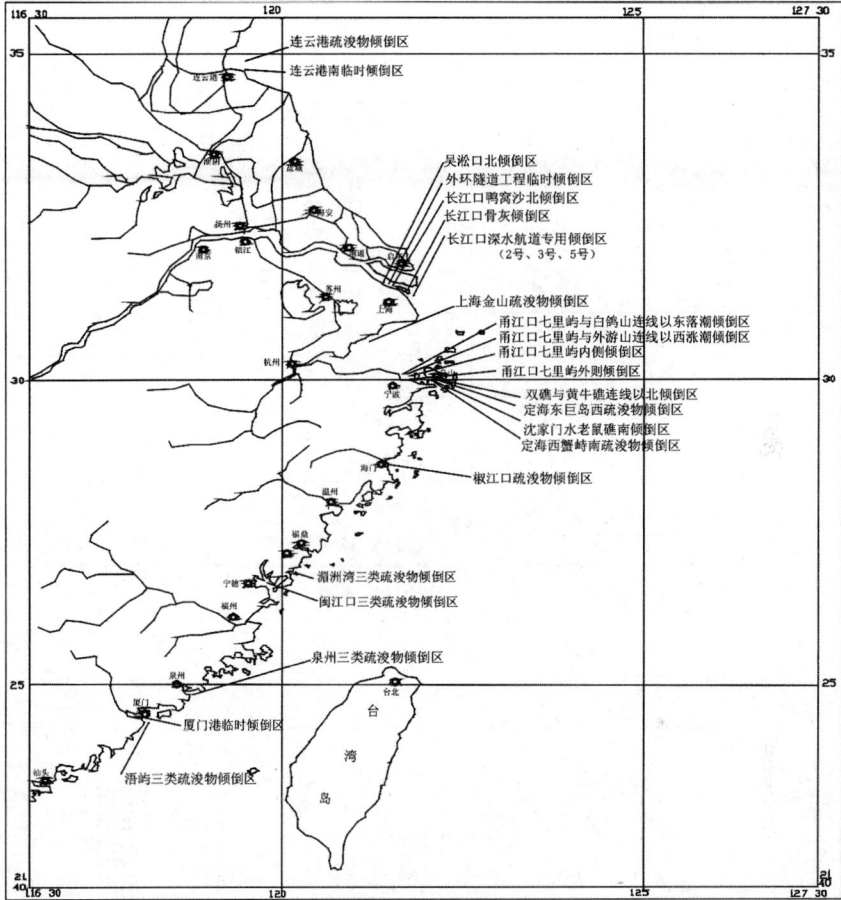

图 2-12：东海区海洋倾倒区位置图

（三）东海区倾倒区的分布位置情况

表 2-9：东海区 1999—2012 年倾倒区使用概况

年份	倾倒区使用数/个	倾废量/万立方米	倾废骨灰盒/个
1999 年	25	2368.75	506
2000 年	22	4726.15	963

续表

年份	倾倒区使用数/个	倾废量/万立方米	倾废骨灰盒/个
2001 年	24	3658. 32	1023
2002 年	22	3625. 88	973
2003 年	24	4499. 65	1130
2004 年	31	6924. 42	1511
2005 年	31	6924. 42	1511
2006 年	38	8980	1749
2007 年	32	9442. 66	1768
2008 年	28	6579. 9	
2009 年	26	5513	
2010 年	32	10649	
2011 年	30	11030	
2012 年	27	11921	1620
合计	392	89918. 73	

注：废弃物按 1 立方米＝2t 估算，以上倾废量不包括治岸吹填区。

倾废量（万立方米）

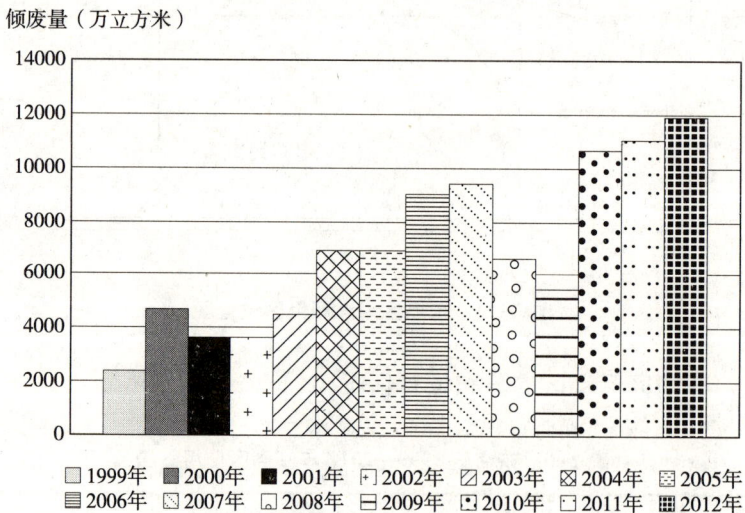

图 2-13：东海区倾倒区倾废量

表 2-10：东海区各海域废弃物倾废量分布表

海域	总倾废量（万立方米）	占东海区总倾废量的比例
上海	28726.74	65%
江苏	9232	21%
浙江	7550.63	17%
福建	5494.66	12%

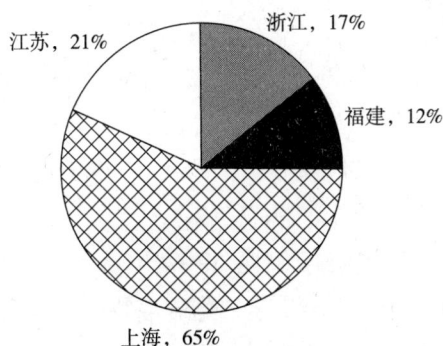

图 2-14：东海区各海域废弃物倾倒量分布图

　　从表 2-9-10 和图 2-13-14 我们可以清楚地看出，东海区倾倒区倾废量每年都在增长，倾倒区分布主要集中在上海、连云港、宁波、福州、厦门等海域，其他地区倾废量较少，有时有，有时无。自 1999—2007 年上海海域倾废量占东海区倾废总量的 65%，为 28726.74 万立方米。江苏连云港海域倾废量 9232 万立方米，占总倾废量的 21%。浙江海域倾废量为 7550.63 万立方米，占总倾废量的 17%，福建海域倾废量 5494.66 万立方米，占总倾废量的 12%。

　　根据 1999—2007 年《东海倾废管理公报》统计，东海区使用过的倾倒区情况如下表 2-11 所示：

倾倒区（个）	1999	2000	2001	2002	2003	2004	2005	2006	2007
总数	25	22	24	22	24	31	31	38	32

倾倒区（个）	1999	2000	2001	2002	2003	2004	2005	2006	2007
三类疏浚物正式倾倒区	13	12	15	12	12	14	13	13	11
临时倾倒区	10	10	9	10	12	17	18	25	21

1999—2007 年，东海区共使用过 54 个倾倒区，其中，由国务院批准的倾倒区 16 个（占 29.6%），国家海洋局批准的倾倒区 27 个（占 50%），东海分局批准的倾倒区 2 个（占 3.7%），其他 9 个（占 16.7%）。统计表明，大多数倾倒区是由国家批准的临时倾倒区，其次是国务院批准的倾倒区，其他形式批准的倾倒区较少。

按倾倒区类型分，正式倾倒区 16 个（占 29.6%），临时倾倒区 34 个，（占 62.9%），其他倾倒区 4 个（占 7.4%）。

按倾废物类型分，疏浚物倾倒区 50 个（占 92.6%），其中 4 个倾倒区（闽江口三类疏浚物倾倒区、湄洲湾三类疏浚物倾倒区、泉州湾三类疏浚物倾倒区、浯山与三类疏浚物倾倒区）名称与倾废物性质不符的，应将未经清洁的"三类疏浚物"更名为二类疏浚物。城市建筑垃圾倾倒区 1 个（占 1.85%），骨灰倾倒区 1 个（占 1.85%），放油区 2 个（占 3.7%）。

按省市分，江苏省 3 个（占 5.5%），上海市 18 个（占 33.3%），浙江省 20 个（占 37%），福建省 13 个（占 24.1%）。

（四）南海区海洋倾倒区的分布情况

1. 南海区倾倒区的分布

（1）内伶仃岛东南倾倒区（113°49′12″E、22°25′00″N，113°50′36″E、22°25′00″N，113°51′12″E、22°23′00″N，113°50′00″E、22°23′00″N）。

（2）淇澳岛东北倾倒区 22°27′18″—22°30′00″N，113°42′00″—113°43′10″E。

（3）淇澳岛东南倾倒区 22°19′00″—22°21′00″N，113°43′00″—113°44′01″E。

（4）钦州港临时性海洋倾倒区 108°32′E—108°35′E、21°25′N—21°27′N。

（5）汕尾发电厂疏浚泥临时性海洋倾倒区 115°39′59″E—115°41′09″E、22°41′56″N—22°42′44″N。

（6）九澳岛东南倾倒区以 113°36′12″E、22°06′24″N 为中心，半径 520m 范围内。

（7）饶平七星礁南疏浚泥临时性海洋倾倒区以 117°15′24″E、23°25′53″N 为中心，半径 0.8Km 范围内。

（8）汕头港疏浚泥临时性海洋倾倒区（116°49.375′E、23°13.5′N）、（116°50.25′E、23°13.0′N）、（116°49.875′E、23°11.5′N）和（116°49.0′E、23°12.0′N）以上四点连线范围。

（9）阳江核电站疏浚泥临时海洋倾倒区 112°9′00″、21°29′00″N 为中心，半径 1000 米。

（10）广东汕尾碣石湾临时性海洋倾倒区 A 区 115°39′59″E—115°41′09″E、22°41′56″N—22°42′44″N。

（11）惠州炼油项目临时性海洋倾倒区 114°41′30″E—114°43′30″E、22°20′40″N—22°22′10″N。

（12）荷包岛南临时性海洋倾倒区 113°09′E—113°11′E、21°43′N—21°45′30″N。

（13）黄茅岛航道疏浚物倾倒区 22°01′00″—21°58′00″N，113°38′30″—113°40′30″E。

（14）三亚倾倒区 18°12′00″，109°20′00″为中心，半径 0.5NM 圆形区域。

（15）八所倾倒区 19°03′00″，108°34′00″为中心，半径 0.5NM 圆形区域。

（16）大亚湾临时性海洋倾倒区 114°42′E—114°44′E、22°22′30″N—22°24′30″N。

（17）台山广海湾香港惰性拆建物料临时性海洋倾倒区由（112°51′23″E，21°56′19″N），（112°50′50″E，21°55′29″N），（112°51′28″E，21°55′13″N），（112°51′35″E，21°55′00″N），（112°51′36″E，21°）。

2. 南海区 2010 年 7—9 月倾倒区倾废量情况

表 2-12 所示：

2010 年	7 月	213.33 万立方米
2010 年	8 月	167.52 万立方米
2010 年	9 月	170.62 万立方米

根据以上图表所示，中国海洋倾倒区使用现状概况如下：海区沿岸周边选划的临时倾倒区占多数。比如，我国北海分局管辖的海区（渤海和黄海沿岸）选划的临时倾倒区较多，而且使用过的临时倾倒区大多处于关停状态。（见图 2-11 所示）。

第一，批准的倾倒区个数每年变化不大。图 2-1 显示，国务院批准的疏浚物倾倒区和空中放油区的个数每年相等。

第二，倾倒区设置主要位于近海区域或港口区域。如，青岛胶州湾口外倾倒区，上海吴淞口外倾倒区，广东大亚湾口外倾倒区，秦皇岛港、锦州港和天津港等区域，等等。（见下图 2-9-12 所示）

第三，中国倾倒区的使用主要是海区主管部门批准的临时倾倒区[①]，尤其是 2007 年选划的全是临时倾倒区。临时倾倒区是因工程需要等特殊原因而划定的一次性专用倾倒区，使用有效期为 3 年[②]，使用期满，立即封闭。如北海分局管辖的渤海和黄海海区有 90% 以上都是临时倾倒区（见下图 2-16 所示）。临时倾倒区设置的数量多于海洋倾倒区的数量，而且大多处于关停状态。

第四，倾倒区的容量一般不超过 3000 吨。倾倒区的容量小造成倾倒区不能满足倾废的需求。

第六，倾废费收缴呈大幅度增长的趋势。根据图 2-5 显示，在倾倒区选划的个数和批准倾废的疏浚物量上没有增加的情况下，2006—2007 年倾废费收缴却大幅度增长。究其原因，主要是 1992 年以来执行的海洋倾废收费标准太低，已不能满足海洋环境污染治理的成本需求，因此，2005 年国家海洋局和国家发改委及财政部联合颁布了新的海洋倾废费收费标准，较之1992 年颁布执行的收费标准有较大幅度的提高，为海洋污染治理提供了资

---

① 孙书贤：《海洋行政执法法律依据汇编》（国家篇），海洋出版社 2007 年版，第 214 页。

② 孙书贤：《海洋行政执法法律依据汇编》（国家篇），海洋出版社 2007 年版，第 223—224 页。

金保障。

第六，废弃物成分检验份数与批准倾废的疏浚物量呈正相关。根据倾废许可证制度的规定，倾废单位申请疏浚物倾废之前，必须向主管部门提供废弃物检验单，以此来证明其废弃物是否可以倾废入海。图 2-7 所示，2005年以来，中国的海洋倾废和废弃物检验工作是同步进行的，且呈正相关的关系。

第二节　中国海洋倾倒区的分布、倾废及其特点

一、东海区倾倒区分布、倾废及其特点

（一）东海区倾倒区分布特点

目前东海区倾倒区分布的特点主要是：

1. 东海区倾倒区分布主要在长江入海口、吴淞口近海处，分布较集中，但不均匀。

2. 东海区倾倒区布局存在空白区（苏北沿海）以及某些稀疏区域。

3. 东海区倾倒区在开发较成熟区域管理尚可，由于区域发展不平衡，仍存在大范围的盲区（苏北沿海）和局部死角。

4. 东海区现有的倾倒区分布存在的问题是：

第一，倾倒区分布不合理。有些倾倒区设置在航道附近，回淤影响较大。

第二，有些倾倒区与敏感区、养殖区太近，对生态环境影响较大。

第三，有些倾倒区设置位置不合理，对航道有影响。

第四，有些倾倒区不能适应和满足目前海洋活动的需要。

简单分析如下：

（1）倾倒区分布不合理。东海倾倒区分布不合理，主要体现在江苏省，由于江苏省近海地形为辐射沙洲，水下地形异常复杂，冲淤变化较大。因此，港口及海洋开发缓慢，这一地区基本处于自然状况，或是初步开发阶段，至今从连云港到启东 400 公里余海岸线（直线距离）无一倾倒区。

（2）倾倒区位置不合理。由于水深地形变化以及港口发展，诸多倾倒

区存在位置不合理的现象：

上海沿海情况：吴淞口北倾倒区，该倾倒区北侧已在0米深线以上无法倾废，而南侧处于长江口深槽边缘，实际运行中，倾废物往往直接进入航道。由于倾废量有限，加之长江口来水来沙量较大，其淤积影响体现尚不明显。

浙江沿海情况：甬江口倾倒区群，目前甬江口群存在4个倾倒区，地处码头、航道及锚地附近，对附近区域的淤积影响较大，且对航行安全不利。

舟山岛南侧存在三个小型倾倒区，该区域水道复杂，航运发达。虽然此三个倾倒区没有明显的淤积问题，但由于倾倒区密度较高，存在环境问题。

由于温州地区经济高速发展，港口、航道工程开发力度加大，目前，大门岛倾倒区处于航道边缘，对航道淤积影响较大，已不适应在此倾废。

福建沿海区情况：闽江口倾倒区位于闽江口外处，倾废物回淤对闽江口航道极为不利，加之今后倾废量加大，其影响更甚。

湄洲湾倾倒区、泉州湾倾倒区位置亦不合理，已对航道、码头、锚地产生严重影响，除此对养殖、生态环境也存在较大影响问题，需及时加以调整。

（二）东海区倾废特点

东海区近年倾废量有增无减，而且有快速增长的趋势，主要表现在长江口航道整治力度不减，苏北沿海开发突增，浙江和福建基础建设加大，倾废量有所增长。东海区倾废特点概括如下：

江苏海域海洋倾废集中在连云港，倾废的疏浚物来源于连云港港区泊位、航道、港池维护、庙岭7万吨级航道扩建和庙岭三期工程。该海域倾废工程数不多，但单个工程量较大。

上海海域倾废的疏浚物占东海区倾废量的55%，主要为长江口深水航道一期维护工程的疏浚物（2000万立方米），其他的为黄浦江航道、码头维护及外高桥港区建设工程、长兴岛和九段沙拟建新建码头的疏浚物。上海海域海洋倾废的特点是工程数量较多，除长江口深水航道工程外，单个工程量一般较小，从上千立方米到一、二十万立方米不等，并且受季节影响较大，一般表现为丰水期时倾废量相对较少，枯水期时倾废量相对较多。

浙江海域废弃物倾废量每年相差不大，除温州海域只有一个7万立方米的倾废工程外，绝大多数倾废活动发生在宁波海域。宁波海域除甬江航道维护工程（220万立方米）外，均为十几万立方米以下的小工程。

福建海域，尤其是厦门港因10万吨级航道建设工程的进行，海洋倾废量近两年持续增长。湄洲湾、泉州港本年度也有疏浚工程。福建近岸海域泥沙淤积较为缓慢，倾废的多为基建工程疏浚物，维护工程的很少。①

二、北海区倾倒区分布、倾废及其特点

北海区倾倒区分布主要在胶州湾口外、环渤海沿岸。倾倒区大多为临时倾倒区，且大多处于关闭状态，分布集中在沿海工业区周边和港口附近。

北海区近年来倾倒的疏浚物量每年没有什么变化，然而发放的许可证份数和缴纳的倾废费用数却呈递减的趋势。

三、南海区倾倒区分布、倾废及其特点

南海区倾倒区分布较分散，主要集中在近海岸一带，大亚湾附近较多；倾倒区数量相比其他海区要少，倾废物多为城市生活垃圾和港口、航道疏浚泥，倾废量不大，呈下降态势。

第三节　中国海洋倾倒区的管理现状

一、中国海洋倾倒区的管理流程

中国海洋倾倒区实行三阶段管理，即倾废前的倾倒区选划、设置和对倾废物的检验、分类；倾废中对倾倒区、倾废物及其倾废量进行严格监测、控制和倾废后对违章倾废进行严厉处罚。

（一）倾废前的管理

1.海洋倾倒区选划、设置的原则

海洋倾废管理的重要内容就是对倾倒区的选划、使用、监测与管理。海洋倾倒区（Ocean dumping area）是指由主管部门或经主管部门授权的机构，

---

① 邱桔斐等：《东海区海洋倾倒区现状与需求分析研究》，《海洋开发与管理》2007年第4期。

按规定程序划定的为各类海岸、海洋工程等建设项目所产生的废弃物倾废而设立的日常性海上倾倒区域。我国《倾倒区管理暂行规定》（以下简称《管理规定》），第三条"倾倒区包括海洋倾倒区和临时倾倒区"；"海洋倾倒区是指由国务院批准的、供某一区域在海上倾倒日常生产建设活动产生的废弃物而划定的长期使用的倾倒区"；"临时性倾倒区是指为满足海岸和海洋工程等建设项目的需要而划定的限期、限量倾倒废弃物的倾倒区"。① 《海洋倾废条例》和《管理规定》对倾倒区选划的原则作了概括性的规定，即"科学、合理、经济、安全"。

笔者对倾倒区选划工作的指导思想和原则理解为"科学规划、合理利用、生态安全、经济方便"四个层面的含义。

"科学规划"倾倒区是从海洋环境保护的战略规划角度着眼，是海洋可持续发展理念的体现。"科学规划"，要求以"科学发展观"为指导，以维护海洋生态系统安全为目标，既要符合海洋生态系统发展规律，又要符合人类海洋活动规律，在"自然理性"和"规范理性"② 前提下力求适应环境的需要。因此，选择海上倾倒区域首先要考量以下因素：

一是海域环境空间的物理效能。一般情况下，在低能环境空间里，波浪、水流和风潮引起的扰动小，进入海洋的物质不易被稀释分散，这种环境有利于沉积，废弃物倾废后可减少对其他区域的影响，但废弃物超量会破坏海床底栖生物的生存环境，如，疏浚的泥沙填埋堆积过量，堵塞了一些浮游生物的栖息地。在高能环境空间中，水体扰动大，可借助较强的分散作用降低废弃物参与循环系统的影响。但是，由于洋流速度太快，易形成大面积海洋污染。③

二是倾倒区必须远离各种海类产品养殖区，以保证水产资源的合理开发与有效利用。

三是倾倒区还应远离生物群落繁衍良好的海区，正在进行或将要进行的海水淡化区，海洋其他资源合理利用区，海底资源开发区，海上自然保护

① 孙书贤：《海洋行政执法法律依据汇编》（国家篇）海洋出版社 2007 年版，第 214 页。
② 属于一种心理学事实的典型的人类推理习性；后者是各个集团所持有的准则及特有的思考问题的方式，属于公共标准或规范的被认可的推理方式。
③ 石莉：《海上倾倒区的选划原则》，《海洋信息》1994 年第 4 期。

区、风景区、旅游区、浴场和有重要科学研究价值的海区。

四是应尽量避开正在使用或将要使用的海上航道、水道，以保证海上航行的安全和海上航道畅通无阻。

"合理使用"是指倾废作业方应严格按照所签发的倾废许可证上的内容进行倾废。在倾废时要考虑以下因素可能造成的环境影响：

一是所倾倒的废弃物的性质、主要成分、数量、形态、包装等。

二是废弃物、倾废的方式。

三是废弃物在水中的化学过程，即持续性及其溶解度，能否产生毒性造成二次污染。

"安全"可以理解为生态安全或环境安全，是关乎人类能否可持续发展的环保目的。"生态安全"是指生态系统（ecosystem 指由生物群落与无机环境构成的统一整体）的健康和完整情况。包括生态系统自身安全和对人类生存与发展的安全。健康的生态系统是稳定的和可持续的，在时间上能够维持它的组织结构和自治，以及保持对胁迫的恢复力。反之，不健康的生态系统，是功能不完全或不正常的生态系统，其安全状况则处于受威胁之中。海洋生态安全是指海洋环境及海洋生物组成的生命系统处于不受或少受破坏与威胁的状态，海洋生态系统内部以及人类与海洋生态系统之间保持正常的功能与结构。海洋生态安全的核心是海洋生态系统安全。[①] 近年来有人提出"重视近海生态安全"，说明我国近海生态安全有制约的影响因素。要想解决好"近海生态安全"问题，当务之急是进一步转变观念，优化海洋生态管理机制。比如，应有完善的海洋生态环境监测管理系统和专门的组织，时刻对海洋生态环境进行监控和评估，并在第一时间通过权威部门和媒体，发布监测结果。

倾倒区选划的"经济"原则是指在运输倾废物和监管倾废作业环节上的要求。实际上，海洋倾废活动本身就是海洋资源环境效益的集中体现，是低经济成本的一种废弃物处理方式。"经济方便"，要求海洋倾废活动在可能的情况下将经济成本降到最低点，同时又能给倾废方倾废作业和监管部门检验监察提供出行方便。所选海区应易于航行和倾废作业。因此，所选倾倒

---

① 杨振姣等：《海洋生态安全研究综述》，《海洋环境科学》2011 年第 4 期。

区要能够有利于海区管理执法部门监视、监测和进行其他的科学实验活动，所选海区最好能被电子导航装置监视。同时，还要保证倾废作业方运输倾废物航行经济便利。①

海洋倾倒区分为一、二、三类废弃物倾倒区、实验倾倒区和临时倾倒区。一、二、三类倾倒区是为处置一、二、三类废弃物而选划确定的，其中一类倾倒区是为紧急处置一类废弃物而选划确定的。实验倾倒区是为倾废试验而选划确定的（使用期限不超过 2 年），如经倾废试验对海洋环境不造成危害和明显影响的，商同有关部门后报国务院批准为正式倾倒区。

海洋倾倒区因类别不同选划的管理部门也不同。《管理规定》第 8、第 9 条明确规定："一类、二类倾倒区，由国家海洋局组织选划。三类倾倒区、实验倾倒区、临时倾倒区由海区主管部门组织选划。""一、二、三类倾倒区经商有关部门后，由国家海洋局报国务院批准，国家海洋局公布。""临时倾倒区由海区主管部门（分局级）审查批准，报国家海洋局备案。试用期满，立即封闭。"②

2. 倾废物的分类倾废管理

根据《1972 伦敦公约》第 4 条、附则 1 和《1972 伦敦公约/1996 议定书》附件 1："可考虑倾废的废弃物或其他物质"③ 的规定，向海里倾倒的废弃物依据其性质可以分为一、二、三类废弃物④。一类即是黑色名单（附则 1）上的废弃物。列入的物质是对海洋环境有极大危害而禁止向海洋倾废的。但在符合《实施办法》第 5 条第 2 款规定的条件下，"可以申请获得紧急许可证，到指定的一类倾倒区倾废"。一类废弃物主要是：有机卤化物、水银或水银化合物、镉或镉化合物、塑料或人造纤维，原油或石油制品、高强度放射性物质、生化制成原料等；二类是灰色名单（附则 2）上的物质。其中列入的物质是对海洋环境有所危害，但经过特殊批准可以在海洋处理，"到指定的二类倾倒区倾废"⑤。二类物质大都含有砷、铅、铜、锌、有机矽

---

① 吕建华、杨艺：《论中国东海区海洋倾废管理问题与对策》，《太平洋学报》2011 年第 8 期。
② 孙书贤：《海洋行政执法法律依据汇编（国家篇）》，海洋出版社 2007 年版，第 213—214 页。
③ 孙书贤：《海洋行政执法法律依据汇编（国家篇）》，海洋出版社 2007 年版，第 145、162 页。
④ 孙书贤：《海洋行政执法法律依据汇编（国家篇）》，海洋出版社 2007 年版，第 213、215 页。
⑤ 孙书贤：《海洋行政执法法律依据汇编（国家篇）》，海洋出版社 2007 年版，第 213、215 页。

化物和杀虫剂以及生产杀虫剂的副产品。国家海洋局在签发特殊许可时，要慎重考虑"灰色名单"已列明的物质，包括各种箱柜、铁块和一些庞大的废弃物，因为它们对渔业捕捞和通航可能造成危害。低强度的放射性物质或因其数量大而可能对海洋环境产生毒害的物质，均应以严肃的态度对待，尽可能减少向海洋倾废。① 如要倾废，一定要以安全的方式，比如装在全封闭的器皿或囊袋中定位沉入海底；三类是白色名单上的物质，即指那些未列入一类、二类废弃物的其他废弃物的低毒、无害的物质，或者二类废弃物，但有害成分属"痕量玷污"② 或能够"迅速无害化"③ 的物质。其中的物质对海洋环境不产生毒害，经过普通许可批准可以到指定的三类倾倒区倾废。"黑色名单"和"灰色名单"中没有列明的物质大都属此类。如：清洁化的疏浚物、人体骨灰、城市生活垃圾、低毒无害的物质和含量小于"显著量"（即《海洋倾废管理条例》附件 2 中的"大量"）④ 的建筑垃圾和工业废料等。

　　3. 倾废中的管理

　　（1）对海洋倾倒区的监测与监督

　　对海洋倾倒区的监测与监督是我国海洋倾废管理的一个重要组成部分。海洋倾倒区经科学选划并经国务院批准正式启用后，为了及时掌握和发现由于倾废活动造成的对海洋环境的影响情况，国家海洋行政主管部门应定期或不定期地对海洋倾倒区进行监测，加强管理，以避免对渔业资源和其他海上活动的有害影响。监测和监督内容主要涉及水文动力、气象、水质、沉积物和生物体等项目。当发现倾倒区不宜继续倾废或不宜继续倾废某种物质时，主管部门可决定予以封闭，或停止某种物质的海洋倾废，或及时采取有效措施，对倾倒区进行污染治理。

　　我国对海洋倾倒区的监测分为常规监测和专项检测两类。

　　①常规监测。常规监测一般是纳入全国海洋环境监测计划中进行，这种监测适用于正在使用中的所有倾倒区。常规监测的重点内容有：海洋倾倒区

---

　　① 高专：《海洋倾废管理的现状和未来》，《交通环保》1995 年第 4 期。

　　② 孙书贤：《海洋行政执法法律依据汇编（国家篇）》，海洋出版社 2007 年版，第 219 页。

　　③ 孙书贤：《海洋行政执法法律依据汇编（国家篇）》，海洋出版社 2007 年版，第 219 页。

　　④ 孙书贤：《海洋行政执法法律依据汇编（国家篇）》，海洋出版社 2007 年版，第 219 页。

的水深、水质、海底地形、地貌；沉积物质量；海洋生物资源现状等，通过监测对上述情况做出评价。

②专项监测。专项监测是在倾倒区使用的不同时期或特别需要的情况下进行的监测活动。这类监测又分为两种：一种是倾废初期的跟踪监测，一种是在紧急情况下的应急监测。跟踪监测，一般是有目的地进行物理、化学和生物学的跟踪监测活动，通过跟踪了解废弃物倾废后的初始稀释状态、沉降、飘移、扩散对环境质量和对生物可能产生的有害影响进行评价。应急监测，是在倾倒区环境发生异常时紧急进行的监测活动，这种监测的目的是查清产生环境异常的原因，评价环境变化与倾废的关系，为是否继续使用倾倒区提供科学依据。自《海洋倾废管理条例》实施后，国家海洋行政主管部门依据有关规定，定期与不定期地对所有倾倒区进行了监测，及时了解掌握有关情况，为有效实施倾倒区的管理提供了科学依据，对倾倒区的监测结果，每年发布在相应的海洋环境公报上。

（2）倾倒废弃物的检验管理

倾倒的废弃物成分检验工作是我国海洋倾废管理的一项重要工作。废弃物的分析测试报告是审批海洋倾废许可证的重要依据。通过严格的成分检测和评价，控制污染海洋的废弃物向海洋倾废，是保证海洋环境安全的有效手段。倾废单位在申请倾废许可证时，必须在提交倾废申请书时一并提交废弃物特性和成分检验单。[①] 在倾废单位申请之前，海区主管部门根据需要确定废弃物的检验项目，检验工作由海区主管部门认可的单位按已公布的部级以上（含部级）的方法检验。[②] 检测单位对倾废物检测后要提供海洋环境影响评估报告，海区主管部门核准签发相应类别倾废的许可证。国家海洋局以及海区主管部门负责对倾废物的检测监督工作。

4. 倾废后的管理

（1）对海洋倾废活动的执法监督检查

对海洋倾废活动的执法监督是防止海洋倾倒废弃物污染海洋环境的一个重要环节之一。防止倾倒废弃物对海洋环境污染损害的执法监督检查，目的

---

① 孙书贤：《海洋行政执法法律依据汇编（国家篇）》，海洋出版社2007年版，第207页。
② 孙书贤：《海洋行政执法法律依据汇编（国家篇）》，海洋出版社2007年版，第215页。

是对海洋倾废管理有关法律、法规的实施情况进行监督检查，阻止违法违规向海洋倾倒废弃物，防止对海洋环境造成污染损害，保持海洋生态平衡，保护海洋资源。

近年来我国海监队伍建设和执法能力建设取得了显著成效。中国海监由国家、省（自治区、直辖市）、市（地）、县四级机构体系基本组建完成，执法装备建设得到了进一步的加强，执法人员的素质继续稳步提高。海洋倾废执法检查的力度大大加强。我国海监执法部门在海洋倾废的执法监督检查中执法的法律依据有《海洋环境保护法》、《海洋倾废管理条例》、《海洋倾废管理条例实施办法》、《倾倒区管理暂行规定》、《1972 年伦敦公约》、《海洋临时倾倒区管理办法》、《海洋行政处罚实施办法》，《1972 伦敦公约/1996 议定书》。执法监督检查的内容主要包括对废弃物的装载数量、性质等进行核实以及对倾废作业进行监视。海洋倾废执法监督检查工作具体表现为：

首先，对正常的海洋倾废活动进行监管。获得倾废许可的部门或单位，为海洋倾废的目的，在我国陆岸、港口装载废弃物或其他物质，在我国管辖海域倾倒废弃物或其他物质的，国家海洋主管部门应在废弃物和其他物质装载前或倾废前进行核实。核实的主要内容有：倾废审批手续是否完备；实际装载的废弃物或这些物质的名称、数量、成分及有害物质含量与许可证记载是否一致；废弃物的包装是否符合要求；倾废工具和倾废方式是否符合要求及其他有关内容。

利用船舶装载废弃物和其他物质的核实，我国目前采取双重核实制度，即除了主管部门核实外，驶出港的港务监督也要对其进行核实监督。在军港装运的，由军队环境保护部门进行核实。海洋主管部门应及时将有关情况，包括废弃物的数量、装载时间、装载地点、废弃物所有者，所签发许可证编号、批准倾倒废弃物的名称等具体内容通知有关港务监督或军队环境保护部门，以便港务监督部门及军队环境保护部门对废弃物的装载进行核实。核实工作在废弃物装载或在倾废船舶离开码头之前进行。疏浚物的倾废核实工作一般在海上采用抽查的方法进行。经核查，如果核实结果符合规定，主管部门予以放行；对违反规定，不符合要求的，则不予放行，且吊销其倾废许可证。

其次，对外籍船舶以倾废为目的的，须经过我国管辖海域的监管。我国禁止任何其他国家在我国管辖海域进行倾废活动。对以倾废为目的，需要经过我国管辖海域运送废弃物和其他物质的外国籍船舶和载运工具的所有者，应提前15天向国家海洋局通报，并附报所运载废弃物的名称、数量、成分是否与报告的一致；是否无害通过；是否有其他违反中华人民共和国法律规定的行为。

最后，对以科学研究为目的的海上投放某种物质的监管。以进行科学研究为目的，在海上投放某种物质，虽然这种物质不属于海洋倾废的范畴，但是从海洋环境保护的角度出发，依据国内法及国际公约的管理目标的规定及司法实践，我国在《海洋倾废管理条例》第24条中明确规定将其纳入海洋倾废管理的范畴。具体管理程序是开展科学研究需要向海洋投放某种物质的单位，应按规定向国家海洋主管部门提出申请，并附报投放试验计划和海洋环境影响报告书。在海洋环境影响报告书中应写明包括投放实验的海域（经纬度）、时间；投放物质的名称、数量、成分；投放海域的海洋水文气象、自然资源、海洋开发利用状况以及所投放物质对海洋环境的影响等。国家海洋局对报告进行审批时，发现投放物质的海域、范围、投放物质的数量及其他有关内容不妥时，应向试验单位提出重新制定实验区域、范围和投放计划的要求，确认可行时给其颁发相应类别的许可证。主管部门应尽可能派船及相关人员对投放活动进行监视、监督。[1]

（2）海洋倾废检查与违法处罚管理

中国海监队伍自1998年成立以来，逐渐发展成为海洋行政执法制度比较完善、执法装备优良、执法工作能力突出、科技支撑体系日臻成熟的执法队伍，有效保护了我国海洋环境。据统计，2000—2008年我国海洋倾废执法检查和对违法行为进行行政处罚的成效呈逐年上升的趋势。具体情况见下表2-15所示：

---

① 郑淑英：《中国海上排污与倾废收费政策及标准研究》，海洋出版社2006年版，第13—14页。

表 2-13：2000—2008 年全国海洋倾废执法检查与行政处罚统计表①

年份　　項目	检查项目（个）	检查次数（次）	发现违法行为（起）	做出行政处罚（件）
2000	372	610	50	29
2001	212	1640	132	78
2002	554	1866	28	20
2003	600	1874	90	45
2004	457	2049	74	56
2005	425	1823	104	80
2006	607	2146	192	139
2007	911	3313	225	202
2008		7450	192	170

二、中国海洋倾倒区管理存在的突出问题

（一）重倾倒区的选划，轻倾废后的监督与处罚

管理学原理中的"控制理论"强调：管理过程中的控制分为事前控制、事中控制和事后控制三个环节。其中，事前控制是在问题还没出现时的控制，能够把问题消灭在萌芽状态，减少管理成本；事中控制是在问题发生后，通过采用一系列的管理措施进行补救，把损失降低到最低限度，尽力阻止事态的扩大和影响面，这一阶段需要付出较大的成本；事后控制是在问题已发生且已造成负面影响后的控制，主要目的是挽救局面，对问题造成社会危害的竭力救治。这一阶段需付出最大成本，而且成效不明显。这一理论告诉我们，在海洋倾废管理的过程中，既应高度重视倾废前的倾倒区选划管理工作，要有防患于未然的意识；同时，倾废进行中和倾废后的检查监督和违法处罚工作也应重视起来，将过程管理精细化。唯有如此，才能提高我国海洋倾废行政管理的效率和效能。

（二）倾废作业者倾废不到位现象严重

有部分倾废作业者存在无证倾废、不按照许可证规定倾废和不按照规定

---

① 孙书贤：《中国海洋行政执法统计年鉴（2001—2007 年）》，海洋出版社 2008 年版。

记录倾废的情况。目前，我国许多疏浚工程施工过程中，都不同程度存在着海上倾倒不到位的问题。海上倾倒到位率的高低，直接影响到倾倒区的使用效果和污染海洋环境的程度。因此，必须加强海上监视来严格控制倾废不到位现象的发生。同时，应防止疏浚物运载船只满仓溢流，避免造成沿途污染，降低疏浚物对生态环境的污染。

（三）海区海监总队和地方海监总队在执法中协同配合程度不高

突出表现为地方海监总队协同配合海区执法力度不够；海区总队缺乏主动交流。分析问题的症结主要是中央的和地方的海监执法部门职责分工不够清晰，利益分配不均，缺乏有效的协调机制。

（四）海洋倾倒区选划缺乏统一的科技评估标准和衡量尺度

海洋倾倒区是按照海洋功能区划的要求选划的废物倾废功能区。2013年4月5日，国家海洋局公布了《全国海洋功能区划（2011—2020年）》，这是我国保护功能区海洋生态环境的重要法规依据。1985年我国《海洋倾废管理条例》规定倾倒区的选划要遵循"科学、合理、安全和经济"的原则；2009年3月国家海洋局颁布《海洋倾倒区选划技术导则》（以下简称《技术导则》），作为海洋倾废作业的标准。但实践中还存在操作层面的问题，标准不能统一。

三、完善海洋倾倒区管理的初步设想

（一）严格倾倒区选划规程，科学合理地规划和设置海洋倾倒区

由于我国现有倾倒区在选划和使用中存在过于集中和难以满足现实需要的问题，未来规划与设置海洋倾倒区时应以海区海域的特定环境为立足点，本着科学、合理、生态、安全的原则，运用数学模型计算方法，准确测算倾倒区最大倾废容量及距陆域最佳距离的数值，选址在洋流流动湍急、海床落差大、距离陆域至少12海里以外的非封闭（包括非半封闭）海域，做到既要充分享用海洋空间资源的环境效益，又要科学合理地估算海洋的自净能力和海洋空间容量。

在具体进行倾倒区选划时，海区应在选划工作开始之前召开一次相关涉海部门，如渔业局、海事局等和拟使用海洋倾倒区的建设项目业主单位参加的倾倒区预选位置协商会。在充分听取各部门意见后，由海洋主管部门在对

海区进行调查研究的基础上，按选划海区的具体标准，综合考虑，初步确定出倾倒区的位置，再由具有倾倒区选划论证资质的机构针对预选位置开展选划论证工作。通过严格的工作程序，有效地提高倾倒区选划论证工作的科学性和行政决策的正确性。经过相关调查以及专家组研讨，最终将确定选择的倾倒区报国务院批准，使倾倒区选划论证工作更加有目的性和针对性，保证倾倒区选划工作更加科学、合理、顺利地开展。为充分发挥倾倒区的价值，合理进行使用，一方面，根据不同类别的倾倒区，考察原选划依据是否充分、划区是否合理、对海洋环境影响程度如何等情况，决定海洋倾倒区是保留使用、暂时使用或是暂时封闭和报废四种情况；另一方面，由于东海区所选划的海洋倾倒区面积较大，可试将大倾倒区划分为几个小区，轮流进行倾废。防止就近倾废造成倾废物不均匀分布，局部区域水深增高的现象，有效提高倾倒区空间资源的利用率。最后，明确海洋倾倒区的海域使用权归属，海域使用权是属于倾倒区使用者还是属于海洋行政主管部门，以此保障合法倾废者的利益，避免倾废发生海域使用纠纷。

在海洋倾倒区选划的原则问题上，应在借鉴国外海洋倾废管理的成功经验的基础上，结合我国的实际国情，充分利用当代环境管理与海洋管理的一些具体原则。具体内容如下：

首先，海洋倾倒区的选划必须立足于战略规划的高度，既要顾及当下，又要考虑将来。换句话说，就是不仅需要考虑海洋倾废对当前海域使用情况的影响，还应具有更为长远的打算，着眼于未来对此海域的使用情况。如避开将要进行的海底资源开发区域，以及在可预见的将来对航道、海底管道、海底工程等资源利用的区域等。我国在海洋倾倒区选划的过程中，也应从更为长远的规划与基于生态系统保护角度出发，避免短视行为，在海洋倾倒区选划的时候需要更加具有前瞻性和长远性，并注重基于生态系统保护的原则进行选划。

第二，倾倒区选划尽可能地避开在近海海域设置，应选择在远海。美国国家环保局在进行海洋倾倒区选划时，都尽可能地使其远离大陆架以及以前曾经使用过的海洋倾倒区。北欧一些主张环境保护的国家更是将其倾倒区设在公海海域，虽然这种远离近海的倾倒区设置运输和管理成本较高，但同样也减少了污染造成的损害和污染治理的成本。

第三，海洋倾倒区的选划在适应海洋经济发展需要的基础上，应当建立海洋经济发展备用所需的临时海洋倾倒区的预留区。该预留区应当在制定海洋功能区划时就事先考虑和预留，以解决临时倾倒区选划的短视行为；针对倾废时间长、倾废量大的临时倾倒区，应当从立法上考虑将此类临时倾倒区上升为正式倾倒区；为解决倾倒区选划缺乏总体协调性和前瞻性等问题，减少倾倒区使用对其他用海活动造成影响等问题，应当建立海洋倾倒区规划制度，依靠倾倒区规划来指导、布设和选划海洋倾倒区。

第四，在海洋倾倒区选划的时候，要明确海洋倾倒区的海域使用权归属。海域使用权是属于倾倒区使用者还是属于海洋行政主管部门，还是谁出钱选划的就属于谁，现有的法律规定并不明确。要重视解决倾倒区的海域使用确权问题，以此保障合法倾废者的利益，避免倾废发生的海域使用纠纷。

第五，美国在海洋倾倒区选划的过程中，非常重视公众的参与。例如其明确规定在对海洋倾倒区选划进行具体决策之前需要向公众公开并听取公众的意见。而我国的海洋倾倒区选划主要是"自上而下"的一个过程，例如《海洋倾废管理条例》第5条的规定："海洋倾倒区由主管部门商同有关部门，按科学合理、安全和经济的原则划出，报国务院批准确定。"几乎没有提到公众在海洋倾倒区选划过程中进行参与的原则。而公众尤其是受到海洋倾倒区选划潜在影响的公众，对海洋倾倒区选划与设定是否合适可能会有更多的了解和发言权，在选定海洋倾倒区之前充分吸纳公众的参与，而非事后依据公众的反应进行补救，这对于实现科学决策与民主决策都有重大的意义。因此，在选划倾倒区时，必须增设倾倒区选划的听证程序。2009年国家海洋局出台的《技术导则》，只在技术层面对倾倒区选划做了基本规定，强化了倾倒区选划的经济效应和生态效应，没有从社会层面和公众层面进行具体的原则规定，忽略了听证会公众参与选划的积极性和重要性，从而削弱了倾倒区选划的科学性和社会性。

第六，美国的海洋倾废管理体制是由中央层面的环保总局和地方层面的环保部门以及国家军队工程部门组成的联合体，在倾倒区选划、审批的工作上有具体的分工和合作。我国法律法规在海洋倾倒区选划、审批问题上，明确规定是国家海洋局和其下三个海区分局，和地方海洋与渔业管理部门合作，然而中央与地方只是指导与被指导的关系，没有隶属关系，加上地方之间的利益博弈和地方保护主义形成的壁垒，影响了实际选划、监督管理的成效。

（二）严格控制倾废数量，修复倾倒区的环境

随着"海洋强国发展战略"的实施，临海经济快速发展，远洋航运频繁，使各海区海洋环境面临的压力日益显现，突发和潜在的环境风险增加。近年来，各海区倾倒弃物的数量逐年增加，随着海洋开发与利用的持续不断，需要倾废的废弃物数量必然会继续增长。各海区海洋倾废的这一现实，使原本已遭受污染、质量恶劣的海洋环境雪上加霜，区域环境压力进一步加大。为此，各级政府要加快建立和完善"陆海统筹"的污染防治体系，有效控制入海废弃物总量，结合围填海和人工岛建设等开发项目，推进海洋废弃物资源化利用，逐步减少向海洋倾废的数量，缓解各海区海洋倾倒区的空间和环境压力，保护区域海洋生态环境。为进一步控制海洋倾废活动，应坚持做好以下工作：

第一，建立倾废活动对环境的影响评价制度。

倾废活动对环境的影响程度是追究倾废作业者环境损害责任的依据。因此，海洋倾废管理部门应建立完善的倾废活动对环境的影响评价制度。评价主体可以是海区分局或当地人民政府委托的某一评价机构；评价流程：首先，确定评估重点项目。评估重点项目包括悬浮物的浓度增量、疏浚物的有害物质、生物资源损害、海底地形地貌变化等。其次，对倾废物浓度进行预测。应以最大可能倾废量，经过若干潮周期，计算浓度增量作为评估依据进行浓度预测。最后，选择评估重点对象。评估重点对象包括渔场、自然保护区、海滨游乐场、产卵场、索饵场、洄游通道、养殖区、航道、锚地、军事禁区等。最后编制环境影响评价报告书，详细倾废作业方的责任条款。

第二，适当提高海洋倾废费的征收标准。

海洋倾废费是指所有向海洋倾倒废弃物者，都必须按照国家的有关规定，缴纳用于补偿海洋环境污染治理的费用，是一种对资源和环境利用与损害的补偿费，也是环境法规定的"污染者付费原则"的体现。既然海洋环境资源是一类综合性的资源，使用这种资源，尤其是损害性的使用，理应收取一定的补偿费用。

我国在海洋倾废费的标准问题上一直偏低，调整次数很少。2005年国

家发改委和财政部根据海洋环境保护法律法规和我国海洋倾废的实际情况发布的《国家发展改革委、财政部关于重新核定废弃物海洋倾废费收费标准的通知》（以下简称《通知》）中规定的向实施倾废的单位征缴费用的标准。根据《通知》的规定，清洁疏浚物在距离陆地12海里以内倾废，每立方米征收0.3元；12海里以外倾废，每立方米征收0.15元。其他废弃物倾废收取费用的标准要高于清洁疏浚物。倾废费用主要用在倾废活动管理和倾倒区环境修复等后续管理工作中。随着海洋倾废管理成本性支出增加以及海洋倾倒区评估及监测工作费用增加，海区管理部门每年收取海洋倾废费的数额严重偏低，从而影响了海洋倾废管理的有效性。

根据倾废管理工作的实际需要，相关管理部门应对现行的收费标准重新进行核定与制定。首要任务是完善倾废收费制度。征收倾废费制度的作用有两点：一是补偿环境资源的损失，把收取的费用用于海洋环境的恢复和整治；二是限制和控制海上倾废活动。目前，由于收取的费用过低，难以维持海洋倾废管理工作的顺利进行，无法调动相关管理人员的积极性，不利于对因海洋倾废造成的生态环境破坏进行修复和治理，也使得污染者宁愿污染海洋环境而不愿意从源头上降低或消除污染物损害海洋环境的结果，这势必会阻碍海洋产业的发展。征收倾废费制度的作用得不到充分发挥，就会严重影响海洋经济效益的实现，进而对发展沿海城市经济产生负面效应。合理地调整海洋倾废费的标准不仅是政府控制环境污染的政策体现，也是促进倾废单位采用清洁技术、减轻海洋环境污染的经济杠杆。

第三，加强对海洋倾废活动的执法监督管理。

随着近年来违法、违规倾废案件的不断增加，我国沿海省市各级海洋主管部门及中国海监机构要紧紧围绕国家总体海洋发展战略和承担的海洋环保职责，加强对疏浚和倾废行为的规范和管理，依法严格查处违法行为，提高应对海洋倾废违法违规行为的能力。

在海洋倾废巡航检查方面，首先，加大巡航检查力度，增加执法船舶数量和巡查频率，扩大巡查范围，尤其加强夜间及节假日巡航执法。建立与海洋管理各部门有效衔接的应急管理体系，完善管理资源储备，加强应急队伍建设和演练，对集中倾废的区域定期开展风险排查和评估，积极防控突发性违规倾废事件。其次，适当开展专项整治联合执法行动。联合各海域当地执法管理支队和部门，调配执法设备和人员，集中对倾倒区分布密集的区域进行监视和监管。联合各沿海省市的海洋与渔业部门、港口管理部门以及海事部门进行综合治理。

在海洋倾废执法设施及人员配备方面，一方面，要求检查船上强制安装改进的海洋倾废航行记录仪（以下简称"倾废仪"）。倾废仪是对海洋倾废活动实施监控的执法仪器，其主要功能是，当船舶施工作业，记录仪对施工航迹进行全程记录；当船舶没有进入倾倒区提前倾废时，记录仪则将该航线完整记录，并记录"不到位"情况。执法人员可根据倾废仪记录的数据，监督倾废船的倾废情况。目前，我国多数倾废船舶安装使用的倾废仪功能较单一，只显示船舶航行航迹，无记录船舶的装载及倾废情况，无实时数据传输功能，数据下载不方便，仪器抗震动、烟雾等能力较差，导致故障率高，给执法取证带来了一定的困难。为了提高监督技术手段，保证仪器正常工作，用多元化的数据采集方式和数据存储传输方式来支持和判读船舶倾废情况，给监督管理及执法取证提供可靠的实时数据，需要由船载终端设备和中央控制系统两大体系联动配合工作。① 首先，要出台强制性规定，要求各海区海域内进行海洋倾废活动的船舶必须安装倾废仪，对现行的倾废船开展全面普查，彻底实行强制安装政策。其次，完善倾废仪生产应用手续及行业技术标准和规范。由国家海洋行政主管部门颁发许可证，各海区选择具有研制生产倾废仪设备经验的技术单位来完成生产和安装。再次，地方海区应成立倾废仪管理部门，负责海域内海洋倾废船上倾废设备的日常使用和监督检查，发挥其为做出执法处罚提供事实依据的作用。另一方面，加强对执法人员的全面培训，使其掌握专业技术和方法，提高执法效率。此外，涉海法律、法规及相关制度和规定也是执法人员所必须掌握的，针对不同程度、不同方式的非法倾废行为，能够依据具体的规定，做出合理适当的行政处罚，并能够按时按规定收缴处罚费，提高执法成效。

第四，建立海洋倾废生态损害赔偿和损失补偿机制。

海洋倾废生态损害赔偿，是指违规违法进行海洋倾废作业所造成的生态破坏和海洋污染事故，必须对由其造成的国有资产损害做出赔偿。常见损害

---

① 何桂芳等：《改进海洋倾废监控仪器装备的初步设想》，《海洋开发与管理》2011 年第 1 期。

行为有违法海洋倾废，如不按照倾废许可证的规定超量倾废、不在指定区域倾废以及未在规定期限内完成倾废的行为。海洋倾废生态损失补偿，是指合法进行海洋倾废造成的生态破坏必须得到补偿，遵循"凡用海，必补偿"原则。

除了明确海洋倾废生态损害赔偿和损失补偿的界定，建立海洋倾废生态损害赔偿和损失补偿机制需解决三个基本问题：一是如何确定赔偿、补偿标准。无论是海洋倾废的污染损害赔偿还是生态补偿，难点在于生态损失和环境污染的后果难以量化。二是如何界定赔偿补偿的责任主体。这涉及"谁赔偿，补偿给谁"的问题。对于海洋倾废而引起的海洋生态损害赔偿与海洋生态损失补偿费用，是作为污染受害者的损失补偿，还是成为政府工作人员的额外收入，相关管理部门应该认真权衡利益权属。三是赔偿补偿金如何使用。海洋生态损害赔偿费和海洋生态损失补偿费专项用于海洋与渔业生态环境修复、保护、整治和管理。

第五，建立整合统一的"海洋倾倒区信息管理系统"。

信息是管理的重要要素。信息来源是否真实、可靠，渠道是否畅通，关系到对倾倒区的监察和环境监测工作能否顺利、准时、有效地实施和评估。目前，由于我国各海区信息共享平台还未建立起来，信息资源尚未整合统一，信息获取的技术单一、落后，监测仪器设备陈旧，海监船缺少现场分析和数据处理设备，制约了对突发事件的快速反应能力，以致对海上倾倒行为很难实时有效监控。因此，应建立统一的信息采集处理平台，建立倾倒区资料数据库、流场和浓度场扩散数学模型，从而实现各海区倾倒区信息资源共享。①

第六，修复长期使用的倾倒区，使其恢复生态系统功能。

海洋具有自身的修复性。倾倒区长期使用，会对其周边水质、地形结构、渔业等产生负面影响。因此，对于使用超过一定年限的倾倒区应该关闭，停止使用，至少在其恢复生态系统功能之前不得再行使用。

---

① 韩天：《关于建立我国"海洋倾倒区信息管理系统"的初步设想》，《海洋技术》1996年第4期。

第三章　中国海洋倾废物管理现状与
倾废物对环境的影响

近年来，中国严格履行 1990 年第十三届《1972 伦敦公约》缔约国协商会议上通过的从 1995 年 12 月 31 日起，停止向海洋处理类似一、二类有毒有害工业废弃物的决议的承诺，倾倒的废弃物多为低毒、无害的三类疏浚物和人体骨灰。

第一节　倾废物的管理现状

根据《实施办法》第 5 条的规定，中国海洋倾倒区倾废物依据性质可分为一、二、三类废弃物。一类废弃物是指列入《海洋倾废管理条例》附件 1 的物质[①]，该类废弃物在《1972 伦敦公约》被列入黑名单，禁止向海洋倾废。二类废弃物是指列入《海洋倾废管理条例》附件 2 的物质[②]，在《1972 伦敦公约》被列入灰色名单，需要获得特别许可证才能倾废的物质。三类废弃物是指未列入《海洋倾废管理条例》附件 1、附件 2 的低毒、无害的物质和附件 2 第 1 款，其含量小于"显著量"（即《海洋倾废管理条例》附件 2 中的"大量"）[③]的物质。

---

① 孙书贤：《海洋行政执法法律依据汇编（国家篇）》，海洋出版社 2007 年版，第 211 页。
② 孙书贤：《海洋行政执法法律依据汇编（国家篇）》，海洋出版社 2007 年版，第 212 页。
③ 孙书贤：《海洋行政执法法律依据汇编（国家篇）》，海洋出版社 2007 年版，第 219 页。

从图 3-1、3-2 中可以看出，中国向海里倾倒废弃物多为疏浚物和人体骨灰。

批准倾倒疏浚物

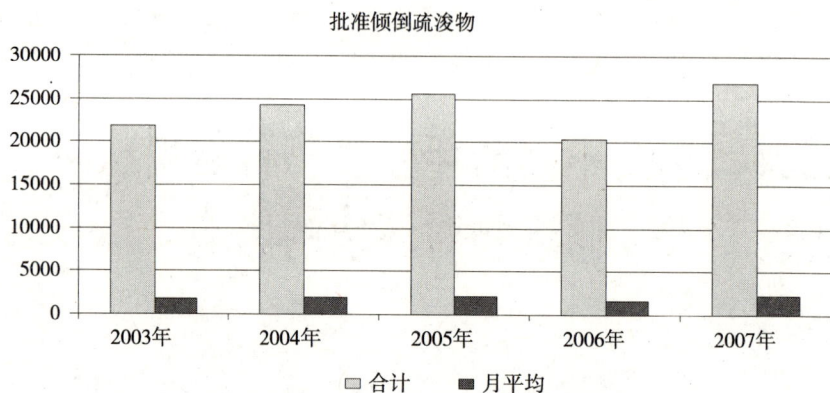

图 3-1：2003—2007 年度倾倒的疏浚物情况

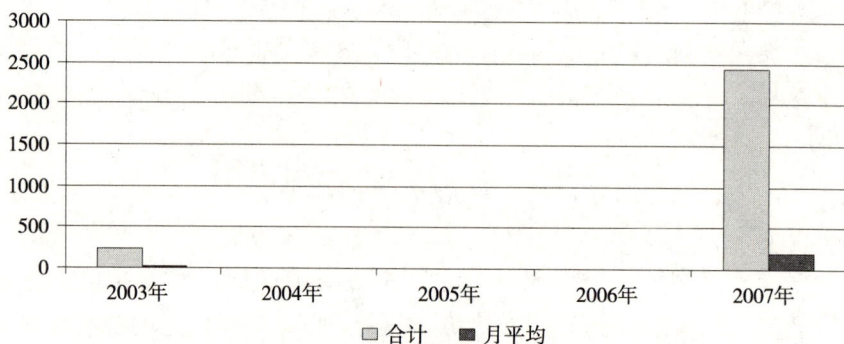

图 3-2：批准倾倒入海的骨灰盒数

"疏浚物"系指任何疏通、挖深港池、航道工程和建设、挖掘港口、码头、海底与岸边工程所产生的泥土、沙砾和其他物质。[①] "疏浚物"如受到有害金属和油类混合物、有机硫化物的污染并沉积下来，也属于二类废弃物，是《1972 伦敦公约》所严格控制的疏浚物，必须对其清洁化了才能向海洋倾废。

---

① 孙书贤：《海洋行政执法法律依据汇编（国家篇）》，海洋出版社 2007 年版，第 218 页。

　　1992年9月国家海洋局颁布《疏浚物海洋倾废分类标准和评价程序》，对疏浚物进行了分类："依据疏浚物的成分及其有害物质的含量水平、对倾倒区环境的影响，将疏浚物分为一、二、三类。其中，三类疏浚物为清洁了的疏浚物。"为了达到疏浚物的"清洁化"，《1972伦敦公约》鼓励和敦促对这种沉积物进行生产性的再利用和开发。公约的指南有明文要求：只有清洁的疏浚物才可以用海洋环境能够接受的方式向海洋倾废，而这种所谓的"疏浚物"似乎只有陆地受雨侵蚀过的泥土，如沙子、淤泥、黏土等。但需要说明的是，疏浚物虽然无毒无害，但倾倒的疏浚物因量上超标，或处理的位置不合适，对海洋生境会造成物理方面的损害。因此，选择适合的位置倾倒疏浚物是减少对环境造成负面影响的理性之举。比如碎石海域对鲱鱼和龙虾之类的海洋生物的生长和繁殖极为有利，如果将疏浚物倾倒在碎石区而产生沉积，这类生物将无法在这一区域生存。疏浚物倾倒区审批的主管部门因其倾废量的大或小而有所不同：倾倒的疏浚物总量在500万立方米以下的临时倾倒区，由国家海洋局海区分局审批；倾倒的疏浚物总量在500万立方米（含500万立方米）以上的临时倾倒区由国家海洋局审批。[①]

　　疏浚物中含有的可能对海洋环境有影响的污染物质，如：铜及其化合物、铅及其化合物、锌及其化合物、砷及其化合物、镉、铬、有机质、硫化物、PBC、DDT、666、油类等，经过海洋的物理、化学和生物作用会被稀释或被转化为无害物质。人体骨灰含无机碳、有机质以及一些微量元素，一般不会对海洋环境产生污染危害。在批准倾倒的废弃物中，铜、铅、锌含量相对较高，时常超过标准值；镉、汞、油类一般无超标现象；其他物质含量都不高。废弃物有害物质含量较高的主要分布在上海黄浦江及其支流河道、温州瓯江、台州椒江等地区内陆江河码头，其疏浚泥主要是受到陆地污染物的影响；而沿海码头、航道的疏浚物，受海洋水动力影响，相对来说较清洁。

　　人体骨灰含无机碳、有机质以及一些微量元素，一般不会对海洋环境产生污染危害。近年来，移风易俗使人们的思想观念发生了重大变化，将人体骨灰埋入地下不再是人类告慰死者的唯一方式，而今将骨灰盒抛入大海的方

---

① 孙书贤：《海洋行政执法法律依据汇编（国家篇）》，海洋出版社2007年版，第220—221页。

式祭奠死者已是人类文明的又一选择。因此，基于这种原因，2007 年全国倾倒入海的人体骨灰盒达到了 2433 盒，创 1986 年来中国倾废历史最高。

第二节 倾废物管理面临的困境及其原因

一、倾废需求与倾倒区倾废量限制的矛盾

目前，我国疏浚物倾废管理面临的最大困境是倾废总量的上限控制与临海经济疏浚物倾废无限量需求的矛盾。

近年来，我国废弃物倾废虽然多为无毒无害的疏浚物倾废，但由于倾废量超限，倾倒区生态系统功能遭到不同程度的破坏，最直接的是导致渔业资源受损；其次是生物多样性快速减少，大型底栖生物群落结构遭到破坏；再次是深水航道区造成淤积，影响航道通行安全，最后，也是带来最大的威胁是倾倒区长期大量疏浚物倾废，改变了海底地貌，不仅破坏了海底栖息的生物家园，而且还可能会造成地质灾害。因此，在规划倾倒区时，也应估算该功能区最大的承载能力和自净、稀释能力，准确设定倾废量的上限要求。

然而，不断崛起的我国临海经济，港口、航道、海岸和海洋工程建设产生了大量的疏浚物需要海上倾倒，尤其是沿海经济发达的城市，如上海、天津、青岛、杭州、深圳、广东、厦门等城市海域的倾倒区，远不能满足临海经济倾废需求。这样的矛盾势必会造成违规、违章倾废，甚至无证倾废的现象时有发生，海洋环境风险也会因此加大。

二、倾废物管理成本高与倾废费征收低的矛盾

倾废费征收是用于管理成本的支出，然而，目前我国倾废费征收的标准普遍低，不足以支付管理成本。仅就倾废物的倾废前化学成分检测一项，就需花费许多，还有倾废中的检测和污染后的治理等都需花费，尤其倾倒区设在距海岸带较远的海域，管理成本和倾废成本都较高，作业方和管理方如果因为成本高而倾废或管理不到位的话，势必会给海洋环境造成更大的破坏，从而加剧了作业方与管理方的矛盾。

第三节　提高对倾废物有效管理的手段

对倾废物管控手段的科学与否，是决定能否提高对倾废物有效管理的主要方面。

一、提高疏浚物的资源化利用率

临海经济的一大亮点就是围填海或滩涂湿地硬化，都需要大量的吹填泥回填。将疏浚物用于吹填到围填海工程建设，既满足了疏浚物的资源化利用，符合循环经济规律，又减轻了倾倒区倾废量大的压力。如，2012年东海区疏浚物的海洋倾废总量为12086万立方米，实际总倾废量为11921万立方米，人体骨灰撒海1620盒。其中3376万立方米的疏浚物用于吹填，实现疏浚物资源化利用，利用率约为28.3%，与2011年相比，总倾倒量增加了8.1%，资源化利用率提高了1.4%。因此，该年度东海倾倒区使用前后环境质量差异不明显，未发现疏浚物的迁移扩散，未对邻近海域环境敏感区的水质、沉积物质量和生物状况造成明显的负面影响，各倾倒区的水深状况基本满足继续倾废的功能需求。①

二、加大疏浚物的清洁效果

疏浚物由于大多来自航道和港口疏浚出来的泥沙，以及海洋工程建设产生的建筑垃圾，因此，其中掺杂了大量的沙砾，这种物质倾废入海后一般沉入海底，堆积起来，容易改变海底地貌和海底生物生存的结构形式。为此，随着海洋倾废活动的愈加规范和理性，我国在疏浚物倾废入海之前都对疏浚物进行清洁化处理，使之成为疏浚泥，再行倾废入海，借助海洋的水动力和海洋自身的稀释和降解能力，使倾倒区的疏浚泥迅速溶解和顺着水势飘走，恢复倾倒区的生态功能。

---

① 东海分局：《2012年东海区海洋环境质量公报》，第19页。

三、精确倾废物倾废前的化学成分检测结果

根据控制理论，事前控制成本最低。在对倾废物管理中，为了减少成本投入，避免二次或多次检测，造成重复浪费，精确倾废物倾废前的化学成分检测结果是十分必要的。《实施办法》第 20 条明确规定："含有《海洋倾废管理条例》附件 1、附件 2 所列物质的疏浚物的倾废，按'疏浚物分类标准和评价程序'实施管理。"[1]

疏浚物倾废前要进行化学成分检测。检测结果疏浚物中所含污染物的含量都不超过化学筛分水平的下限为清洁疏浚物（Ⅰ类）；超过化学筛分水平的下限，但不超过化学筛分水平的上限为玷污疏浚物（Ⅱ类）；疏浚物中一种或一种以上污染物含量超过化学筛分水平的上限为污染疏浚物（Ⅲ类）。

对于清洁疏浚物的处置，可由主管部门签发普通倾废许可证在指定区域倾废；对于玷污疏浚物，必须采取适合的处理方法进行处理后，由主管部门签发特别许可证，在指定的海域有限制地进行倾废；对于污染疏浚物，即三类疏浚物的处置，由主管部门签发特别许可证，选择最安全的倾倒区：远离生态敏感区，地形低能海区，海洋废料场，多处倾倒区交替使用，并对倾倒区实施严格管理，提高跟踪监测频率，发现问题及时关闭倾倒区。[2]

四、对倾废物实行三级管理

废弃物倾废管理按照倾倒废弃物的种类实行三级管理。即，一类废弃物可以申请获得国务院签发的紧急许可证，到指定的一类倾倒区倾废；二类废弃物经国家海洋局特殊批准可以到指定的二类倾倒区倾废；三类废弃物经所在海区主管部门普通许可批准可以到指定的三类倾倒区倾废。目前，我国海洋倾废物大多为疏浚物倾废。如含有《海洋倾废管理条例》附件 1、附件 2 所列物质的疏浚物的倾废，按"疏浚物分类标准和评价程序"实施三类废弃物倾废管理。[3] 有了这样细致的废弃物分类标准，配有严格的废弃物审查程序，保证了向海洋倾倒废弃物按照科学的规定标准倾废，减少了对海洋环

---

① 孙书贤：《海洋行政执法法律依据汇编（国家篇）》，海洋出版社 2007 年版，第 215 页。
② 国家海洋局：《疏浚物海洋倾废分类标准和评价程序》，1992 年 9 月 20 日颁布。
③ 孙书贤：《海洋行政执法法律依据汇编（国家篇）》，海洋出版社 2007 年版，第 215 页。

境产生污染的影响。

另外，有一些特殊废弃物在向海里处置时，必须适应特别的程序。如"向海洋处置船舶、航空器、平台和其他海上人工构造物，须获得海区主管部门签发的特别许可证，按许可证的规定处置"。"向海里倾废军事废弃物的，应由军队有关部门按《实施办法》的规定向海区主管部门申请，按许可的要求倾废。""油污水和垃圾回收船对所回收的油污水、废弃物须经处理后，取得倾废许可证后，才能到指定区域倾废。"[①]

五、倾废物倾废入海的包装器皿要求

倾废物倾废入海的包装器皿要求，原则上一类、二类废弃物由于有毒、有害，抛售到海里会造成生态环境的破坏，必须用全封闭的抗海水腐蚀的器皿装入置于海底；三类废弃物由于多是疏浚泥和人体骨灰，撒落海里容易造成海水水质浑浊、海底地貌变化等，必须用集装箱装入置于海底。禁止将倾倒的废弃物不以任何包装散撒入海。

第四节　倾废物对海洋环境的影响

疏浚物倾废对海洋环境的影响一般可分为短期影响和长期影响。短期影响是一些容易观察和分辨的物理现象，如，疏浚物入海出现水体变浑浊、沉积物颗粒度组成变化现象等。疏浚物在海流和重力作用下，很快沉降、扩散；疏浚物对海洋环境的长期影响一般要等几年甚至更长的时期才能监测到。长期影响主要检验生物群落的致死影响，其中包括生物蓄积某种疏浚物中有害物质的检验。对长期影响进行评价的有效方法之一是检验倾倒区中海洋生物的生理和化学组成，它们是倾倒区中环境变化的最好的"记录仪"。[②]海洋倾倒区疏浚物倾抛对海洋环境的负面影响主要表现在以下三个方面：

---

① 孙书贤：《海洋行政执法法律依据汇编（国家篇）》，海洋出版社 2007 年版，第 215 页。
② 杨凡：《航道工程疏浚物倾废活动对湛江临时性海洋倾倒区海洋环境的影响研究》，中国海洋大学硕士学位论文，2008 年 6 月。

一、对水产养殖业的水质影响

我国近海是污染重灾区，污染源主要来自陆源污染，其次是海上倾废污染。2011 年国家海洋局发布的《2011 年中国海洋环境状况公告》显示，我国海水主要污染区域分布在黄海北部近岸、辽东湾、渤海湾、江苏沿岸、长江口、杭州湾、浙江北部近岸、珠江口等海域。近岸海域主要污染物质是无机氮、活性磷酸盐和石油类。污染源有河流入海污染、排污口污染、海洋垃圾污染。后者的海洋垃圾主要是城市生活垃圾、倾弃物等（见下图 3-3 所示）。

77% 的海滩垃圾和 71% 的海面漂浮垃圾来源于人类海岸活动；航运和捕鱼等海上活动产生的海滩垃圾和海面漂浮垃圾分别为 3% 和 4%；与吸烟相关的海滩垃圾和海面漂浮垃圾分别为 11% 和 5%。[1]

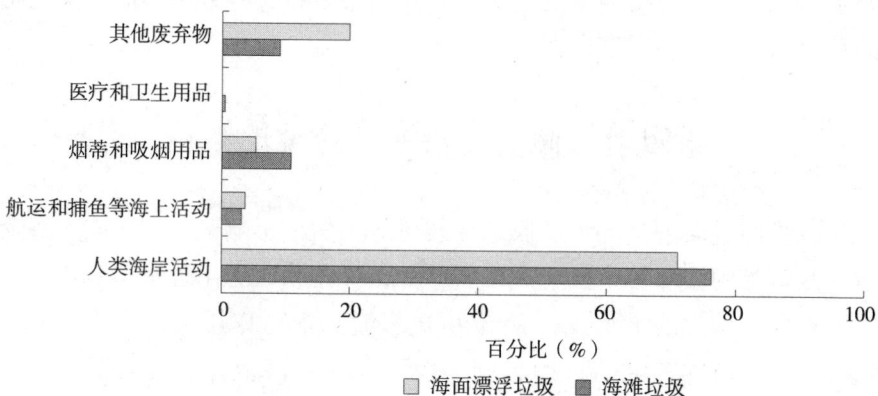

图 3-5：2011 年监测海域海面漂浮垃圾和海滩垃圾来源[2]

疏浚物倾废后，在水中残留的一些微细悬浮颗粒不可避免地会在海洋动力的作用下混合、迁移和扩张，形成"远场"浓度场，对海域环境产生两方面的影响。一方面是倾废过程中悬浮物质对水环境的负面影响；另一方面是疏浚物中所含污染物对近海水质的负面影响。疏浚物海上倾倒将引起水中

---

① 国家海洋局：《2011 年中国海洋环境状况公告》。
② 3-3-5 引自国家海洋局《2011 中国海洋环境状况公告》。

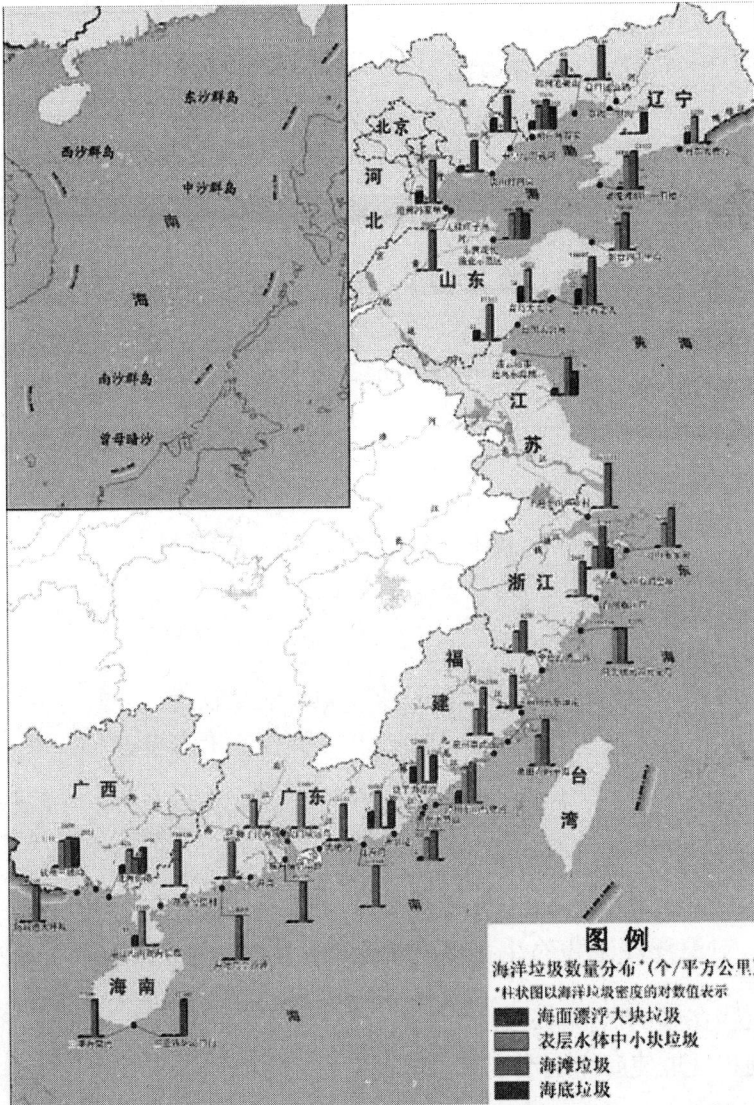

图 3-3：2011 年监测海域海洋垃圾数量分布

悬浮物质、浑浊度、营养盐和有毒有害物质。疏浚物倾废对海域水质产生影响的决定性因素，主要是疏浚物的倾废量和倾废频率（入海负荷量）、复杂程度和海域的自净能力。一般情况下，倾废量越大、越频繁，水质就越混浊。再则，海域的环境容量（负荷限度），即海域的地理条件和水体的活跃

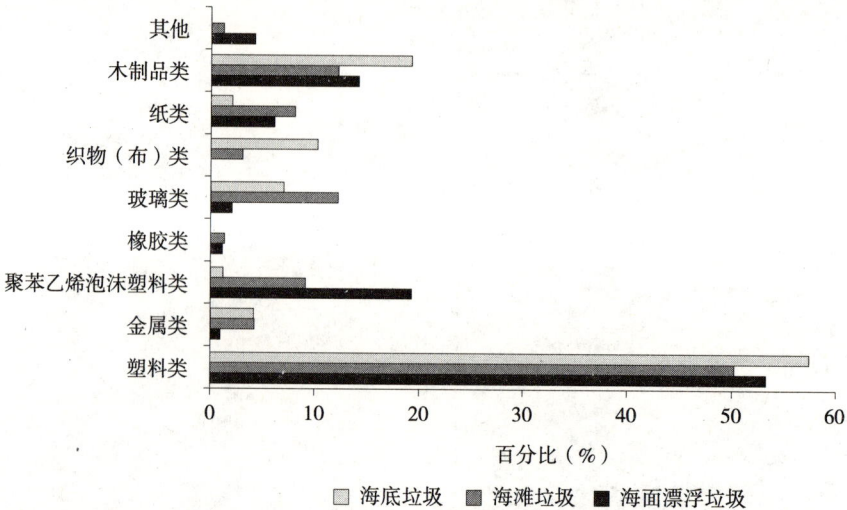

图3-4：2011年监测海域海洋垃圾主要类型

程度，也对海水水质影响很大。一般海域越封闭、水域容积越小，海水交换能力越弱、稀释能力越低，环境负荷能力就越低。①

　　近海海水流动相对平稳，水温适中，距离陆域较近，方便育苗管理，因此是我国水产养殖的主要区域。但由于我国倾倒区大多是近海设置，水质因倾废物和倾废量的增多，倾倒区环境容量的减弱，变得混浊不堪，近海生态环境处于不良循环状态，严重影响了水产生物的生长繁殖，水产养殖业减产严重。

二、对海洋浮游生物生存环境的影响

　　疏浚物在倾倒区倾废之后，大部分最终沉积在海床上，产生新的沉积层，不同程度地使海床地形增高，水深变浅，令海床地貌发生一定程度的变化。疏浚物倾废对底栖动物影响较大，由于疏浚物的覆盖，生物栖息环境受到损坏，活动能力强的部分海底生物受到惊扰后会迅速逃离现场，来不及逃离的海底生物将被掩埋而死亡，多数底栖生物可以穿过覆盖层垂直迁移上来。停止倾废后，在几个月或较长时间内，底栖生物群落将重新建立。悬浮

① 张玉芬、蔡思忠：《疏浚物倾废对海域环境影响预测》，《海洋通报》1992年第6期。

疏浚物会引起局部水域水质浑浊，降低初级生产力水平，扰乱部分浮游生物的昼夜垂直迁移规律，刺激大部分游泳生物逃离现场，但停止倾废后，浮游生物群落和游泳生物群落将会很快重新建立。[①]

三、对海洋船舶水道航行安全的影响

影响船舶水上航行安全的环境条件主要有以下两个方面：[②]

（一）静态通航的环境条件。是指通航所处的自然状态下的空间与条件。主要包括三个方面：

一是船舶运动的场所或空间。由港口和航道组成。港口水域包括港池、停泊区、锚地、调头区等，通航则是具有一定深度、宽度、静空度和弯曲半径且能供航舶安全航行的水域，通常用航标标示。

二是自然条件。是指航行的水域的气象、水文、地形和泥沙等条件，主要指港口与航道内的泥沙来源及其冲淤变化对通航水深的影响。

三是交通条件。指港口和航道的布置情况、航标设置、交通流量、交通调度管理等。

（二）动态水上水下作业形成的通航环境条件。主要包括五个方面：

一是水上施工船舶违章航行和作业；

二是施工航舶过往频繁，影响其他航舶正常安全进出；

三是施工区域侵占航行的锚地水域；

四是施工船舶随意倾倒废弃物或不按规定及时清除碍航爆破疏浚物，造成通航水域水深变化；

五是施工船舶技术状况普遍较差，船舶老化较为严重，航行、作业安全隐患突出。

海上倾倒由于是将从原来港口、航道或是其他海上工程建设项目疏浚出的疏浚泥搬运到倾倒区进行倾废，长期以来致使倾倒区周围的海底地貌发生变化，海底地形改变，倾废物经过海水动力的扩散和流动，生成了一个个海底丘陵状地貌，使船舶在航行中经常因海底地形凹凸而影响安全航行。

---

① 鲍建国：《疏浚物倾废对海洋生物的影响》，《交通环保》1994 年第 5 期。

② 叶先锋：《港口环境对船舶安全航行的影响及安全评价》，《中国水运》2009 年第 5 期。

第四章 中国海洋倾废管理体制及其改革

　　海洋倾废管理成效如何取决于管理体制是否健全与完善。那么，如何理解海洋倾废管理体制概念？要解释这个概念，首先要搞明白"体制"这个概念。王长江认为，"体制往往重在引起人们对结构的重视"①；"体制强调构成国家制度的各个要素。"② 因此，对于体制的概念可以概括为：体制是社会意识领域宏观层面的概念，是具象的和静态的，是组织为实现既定的目标先期进行的系统、规则、结构的安排。海洋倾废管理体制是指国家为了执行海洋倾废管理职能而确立的管理海洋倾废事务的组织系统和组成方式。即采用怎样的组织形式以及如何将这些组织形式结合成为一个合理的有机系统，并以怎样的手段、方法来实现海洋倾废管理的任务和目标。具体地说，海洋倾废管理的体制是规定中央、地方、部门、企业在各自方面的管理范围、权限职责、利益及其相互关系的准则，它的核心是管理机构的设置。

　　中国要改革现有的海洋倾废管理体制，不仅需要学习借鉴国外的经验，还要正视自己存在的问题，找出问题的症结并努力想办法解决这种不足。

---

　　① 王长江：《中国政治文明视野下的党的执政能力建设》，人民出版社 2005 年版，第 271、273、262 页。

　　② 王长江：《政党现代化论》，人民出版社 2004 年版，第 340 页。

第一节　国外海洋倾废管理体制及其借鉴

从世界各沿海国海洋倾废管理体制来看，概括起来可以分为集中统一制、分散制和集中与分散制相结合三类。[①] 由于各沿海国的海洋地理位置、自然环境、资源使用状况及倾废状况不同，海洋倾废管理体制也不尽相同。

一、国外海洋倾废管理的模式及特点

从美、英、澳、挪威、俄罗斯和南非这些海洋倾废规模较大的沿海国家情况来看，其国家海洋倾废管理体制大致存在 3 种模式，即集中管理型、半集中管理型和松散管理型。[②]

（一）集中管理型模式

实行集中管理型模式的国家，其国家的海洋倾废综合管理能力已经初步具备，海洋污染综合治理趋势已经形成。这种模式的特点是：第一，有集中统一、专职高效的国家层面的海洋倾废主管部门；第二，有健全、完善的海洋倾废管理体系；第三，有健全和完善的国家海洋倾废法规政策；第四，有统一的海上倾废执法队伍。这一类国家主要有美国、法国、加拿大、韩国和印尼。

（二）半集中管理型模式

实行半集中管理型模式的国家，尽管还没有建立集中统一的海洋倾废管理的主管部门，但通过设立高层次、高规格的海洋委员会也能达到海洋倾废综合管理的目的。这种模式的特点是：第一，全国没有统一的海洋倾废管理部门；第二，建有海洋工作的协调机构，负责协调解决各海区倾废管理问题；第三，已经建立了统一的海上执法队伍。这一类国家主要有澳大利亚、日本和中国。

（三）松散管理型模式

实行松散管理型模式的国家，由于海洋倾废管理工作分散在政府各个部

---

①　王诗成：《建设海上中国纵横谈》［EB/OL］，http：//www.hycflt.com.cn/WSCcs/ShowArticle.asp? ArticleID=4974，2007-3-23。

②　王志远、蒋铁民：《渤黄海区域海洋管理》，海洋出版社 2003 年版，第 334—335 页。

门之中，没有统一的海上执法队伍，使管理效率和效果大打折扣。这种管理模式的特点是：第一，全国没有统一的海洋倾废管理部门，管理分散在多个部门中，管理的力度不大；第二，没有统一的法规、规划和政策等；第三，没有统一的海上执法队伍。这一类国家主要有英国和俄罗斯。

二、国外海洋倾废管理体制的借鉴

（一）建立政府与军队共管的倾废管理体制

美国是典型的实行集中型海洋倾废管理模式的国家。美国于 2005 年成立国家海事政策委员会，作为国家海洋事务管理的最高机构，在海洋管理体制上采取中央集权和地方分权的集中制管理。它除了由国家层面的环境保护署实行集中统一管理外，还将陆军工程部和地方环保局作为协助力量纳入到倾废管理体制中。

在美国与海洋倾废管理有关的国家机构是国家环境保护总局、地方环境保护局及陆军工程兵部队。美国环保总局是控制海洋物质倾倒的主要机构，它负责制定国家海洋倾废政策，在必要时发布法律修正案。国家环保总局与陆军工程兵部队和地方环保局共同确定国家优先项目，并与陆军工程兵部队共同主持海洋倾废联合协调委员会，对编制环境评价和倾倒区选定提供技术协助和指导，并对海洋倾废有关的技术指南提出意见。

地方环保局作为海洋倾废联合委员会的成员，协助国家环保总局提出政策建议和技术指南，与环保总局和陆军工程兵部队一起确定地区活动的优先次序和时间表。在地区级别上，与陆军工程兵部队一起承担资金管理。地方环保局负责审查疏浚物海洋倾倒许可证，并负责签发除海上焚烧之外的非疏浚物海洋倾倒许可证。地方环保局有权和负责选划疏浚物和渔业废弃物倾倒区，并执行倾倒区管理计划，对海洋倾倒活动进行监测，必要时可根据监测结果变更环保总局签发的许可证或变更倾倒区，而且可提出规章制度变更的支持材料。地方环保总局还负责确保倾倒区选划和海洋倾废活动遵守州立法律，监督缔约人履行合同。

陆军工程兵部队的主要作用是在环境影响评价和疏浚物倾倒区划定方面提供协助，与环保总局一起主持海洋倾废联合协调委员会并对海洋倾废工作进行监管。陆军工程兵部队也参与确定国家优选项目和确定技术援助的需要，制定与环保局在海洋倾废管理方面需要和可能的合作规定。

在地区层次上，陆军工程兵部队与地方环保局共同对倾倒区进行监测和管理，编制《环境影响报告书》，进行海洋调查，以证明《环境影响报告书》的可行性，在适当时，与地区环保局协调进行。最后，经环保局同意，准备并签发疏浚物海洋倾倒许可证。陆军工程兵部队有疏浚物海上的审批权，环保局有其他物质的海上倾倒审批权。陆军工程兵部队和环保局分别根据申请者的申请签发相应的倾废许可证。在美国，申请疏浚物以外的其他物质的倾倒时，环保局会酌情考虑举办公众听证会并签发许可证。地方环境保护局或地区工程师在认为有必要采取监控计划时，由环境保护局、国家海洋大气管理局或联邦代理机构对倾倒区进行分析研究。

（二）实行多个职能部门联合管理海洋倾废

澳大利亚是一个典型的半集中型海洋倾废管理模式的国家。由澳联邦政府与各州政府、联邦海事安全委员会和环境遗产部联合管理海洋倾废工作。

澳大利亚环境遗产部具体实施海洋倾废条例中的措施，如果倾废是发生在大暗礁海洋公园，则由大暗礁海洋公园机构实施条例的规定。从船上卸载如污泥或军舰残骸的行为由澳大利亚海事安全部门按照海洋保护的相关立法进行管理。澳大利亚环境遗产部负责签发海上废物的倾倒许可证。

1994 年 11 月，澳政府正式加入《联合国海洋法公约》，并宣布了 200 海里专属经济区，拥有超过 1600 万平方公里海域的管辖权，这一面积超过了其陆地面积的两倍；超过 4000 多种鱼类；500 多种珊瑚礁，50 多种哺乳动物，上万种无脊椎动物、植物和微生物；澳大利亚南部海域 80% 以上的海洋生物种类是世界其他海域所没有的。在保护、开发和持续利用海洋方面，1998 年澳政府制定了一个综合的、整体合一的国家海洋政策，为澳大利亚的海洋产业规划、管理和生态持续发展提供了一个战略性框架，海洋环境保护在其中占有重要地位；澳政府还制定了一个 2000 年海洋救助计划。

澳政府及其州政府都十分重视重点污染源地区的海洋环境质量的改善和提高，特别是对港口、石油（气）开发产生废物及突发性事故引起的海洋污染的控制。

澳大利亚联邦政府与各州政府在加强废物管理保护海洋环境方面制定了一系列的标准和政策及专项行动计划，如：废物的再利用与循环利用、减少废物产出量、国家污染调查、环保产品研制、废物管理联合研究中心的创立、废物处置技术改进等。在防止船舶与航运污染海洋环境方面，各州政府对所有捕鱼作业者规定提交环境影响报告，对各种小型渔船主提供了环境指南。在防止油及化学制品污染海洋方面，制定了国家救助行动计划。该计划划定了海上溢油事故责任与其他突发性事故的责任单位、应急措施及技术标准。

澳大利亚联邦海事安全委员会规定：澳水域 3 海里以内禁止所有塑料、所有形式的废料、废弃食物弃置；3—12 海里以内禁止塑料、25 毫米以上厚度的船舶运载废物或物质的海洋弃置；12—25 海里以内禁止船舶运载物质的海洋倾倒；25 海里以外禁止塑料制品的海洋弃置。对海洋倾倒的管理，澳政府采取与《1972 伦敦公约》的规定一致的管理方式，是通过许可证制度和海上倾倒收费制度对海洋废物倾倒进行管理的。

（三）根据职能分工对海洋倾废进行分散化管理

英国是典型的松散型海洋倾废管理模式的国家。英国农业、渔业食品部综合管理英国的海洋倾倒事务，环境和海事的相关部门负责海洋倾废许可证的签发。根据《食品与环境保护法》14 条第 1 款和 24 条第 3 款规定，英国的农业、渔业食品部通过《1996 海洋倾废条例》来管理本国的海上倾倒活动。只有根据该条例第二部分的规定签发了许可证的废物才可以在海上进行倾倒。许可证由环境和海事许可部门颁发。

第二节　中国海洋倾废管理体制现状

1983 年以前，中国海洋倾废疏浚物倾废由港务监督管理以外，海洋倾废活动基本处于分散管理状态。对疏浚物的管理也只是从交通安全方面去考虑。工业废渣、生活垃圾在岸滩堆放，并存在有任意向海上弃之现象。自 1985 年以来，国家海洋局及其派出机构根据法律赋予的职责，积极有效地开展了海洋倾废管理工作，逐步建立健全了海洋倾废管理机构，结束了中国海上倾废无人管理的状况。目前，中国的海洋倾废管理体制基本情况概况如下：

1985 年 3 月 1 日生效的《海洋环境保护法》明确规定：海洋倾废的主管机关是国家海洋管理部门。1985 年 4 月 1 日实施的《海洋倾废管理条例》

第 4 条又进一步明确规定：海洋倾倒废弃物的主管部门是中华人民共和国国家海洋局及其派出机构。为实施《海洋倾废管理条例》，加强海洋倾废管理，国家海洋局于 1990 年 6 月 1 日经国家海洋局第八次局务会议通过，制定《中华人民共和国海洋倾废管理条例实施办法》，该办法规定：中华人民共和国国家海洋局及其派出机构是实施本办法的主管部门。派出机构包括：分局及其所属的海洋管区（以下简称海区主管部门）。海洋监察站根据海洋管区的授权实施管理。沿海省、自治区、直辖市海洋管理机构是主管部门授权实施本办法的地方管理机构①（参见中国海洋倾废管理机构框架图 4-1）。

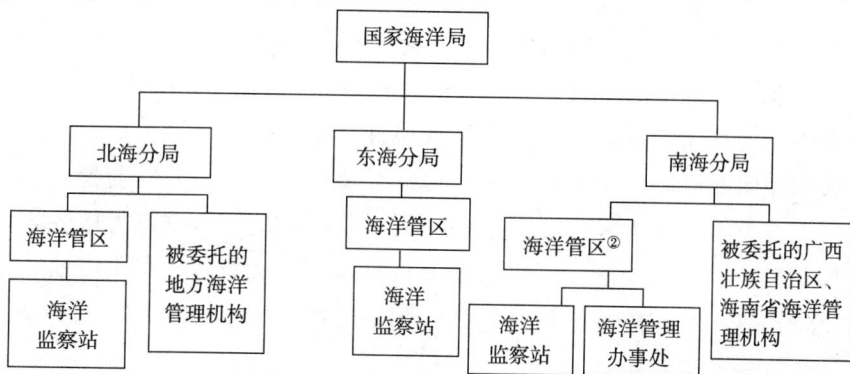

图 4-1：中国海洋倾废管理机构框架图

我国海洋倾废管理是以海洋区域为单位进行管理的。我国海区分为渤海、黄海、东海和南海四个海区，对这四个海区倾废管理的主要部门是国家海洋局及其派出机构，北海分局、东海分局及南海分局和对这四个海区有管辖权的海区周边省市、自治区、直辖市的地方人民政府。

海洋区域管理执法的主要力量是中国海监总队及其下属各总队和各沿海省、自治区、直辖市的海监总队两部分力量组成的协同配合型执法队伍。为履行国家赋予的海洋管理职能，国家海洋局十分重视海洋管理和监测队伍的建设。到 1996 年年底，已形成由国家海洋局、3 个分局（含深圳、珠海 2 个海洋管理处）和沿海省、市海洋管理部门为主线的海洋倾废监督管理体系。

---

① 国家海洋局：《中华人民共和国海洋倾废管理条例实施办法》，海洋出版社 1990 年版，第 6 页。
② 2000 年以后改为海洋管理处。

随着我国海洋事业的发展，海上执法队伍——中国海监逐渐发展壮大。中国海监队伍自 1998 年成立以来，逐渐发展成为海洋行政执法制度比较完善、执法装备优良、执法工作能力突出、科技支撑体系日臻成熟的执法队伍。到 2001 年，中国海监基本形成了中央—省（区、市）—地（市）—县（市）4 级管理体制，形成了 1 个国家海洋局下属的中国海监总队，3 个海区海监总队（下设 10 支海监支队，2 个航空航海执法支队）和各沿海省、市所属的地方海监总队，以及 1 个国家监测中心、3 个海区监测中心和 9 个海洋中心站组成的技术保障系统；拥有 2 架中国海监飞机，19 艘中国海监船的执法基本装备。近几年，"中国海监"的执法工作主要围绕海洋权益维护、海域使用管理、海洋环境保护三大领域而展开。

中国海监在我国境内开展的以保护海洋环境为目的的环保执法工作，主要表现为以海洋生态保护、海洋工程环境保护和海洋倾废为重点，通过清理海上违法建筑和设施、加强海洋工程海洋环境保护措施落实的监督检查、加强监督检查方式，加大对海洋自然保护区、海洋功能区、重点海域的海洋石油勘探开发工程、违法海洋倾废污染海洋环境的执法力度。中国海监队伍的合法化、正规化和职能规范化是保证我国依法进行监视和防止海洋污染，保护海洋环境的重要基础。

我国各海区海监执法机构是：东海区海监执法工作由东海总队、江苏省、浙江省、福建省和上海市五个总队成员单位组成；北海区海监执法工作由北海总队、山东省、辽宁省、河北省和北京市、天津市六个总队成员单位组成；南海区海监执法工作由南海总队、广东省、海南省、广西壮族自治区四个总队成员单位组成。

2013 年 3 月 4 日，第十二届全国人大一次会议表决通过了关于国务院机构改革和职能转变方案的决定草案。该方案的重要内容之一是将现行的国家海洋局中国海监、公安部边防海警、农业部中国渔政、海关总署海上缉私警察四支海上执法队伍的职责进行整合，成立中国海警局，履行海上维权执法的职能，归国家海洋局领导，公安部对其进行业务指导。重新组建国家海洋局，并设立高层次议事协调机构——国家海洋委员会，统筹协调海洋重大事项，同时委托国家海洋局行使海洋事务的日常协调工作。这一举措，无疑在向社会发出一个信号，海洋事务的管理中心在向国家海洋局靠拢。

第三节 中国海洋倾废管理体制存在的问题及原因

中国海洋倾废管理体制的改革经历了近 30 年的历程，取得了较大的成效，但也存在一些问题需要我们正视。

一、"中央集权与地方分权"的半集中型管理体制

我国在海洋倾废管理体制上属于典型的半集中型管理模式。如前所述，中央和地方在海洋倾废管理中都组建了倾废执法监督管理部门，即海监总队，对海洋倾废执法监督管理成效来说，这两级执法力量的协同配合是不成问题的。然而事实上成效并不高。究其原因，在于这两支执法力量的执法权限分别来源于中央层面的职能管辖和地方层面的地域管辖，管辖权来源冲突，中央层面主张集中管理，地方层面希冀地方自治，各自为政，互不信任，沟通不善、利益博弈，不能很好地协同配合。单就案件的受理管辖问题争议就很大。为协调案件受理问题，2010 年，国家海洋局发布文件，规定海洋倾废污染海洋的纠纷案件管辖权的取得采取与民事诉讼案件"谁受理，谁立案"相类似的"谁受理，谁管辖"的立案原则，这一规定对国家海监部门来说无疑是一个利好的政策，因为这种纠纷案件大多是在地方海洋区域内发生的，为了避免地方海监部门不能公平公正地执法，当地发生纠纷的双方就会理性地选择国家海监部门来处理。这样一来，就使国家海洋局有"既是运动员，又是裁判员"的嫌疑。

众所周知，近年来环境法学界认为我国海洋环境保护不利的原因之一在于环境主管部门只管陆域（包括海岸带），不管海洋。海洋局是只管海洋，不管海岸带，而且海洋局的机构设置是在国土资源部下，而非环境保护部门之下。这一体制格局使得环境保护部门和海洋行政管理部门很难实现有效沟通。改变这一环境保护现状的对策就是或者提高环境保护部门的权威，统一环境保护职能；[①] 抑或提高国家海洋行政管理部门的地位，使之从国土资源

---

① 王清军、Tseming Yang：《中国环境管理大部制改革的回顾与反思》，《武汉理工大学学报》2010年第 6 期。

部剥离出来，独立行使海洋管理权。这一主张虽然在 2008 年和 2013 年的机构改革中得以兑现，即 2008 年将环境保护总局改设为环境保护部，2013 年重组国家海洋局，成立中国海警局，建立国家海洋委员会。这一系列改革可以认为是对之前呼声的回应。如果统一全国环境保护职能，也就意味着要将海洋环境职能纳入环境保护部的职能范畴之内。这与学者们所提出的实施海洋综合管理恰恰相反。实际上，如果从其他职能部门的角度而言，海洋综合管理也是对其他职能部门职能的割裂。基于职能统一的原则，这种改革显然会受到其他职能部门的强烈反对，也与我国的机构改革不相符。现实中海洋综合管理的"难产"也可以说明这一点。当然，为了解释或者化解这种"难产"，学界也进行探究。其中的解释观点之一是认为"部门主义"在作祟，即其他职能部门太注重自己的部门利益。另一种化解途径是提出"海洋区域管理"的理念，这一理念的提出可以说是海洋综合管理试图走向实际的尝试。① 笔者认为，当今海洋倾废管理体制的改革，最关键的是明晰海洋管理中的政府职能。海洋倾废管理体制的改革要解决的关键问题就是如何将实行地域管辖的沿海地方政府部门的海监管理职能整合统一并到国家海洋倾废管理的职能中。

寻找问题的症结的确是解决问题的关键，但是症结的寻找并非易事。笔者萌发这种改革思路，源于几十年来我国在海洋倾废管理体制上采取的这种"中央集权与地方分权"的半集中型管理体制。中央与地方在海洋倾废管理权限上的最大区别在于，前者是按照职能标准划分的管理，而后者是按照地域标准划分的管理。所谓按照职能划分，是指根据专业化的原则，以工作性质相同或相似的职能为基础来划分组织部门；所谓按照地域划分，是指按照组织活动的地理位置设置组织部门。② 我国目前的行政管理体制，主要采用职能划分和地域划分相结合的划分方法。其中，职能划分的方法是构成横向部门的主要划分方法，由此形成了横向的职能管理部门；地域划分的方法是构成纵向层级的主要划分方法，由此形成了纵向的地方政府。这种职能与地

---

① 欧文霞、杨圣云：《试论区域海洋生态系统管理是海洋综合管理的新发展》，《海洋开发与管理》2006 年第 4 期。

② 娄成武、魏淑艳：《现代管理学原理》（第二版），中国人民大学出版社 2008 年版，第 202—203 页。

域相结合的划分方法，构建了直线综合制的组织模式。① "直线综合制是现代社会发展对国家行政组织的必然要求，因此是现代政府的主要结构形式。"②

我国的行政管理体制实际上就是直线综合制。在纵向上，按照地域标准，形成不同层级的地方政府。中央与上下级地方政府是一种领导与被领导的关系。在横向上，按照职能划分的方法，划分成不同的职能管理部门。根据职能性质及重要性的不同，上下级之间的职能管理部门形成了三种权力关系：大部分的上下级职能管理部门之间是一种指导与被指导的关系。职能管理部门是一级政府的组成部分，它们接受本级政府的领导，而接受上级职能部门的指导，除非没有上级职能部门，如 2013 年新一轮体制改革中对国家海洋局进行的重组，成立的中国海警局，就是既接受国家海洋局这个本级政府的领导，又接受公安部这个上级职能部门的业务指导，还有各沿海地方政府的海洋与渔业或渔业海监部门，既隶属于当地政府，又接受国家海洋局海监总队的指导；少部分上下级职能部门之间是一种领导与被领导的关系。这些职能管理部门一般是国务院直属机构，它们接受上级职能部门的领导，而接受本级政府的指导。例如国税部门、海关部门等；还有极少数职能部门形成双重领导的权属关系，它们既受本级地方政府的领导，也受上级职能管理部门的领导，例如公安部门。③ 这种纵横交错的组织结构以及较为明确的权属关系，保障了我国行政管理体制的正常运作。尽管由于职能划分本身的科学性问题，有可能造成职能管理部门之间产生一定的职能重叠和职能交叉，但是大部分的职能管理部门都能有着较为明确的职责范围。

在上述权属关系划分的基础上，我国行政管理体制还遵循着一条关键法则，即同一个级别性质的单位不能向另一个单位发出有约束力的指令。从操作上说，这意味着一个部不能向另一个部发布有约束力的命令，一个省也不能向另一个省发布有约束力的命令。④ 这种权力运作的关键法则，使得同一

① 不同的论著对直线综合制有着不同的表述，例如有的称之为直线—职能制。
② 张国庆：《公共行政学》（第三版），北京大学出版社 2007 年版，第 175 页。
③ 姜明安：《行政法与行政诉讼法》（第二版），高等教育出版社 2005 年版，第 134—135 页。
④ 李侃如：《中国的政府管理体制及其对环境政策执行的影响》，《经济社会体制比较》2011 年第 2 期。

级别的职能管理部门之间很难有着直接的权力运作关系，同一级别的地方政府之间也很难有着直接的权力运作关系，除非它们基于某种相关的事项进行临时协商。换言之，它们之间的权属关系是基于某种共识而临时达成的，是一种"临时性"的权属关系，随时可能断裂。① 但是，同一级别的职能管理部门与地方政府之间却可以存在一些固定的权属关系。例如教育部门和山东省政府之间，它们之间的权力划分和关系是固定的。

　　综上对我国行政管理体制及其职权划分的较为翔实的论述，我们再将视线返回到海洋倾废管理体制，其中的一些问题及背后的根源也就呼之欲出了。不难看出，我国海洋倾废管理的症结并非国家海洋局的地位不高，职权不大，而是中央与地方在海洋倾废监察管理中协同配合不到位或者不力。长期以来地方政府的"地方利益主义"和"地方垄断主义"，使得地方政府扩权思想严重，在许多领域进行干预，要求谋取既得利益。因此，"政府应该有所为，有所不为"的原则要求沿海地方政府在搞好当地海洋经济建设中，应该有所作为，但在由海区管理部门为主进行海洋倾废管理的前提下，地方政府就应该让权于海区管理部门，有所不为。同时，由于"部门利益化"和"利益部门化"的思想作祟，中国海洋环境管理在过去几十年里实行的是分散式海上执法与管理，直接造成海洋倾废管理没有一个集中统一的执法机构与执法标准尺度。就海洋污染监察执法来看，国家海洋行政管理部门是代表国家的利益履行保护海洋资源和海洋环境的职能，主管防止海洋石油勘探开发和海洋倾废污染损害的环境保护工作；中华人民共和国港务监督管理机构负责船舶排污的监督和调查处理，以及港区水域的监督，并主管防止船舶污染损害的环境保护工作；国家渔政渔港监督管理机构负责渔港船舶排污的监督和渔业港区水域的监视；军队环境保护部门负责军用船舶排污的监督和军港水域的监视。各海洋执法力量都建立在各海洋管理部门自身的利益之上，在执法过程中难以把各海洋执法力量集中起来，对海洋做全面的监测和管理。②

　　正是由于中国海洋行政管理部门、海事行政管理部门、渔业行政管理部

---

① 例如教育部与财政部联合发布的有关教育补助和收费方面的通知或规章、相近省市的协调会议等。

② 沈晓磊：《我国现行海上执法体制的理论分析及对策研究》，硕士论文，《同济大学》2006 年。

门、国家环境保护主管部门和军队环境保护部门分别承担了不同的海上污染执法权，导致执法主体不明，造成的后果表现为：或者权力矛盾，或者权力空置，海洋污染问题最终无法得到有效控制。同时由于国家对涉海各部门（行业）缺乏科学统一的立法规划，海上执法处于行业自发性立法、自主性规范的状态，行政、司法权力向海上自发、任意延伸，各主管部门从自身角度出发制定单项的管理规范，立法层次低，往往部门利益掺杂其中，决策权、审批权和处罚权于一身，既当"运动员"又当"裁判员"，出现了"部门利益化、利益权力化、权力与利益法制化"的怪现象，加剧了海上执法的混乱局面，使"群龙治海"演变成了"群龙闹海"。

分散型管理体制下必然导致海上执法力量分散，海上执法不仅难以使各种装备发挥作用，而且重复设置严重，造成了很大的浪费。因此，实行分散型海上执法，其结果大大降低了海上执法的效力，造成了各执法部门在有经济效益时都愿意管，而没有经济效益时都不愿意插手的现象。尽管2013年的体制改革对国家海洋局进行了重组，将海监总队、渔政总队、海上公安和海关缉私四支海上执法队伍整齐划一整合成立中国海警局，但海事局执法队伍还在编外独立行使海上巡视执法职能，还没有形成类似于美国海岸警备队真正意义上的集中统一执法局面。况且，中国海警局虽然成立，但怎样行使其维护海洋资源与环境的职能，目前还没有方案出台；新成立的国家海洋委员会的规格和人员组成也还没有一个相对成熟的方案拿出来。海洋环境管理与执法仍然维持过去的模式，这就昭示了我国海洋行政管理体制改革进入了攻坚的关键阶段。我国的海洋倾废管理体制从半集中型发展到集中型体制还需后续不断努力。因此，中国今后的行政管理体制改革，重点是进一步完善集中型管理体制转变，加强海洋局的管理能力和执法能力，理顺国家海洋局内部以及与国家海洋委员会、海警局之间的关系。图4-2是2013年年初，国家海洋局重组后的组织结构图：

二、四级管理体制导致自上而下的层级化治理模式

从1990年开始，在沿海各省、自治区、直辖市组建了地方海洋监察队伍，到2001年，中国海监基本形成了中央—省（区、市）—地（市）—县（市）四级管理体制。在中央层面是中国海监总队，在地方省市级层面是地

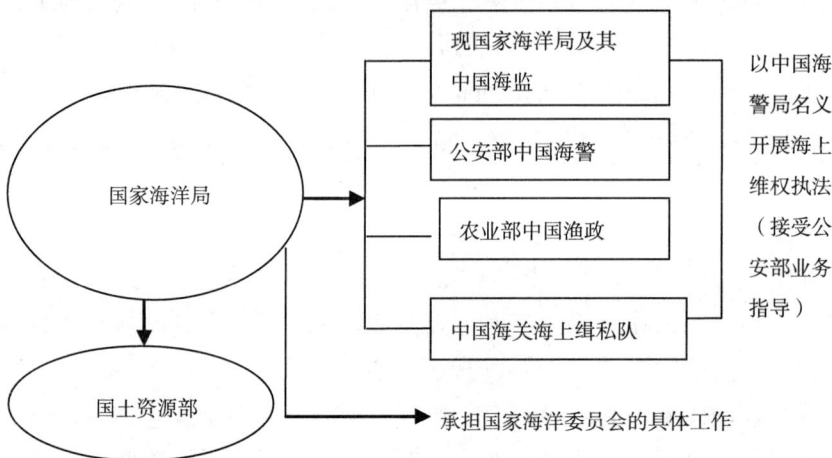

图 4-2：国家海洋局重组后的组织图

方海监总队和海洋管理处，在县（县市）级层面是海洋监察站。近几年，"中国海监"的执法工作主要围绕海洋权益维护、海域使用管理、海洋环境保护三大领域而展开。

海洋监察管理工作步入快速发展的轨道。我国 2000 年 4 月 1 日生效的《中华人民共和国海洋环境保护法》第 5 条第 2 款规定："国家海洋行政主管部门负责海洋环境的监督管理，组织海洋环境的调查、监测、监视、评价和科学研究，负责全国防治海洋工程建设项目和海洋倾倒废弃物对海洋污染损害的环境保护工作。"同时，在本条的第 6 款规定："沿海县级以上地方人民政府行使海洋环境监督管理权的部门的职责，由省、自治区、直辖市人民政府根据本法及国务院有关规定确定。"[1] 这从法律上确定了我国从国家到地方的海洋监察管理主体的职责分工与协作，从而保证了我国法制化海洋监察管理主体的合法性和正规性。[2]

由于中国海监部门是由中央和地方分级组成的执法体系，中央—省（区、市）—地（市）—县（市）四级间有直接的隶属服从关系，实行的

---

① 孙书贤：《海洋行政执法法律依据汇编（国家篇）》，海洋出版社 2007 年版，第 168 页。

② 杨振姣、吕建华：《论我国法制化海洋监察管理在我国海洋环境保护实施中的意义》，《太平洋学报》2009 年第 4 期。

是自上而下命令化、正规化、规范化的管理体制，低层级的服从高一级的领导和指挥，这就注定了低层级组织因运行缺乏自主性而丧失最佳治理良机。

第四节　改革中国海洋倾废管理体制的设想与对策

沿着中国 2013 年新一轮体制改革的思路，借鉴西方整体性治理理论，中国海洋倾废管理体制改革的趋向是建立"集中统一型"体制下的整体政府治理模式。

一、整体政府治理模式理论

20 世纪 90 年代中后期，为解决日益严重的新公共管理改革弊端，西方国家开始寻求新的政府改革理论与治理模式。一种对传统官僚制批判及对新公共管理进行修正的新型政府治理理论——整体性治理理论逐渐兴起并被视为"后新公共管理"的发展趋势。其价值在于在解决新公共管理所导致的政府分散化、碎片化问题基础上，构建一种以整合与协调为核心内容的新型政府治理模式，为政府管理体制改革提供新思路。

"整体性治理理论"，是政府治理的新范式。所谓整体性治理就是以公民需求为导向，以协调、整合和责任为机制，运用信息技术对碎片化[①]的治理层级、治理功能、公私部门关系及信息系统等进行有机整合，不断"从分散走向集中，从部分走向整体，从破碎走向整合"[②]，为公民提供无缝隙而非分离的整体性服务的政府治理模式。整体性治理理论的核心观点和核心思想是整合与协调。整合包括组织整合和政策整合，即借助激励、文化和权威结构将各类组织和政策结合起来、跨越组织间的界限以应对非结构化的重大问题；协调是常见的一种行政手段，即通过激励和诱导多个任务组织、部门和单位、专业结构等朝着共同方向行动或至少不要侵蚀彼此的工作基础。

代表人物希克斯（2002）指出整体性治理就是在政策、规则、服务供

---

① 所谓碎片化，是指由于过于强调竞争性"往往不自觉地受制于短期的市场价值与经营绩效而全然不知，使得政府组织反而更趋向于功能分化与专业分工，并有不断深化功能裂解型治理的趋势"，即造成政府管理和社会治理的碎片化和分散化问题。

② 竺乾威：《从新公共管理到整体性治理》，《中国行政管理》2008 年第 10 期。

给和监督等过程中实现整合，整体性治理体现于不同层级或同一层级内部的治理，不同职能间的治理，政府、私人部门与非政府间的治理等三个维度中。基于目的和手段两个维度，他将每个维度分为相互冲突、相互一致、相互增强三个层次，形成碎片化政府、贵族式政府、渐进式政府、整体性政府、协同型政府五种政府管理形态。希克斯所描述的"整体政府"（whole of government）是指一种通过横向和纵向协调的思想与行动以实现预期利益的政府改革模式。它包括四个方面的内容：排除相互破坏与腐蚀的政策情境；更好地联合使用稀缺资源；促使某一政策领域中不同利益主体团结合作；为公民提供无缝隙而非分离的服务。[①] 整体政府改革带来的整体治理主要涉及三个方面的整合：一是治理层级的整合，如中央与地方机关的整合；二是治理功能的整合，如机关功能的整合；三是公私部门间的整合，如公共部门采取诸如民营化等做法与私人部门形成良好的公私伙伴关系。

　　总之，整体性治理理论特别着力于政府组织体系整体运作的整合性与协调性，其总体特征是强调制度化的跨界合作。海洋环境管理作为公共管理的分支领域，也逐渐受到这种理念的影响。从世界海洋管理发展趋势看，海洋环境管理正朝着综合、统一和协调的方向发展，因此这种强调整合与协调的新型治理理论对我国海洋环境管理体制改革与海洋环境治理新模式的构建具有重要的借鉴意义。

二、建立海洋倾废整体政府治理模式

（一）借鉴整体性治理理论进行海洋倾废管理体制改革的必要性

　　沿海国的海洋倾废管理体制改革应该纳入到该国的海洋环境管理体制中进行研究。1992 年，联合国环境与发展会议通过并签署的《21 世纪议程》中指出海洋环境保护特别强调建立并加强国家协调机制，制定环境政策和规划、制定并实施法律和标准制度、综合运用经济和技术手段及有效的经常性的监督工作等来保证海洋环境的良好状况。国内对海洋环境管理的研究多采用鹿守本《海洋管理通论》中的观点，即，海洋环境管理是以海洋环境自然平衡和持续利用为目的，运用行政、法律、经济、科学技术和国际合作等

---

① Perri 6: Towards Holistic Government: *The New Reform Agenda*. New York: Palgrave, 2002, p29.

手段，维持海洋环境的良好状况，防止、减轻和控制海洋环境破坏、损害或退化的行政行为。① 因此，从理论上看，当今海洋环境管理正从一种单一、分散型的管理模式转向整合、统一型的管理模式，即整体性治理模式。从实践上看，海洋具有流动性、复合性和整体性等特点，即便是对于同一片海域的海洋环境管理，也往往涉及多个行政区域的利益协调。因此，在海洋环境管理中，有必要以整体性治理理论为指导，通过各区域政府及其部门之间的协调合作，促进各地区海洋资源的流动，实现资源的优化配置，最终形成整合、协调的海洋环境治理模式。

（二）中国现行海洋倾废管理体制改革的思路

基于以上对整体政府治理的理解，笔者认为，第一，海洋倾废管理的主体需要借鉴该理论将中央倾废管理部门与地方各级倾废管理部门进行治理层级的整合，建立海洋倾废整体政府治理模式。即在中央和地方政府之间产生一个既能调动国家、又能支配地方的海洋倾废协调管理部门——海洋倾废管理委员会。第二，海洋倾废管理部门的信息技术需要整齐划一，建立能够储存丰富的倾废信息资源，实现信息互通无阻的海洋倾废数据库，使信息收集工作一步到位。第三，建立能够满足公共利益最大化的整体政府运行机制和治理模式。

目前在中央层面，我国已设立了海洋委员会，其工作职责委托国家海洋局行使。该委员会可由一名副总理或国务委员担任主任委员，以提高该委员会的权威。此外，在地方层面我国沿海地方政府也要在省、（地）市两级设立与中央相对应的"区域海洋委员会"，来协调跨界的与地方海洋有关的各部门的工作。同时，区域海洋委员会还要负责协调与处理陆上企业等海洋污染问题，特别是大江大河的污染问题，以杜绝海洋污染的陆上之源。

（三）构建中国海洋倾废整体政府治理模式

整体政府治理的突出特征是：管理理念与管理文化相容；管理目标绝对一致，不发生冲突；管理手段趋于相同，不相矛盾；管理政策与资源高度整合；政府治理与公民对科技、资源需求高度整合；重视公民需求为导向的公务伦理与价值；扩大授权，提供网络化服务和线上治理；注重结果的政府整

---

① 鹿守本：《海洋管理通论》，海洋出版社1998年版，第165页。

合式运作。基于整体政府治理的这些特征，笔者初步勾勒了我国海洋倾废整
体政府治理模式模型图，详见下图 4-3 所示。

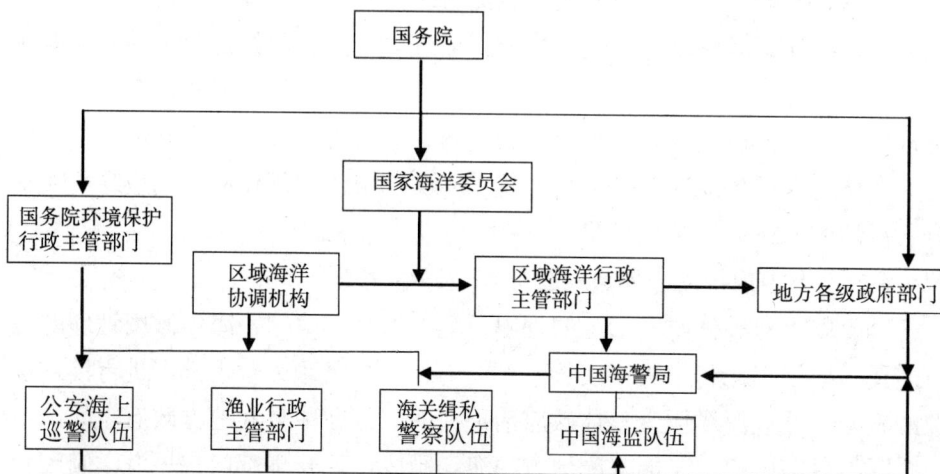

图 4-3：中国海洋倾废整体政府治理模式模型图

　　其中，国家海洋委员会作为最高的整体性协调机构，在海洋倾废管理体
制中起着决策、指挥、协调监督的核心作用。中国海警局作为统一独立的执
法主体，可以避免行政执法中的多头领导和资源浪费的问题。国务院环境保
护行政主管部门作为对全国环境保护工作统一监督管理的部门，对全国海洋
倾废工作实施管理和监督性职能，并负责全国防治陆源污染物和海岸工程建
设项目对海洋污染损害的环境保护工作。国家海洋行政主管部门作为直属于
国务院的海洋行政管理部门，负责召集和协调其他海洋事务相关部门的工
作，统领海洋管理活动。通过与国务院环保部门和国家海洋委员会的合作配
合以及各海洋事务相关部门和各地方政府等的相互协调合作，形成统一整合
的海洋倾废管理体制，实现我国海洋倾废的综合治理。

第五章　中国海洋倾废管理的运行机制构建

　　一个关系顺畅的管理体制，必须要置于一个完善的制度框架下，并在一个健全的运行机制运作下才能发挥其各自在管理中的最大功效。

　　中国的海洋倾废法制化管理经历了 30 余载，取得了较好的管理成效。面对成效，理性反思，目前中国海洋倾废管理存在的最大困境，不是制度、体制的保障性、结构性问题，而是管理的运行机制出了问题。在管理的运行机制方面最需解决的问题是：改革以往粗放式、分散式管理方式，代之以精细化、整体性的管理方式。

第一节　构建"精细化"管理的运行机制

一、"精细化"管理之内涵概要

　　现代管理学认为，科学化管理有三个层次：第一个层次是规范化，第二个层次是精细化，第三个层次是个性化。科学管理之父泰勒最早提出精细化管理思想。1895 年，泰勒发表了《科学管理原理》一书，这是世界上第一本精细化管理著作。泰勒认为，"利益分享计划"以及"计件工资制"与"集体怠工"似乎有着某种联系，那只是表象。实际上在"集体怠工"背后，隐藏着更为深刻的本质原因，这就是"劳资对立"。要想消除劳资对立，雇主和雇员必须认识到他们的利益应该是一致的，除非实现了雇员财富的最大化，否则不可能永久地实现雇主财富最大化，反之亦然。泰勒提出通过改进工作方法，改进工具，改进作业条件，减少无效劳动就能提升生产效率，同时满足员工的高薪酬需求和企业主低产品工时成本目标。① 泰勒的科学管理理论第一次使管理从经验上升为科学。科学管理必须具备四要素：第一，实现标准管理，对工人操作的每一个动作都实施标准化管理；第二，科学地挑选工人，并进行培训和教育，使之能胜任岗位技能要求；第三，与工人密切合作，对员工实施激励手段，以确保所有工作能按照所制定的科学原则行事；第四，把计划职能和作业职能分开，明确划分两种职能。在精细化管理中，处于核心地位的是恰当地衡量标准。企业实现以标准带动员工创造更大的业绩，以标准帮助企业主做出客观公正的、增强团队合作的决策。美国福特公司总裁亨利福特正是秉承了泰勒倡导的科学管理方法，创建了世界第一条福特汽车流水生产线，做到了一分钟组装一部汽车，大幅度提高了劳动生产率，出现了高效率、低成本、高工资和高利润的局面。

精细化作为现代工业化时代的一个管理概念，最早是由日本的企业在20世纪50年代提出的。精细化管理是一种理念，一种文化。它是社会分工的精细化以及服务质量的精细化对现代管理的必然要求，是建立在常规管理的基础上，并将常规管理引向深入的基本思想和管理模式，是一种以最大限度地减少管理所占用的资源和降低管理成本为主要目标的管理方式。

相关学者提出的"精细管理工程"，是指企业按照"五精四细"的思路与方法，对企业的管理进行精细化改造的工程。"五精四细"是精细管理工程的核心内容，其内涵是：五精——精华、精髓、精品、精通和精密；四细——细分市场和客户；细分组织机构中的职能和岗位；细化分解每一个战略、决策、目标、任务、计划、指令到位；细化企业管理制度的编制、实施、控制、检查、激励等程序、环节，做到制度到位。精细化管理包含四个方面特征：精、准、细、严。第一，精是做精，求精、追求最佳、最优；第二，准是准确、准时；第三，细是做细，具体是把工作做细，管理做细，流程管细；第四，严就是严格执行，主要体现对管理制度和流程的执行与控制。精细化管理方法就是将复杂的事情简单化；将简单的事情流程化；将流

---

① 张青：《精细化管理理论之内涵》，《冶金企业文化》2013年第1期。

程化事情定量化；将定量的事情信息化。

"天下大事，必做于细。"精细化管理的理论已经被越来越多的企业管理者所接受，精细化管理就是一种先进的管理文化和管理方式。俗话说：细节决定成败。精细化管理的要义就是要注重细节。众所周知，运作管理是我国政府管理的薄弱环节。为此，运作精细化是我国目前行政管理改革新的着力点，尤其是我国现行的海洋行政管理改革更应着力于运作的精细化问题。通过确保"官僚结构与社会结构相匹配"、"规划具有系统性和前瞻性"、"政策从制定到实施都有一个精细化的运作管理过程"等方面来予以切实改进和完善提高。

二、"精细化"管理运行机制构建的制约因素

（一）管理者精细化运作的管理意识不高

长期以来，中国的海洋倾废管理是以一种"粗放式"的方式进行运行的，倾倒区选划工作完成后，对倾倒区及倾倒物的监测、检查、处罚工作，往往采取有人提出申请或有人检举就管一管，无人申请或无人检举，就很少去管，甚至不管。对海洋倾废管理制度执行不到位，使得倾废管理的目标、任务、计划管理不能落实到实处。总结原因，往往是管理者不够重视管理，在管理流程上、管理的标准化方向上和管理的明确、准确和精确的内容方面缺乏事前的规划和设计，造成事后执行不力。

（二）决策者缺乏对管理成本的预算和核算

精细化管理顾名思义要求决策者在管理中要精打细算，事无巨细地考虑周全。对管理成本大小更应如数家珍地逐一细数，而不能不计成本地繁琐管理，从而增加管理和运营成本。

我国海洋倾废管理虽然有倾废费征收这一环节，但由于政府事前忽视对管理成本的预算，不能制定科学合理的收费标准，倾废费征收一直偏低，不足以支付管理成本，影响了管理成效。

（三）管理者对倾废管理的细节无法实施全面控制

海洋倾废管理的精细化表现在流程管理上。从倾废区选划、检测到倾倒作业后的监视、监督和处罚，每一个环节都需要有较强的执行力来保证管理效果。然而由于政府缺乏"精益求精"的执行力，使管理过程缺少管理制

度的实际应用价值。

（四）管理者忽视环节之间的系统的整体协调性

海洋倾废管理流程上的每一个环节既各自相对独立，又有之间内在的因果关系。如果只重视单个环节的工作，过于注重单个细节的精确性，而忽视环节之间是有内在的逻辑关系，就会使倾废管理工作缺乏条理性、精确性和协调性。

（五）管理者过分注重数字，使"精细化管理"变成迷惑的数字游戏

我国海洋倾废管理部门每年都会公布该年度倾废的相关数据：如：倾倒区个数、倾废量吨数、违法倾倒个数和收缴罚款额等。统计数据有时精确到小数点后 2 位。事实上，在管理过程中所提取的数据有相互矛盾和冲突的一面。实事求是地进行数据收集，再根据不同海域的不同情况进行调整，使数据为"精细化管理"服务，而不是使精细化管理为数字游戏所左右。

三、"精细化"管理运行机制构建的思路及框架

中国海洋倾废管理机制的完善应首先着力于运行机制的构建。本着"精细化管理"的理念和原则，坚持"全过程控制"与"末端治理"相结合的倾废管理思路，全面走海洋倾废管理生态化道路。

（一）厘清海洋倾废管理运行机制概念

1. 制度、体制、机制概念及其关系

学者王长江认为，"制度是一个为达到特定目的而设立的系统，这个系统由一系列原则、规则、程序所组成，它们之间有机连接，缺一不可，构成一个整体。体制和机制强调构成国家制度的各个要素，更强调这些要素之间的联系"①。齐卫平、朱联平指出，制度是在社会生态系统的特定范围和一定的条件下要求人们共同遵守的、按一定程序办事的规程或行动准则。机制，则是指某一事物、现象及与其相关的基本准则、相应制度及决定其行为的各种内外因素、相互关系的总称。② 李景治指出，体制、机制二者之间的关系不是一个孤零零的概念，也不是许多各不相同的要素毫无联系地堆在一

---

① 王长江：《中国政治文明视野下的党的执政能力建设》，人民出版社 2005 年版，第 271、273、262 页。

② 齐卫平、朱联平：《构建党的执政能力运作机制刍议》，《理论导刊》2006 年第 2 期。

起的一袋马铃薯，而是一个由诸多要素组成、并且各要素之间紧密联系、相辅相成的有机系统。体制往往重在引起人们对结构的重视；机制则往往使人更加注意到制度的运作及运作过程中各要素之间的相互影响。李景治较详细地定义机制概念为某种主体自动地趋向于一定的目标的趋势和过程，同时他将与制度相联系得到各种机制称为狭义的机制。机制有三个基本要素，第一是动力；第二是目标；第三是路径，即过程。[①] 笔者认为，体制是组织为实现既定的目标先期进行的系统、规则、结构的安排，是具象的和静态的；机制则是组织为证明或保障制度、体制安排、设计是否科学可行所做的一切努力活动的过程。因此机制是抽象的和动态的。从概念的外延由大到小排列，制度、体制、机制三者的顺序为：制度→体制→机制。制度是一个整体的系统，是人们共同遵守的行为准则和规程。制度包含体制和机制，体制为制度的中观层次，体制从范围范畴来说包括机制，是一种结构。机制则是制度运作过程中各个因素相互联系、相互补充、有机的统一。因此，机制往往使人更注重到制度的运作及其运作中各要素之间的相互影响。机制是制度的微观层次，是制度的补充和纠偏。

2. 海洋倾废管理运行机制概念

既然机制是以一定的运行方式把事物各个部分联系起来，使它们协调运行而发挥作用的，那么组织的运行机制可以界定为是在组织有规律的运行中影响这种运行的各因素的结构、功能及其相互关系，以及这些因素产生影响、发挥功能的作用过程和作用原理及其运行方式，是引导和制约决策并与组织中的人、财、物相关的各项活动的基本准则及相应制度，是决定人行为的内外因素及相互关系的总称。一个组织要保证各项工作的目标和任务真正实现，必须建立一套协调、灵活、高效的运行机制，使组织的各种因素相互联系，相互影响，共同发挥功能作用。正如李景鹏认为的"有关运行机制的考察都是一个综合的过程，也就是把对各个部分的分析、研究的结果综合成为有机的整体来研究其整体的性能"[②]。

海洋倾废管理成效如何取决于管理体制和管理机制是否健全与完善。概

---

① 李景治：《关于机制与制度》，《政治学》2010 年第 8 期。

② 李景鹏：《权力政治学》，黑龙江出版社 1995 年版，第 204 页。

括而言，海洋倾废管理体制是国家为了执行海洋倾废管理职能而确立的管理海洋倾废事务的组织系统。海洋倾废管理机制是政府在海洋倾废领域的具体管理过程中形成的管理要素以及各要素之间的相互关系问题。海洋倾废管理的运行机制主要是指海洋倾废管理制度的运行机制，即指海洋倾废管理制度运行的方式、方法及各相关因素相互影响、相互作用的内在机理，是海洋倾废管理制度的具体运作体系和实际操作过程。这一过程是通过废弃物海上倾倒活动的人、物、财等各种资源之间相互影响、相互制约的运作机制来完成的，目的在于对海洋环境的保护和对涉海资源的合理利用，使其在发挥各自功效的同时，实现系统整体功效的最大化。

海洋倾废管理运行机制主要表现为对倾废行为的激励和约束。一方面，它给倾废活动的组织和个人以规则约束，规范着他们行为方式的选择；另一方面，它又通过影响利益分配等手段，保证倾废组织和个人的权责利有机结合，从而调动其积极性。海洋倾废管理要成为一个整体性的管理系统，就应有整体性的运行机制。

因此，笔者认为从国家层面来看，自上而下的海洋倾废管理体制的创新与构建固然重要，但自下而上的海洋倾废管理运行机制的创新与完善更为重要，因为这关系到用什么样的方法来保证民生、民计问题，以及采取什么样的经济和技术手段来实现权力与资源科学合理的有效配置。为此我们在坚持顶层设计的同时，必须以底层精细化管理实践为原则进行管理机制的改革与创新。

（二）构建海洋倾废精细化管理运行机制的基本思路

1. 倡导"绿色倾废、生态环保"的管理理念

现如今，"绿色"已成为"生态"、"环保"的形象代言词。各行各业都在极力宣传自己的环保政策和环保行为。"绿色"已成为当代人们使用频率较高的词汇。如："绿色餐饮"、"绿色金融"、"绿色 GDP"、"绿色食品"、"绿色运动"、"绿色家园"等等。这表明当代人已意识到绿色与健康是有着直接因果关联的关系。海洋"绿色倾废"就是要求倾废物海上倾倒活动不能对海洋造成污染，不影响海洋资源的可持续利用，不破坏海洋生物的生存环境，保持海洋环境的持续美丽。

2. 实施"全程管控、末端治理"的管理策略

在海洋倾废管控方法上，由末端治理向源头预防、过程管控、末端治理

的全过程转变。改变主要依靠末端治理的现有管控方式，加强全过程防控。在源头预防上，严格环境准入，关口前移。在过程管控上，提高倾倒区和倾废物监测控制的自动化水平，对重点倾废单位实行"全天候"自动监管，大力推行循环经济，实施清洁生产，加强资源综合利用。在末端治理上，继续深化污染治理，提高环保设施运行效率，减少污染物排放和倾倒，实现环境效益的最大化。

（三）构建海洋倾废精细化管理运作框架

我国海洋倾废管理运作精细化管理必须坚持以"精、准、细、严"为基本原则，通过提升改造倾废管理和作业主体的整体素质，加强污染物倾废控制，强化对倾倒区的监测、监督检查和违法倾废行为的处罚管理，从整体上提升倾废管理成效。

1. 学习借鉴国外的经验

在海洋倾废精细化管理方面，英国、美国、日本、澳大利亚、加拿大等沿海国家都做得非常细致规范，值得我们学习借鉴。

英国在海洋倾废管理上极力倡导精细化管理思想，严格规范倾废程序。为了更好地实现国际公约中规定的义务和管理本国的海上废物倾倒，英国在1985年通过了《食品与环境保护法》。为了符合91/156号有关废物制度的决议，根据《1994年废物许可证管理规则》，对《食品与环境保护法》进行相应地修改。根据《食品与环境保护法》第14条第1款和第24条第3款规定，英国的农业、渔业食品部通过了《1996海洋倾废条例》来管理本国的海上倾倒活动。只有根据该条例第二部分的规定签发了许可证的废物才可以在海上进行倾倒。许可证由环境和海事许可部门颁发。申请废物倾倒许可证一方应缴纳合理的费用。证件的颁发要经过对倾倒物化学成分的分析和该物质对环境的潜在影响的科学评估后才被批准。如果存在其他安全具体可行的陆上废物处置办法的时候是海上倾倒不被准予采纳的。条例还规定了许可证颁发部门授权的执行人员登临船舶进行检查的权力。条例对违反条例构成犯罪的行为应受的处罚及制裁均做了详细的规定。[1]

---

① Rt Hon Margaret Beckett, 2001, Safeguarding Our Seas, Department for Environment Food and Rural Affairs, 31, http://www.defra.gov.uk/environment/water/marine/uk/stewardship/pdf/marine_stewardship.pdf.

　　自参加《1972 伦敦公约》20 多年来，英国废止了多项废物的海上倾倒，并对目前允许倾倒的废物加以严格控制。目前，签发的废物许可证种类有：阴沟淤泥、固体工业废物和疏浚物。英国还同时是 1992《OSPAR 公约》缔约国之一。在《OSPAR 公约》中，依据《食品与环境保护法》第二部分的规定可以在英国进行海上倾倒的废物只有疏浚物、渔业加工废物、惰性原材料、船舶和航空器。事实上，自 1988 年起，英国允许倾倒的海上废物只有海港疏浚物。可见，疏浚物已成为倾倒废物的主要组成部分。疏浚物的海上倾倒是受严格控制的，通常只有在疏浚物没有其他更有利的用途的时候（如填海），才可以被倾倒。阴沟淤泥的倾倒量每年都有所波动，但淤泥中的金属含量有所减少，这体现了政府对阴沟淤泥治理的完善和对工业排污的有效控制。1998 年起停止了阴沟淤泥的海上处置。固体工业废物主要包括煤矿废物，以及在发掘煤矿过程中残留的少量炸药和沉淀物。1995 年起停止了煤矿废物的倾倒。1994 年英国接受了一项禁止海上倾倒放射性废物的全球性禁令，这项禁令取代《1972 伦敦公约》中关于只禁止海上倾倒高放射性废物的规定。[①]

　　美国在海洋倾废立法上更是强调细化到每一具体工作环节。如，根据《海洋保护、研究和自然保护区法》的规定，美国环保局于 1977 年 1 月 11 日颁布了《海洋倾废条例》（《联邦法典》第 40 卷第 220—229 节）。该条例确定了许可证的种类及许可证申请书的评价和倾倒区选划及管理标准。1988 的《海洋倾废条例》禁止自 1991 年 12 月 31 日起向海洋内倾倒所有的阴沟淤泥和工业废物。根据该法规定，由地方环境保护局或陆军工程兵负责签发的海洋倾倒许可证的有效期不超过 5 年。申请在已有的倾倒区进行倾倒的需要交纳 1000 美金申请费；在非已有的倾倒区进行倾倒的需多交纳 3000 美金。[②] 许可证在签发机关、申请人或第三方的建议下可以被变更、中止或撤销。条例同时规定了倾倒区选划的基本原则和具体原则。为了估测倾倒行为可能给海洋环境带来的影响，规定了倾倒区的监控措施，即地方环境保护局或地区工程师在认为有必要采取监控计划时，由环境保护局、国家海洋大气

　　① Rt Hon Margaret Beckett, 2001, Safeguarding Our Seas, Department for Environment Food and Rural Affairs, 32, http: //www.defra.gov.uk/environment/water/marine/uk/stewardship/pdf/marine_ stewardship. pdf.

　　② 1988 年美国海洋倾废条例，211.5。

管理局或联邦代理机构对倾倒区进行分析研究。

按《海洋保护、研究和自然保护区法》的规定，除依照第一部分签发许可证外，任何美国船只在美国司法管辖水域内以及任何从美国港口始发的船只的海洋倾废行为都是被禁止的。该法还禁止任何放射性、化学和生物武器及任何高辐射废物和医药垃圾的倾倒。除疏浚物以外，其他物质的倾倒许可证只有在环境保护局发布公告并在可能的情况下举行公众听证会后签发，届时，管理者可确定申请的海上倾倒行为是否会过度破坏或威胁人类健康、社会安全、海洋环境、生态系统和经济潜力。环境保护局指定了海洋倾废的地点并在每一份许可中详细说明了可以进行废物倾倒的位置。

2. 严格规范倾倒区管理规程，把好倾倒管理的"入口"关

第一，坚持"预防为主，防治结合"原则。在倾废活动开展之前，管理部门应进行管理工作事前控制阶段的科学规划。如选划倾倒区前的科学论证，通过听证程序，吸纳社会各界人士和公众参与论证选划工作，倾废许可证实行实名制和限物限量倾倒的规定，科学估算倾倒区倾废量的上限标准，细化每个倾倒区倾废数量。将一切倾废隐患和危害海洋生态安全的因素排除在倾废活动"门外"，严把倾废"入口"管理关。

第二，建立废弃物倾倒环境影响评价制度。对于海洋工程项目建设，我国一直坚持实行"三同时"制度和环境影响评价制度。国家海洋局 2005 年颁布实施《海洋工程环境影响评价管理规定》，国务院又在 2006 年颁布《防治海洋工程建设项目污染损害海洋环境管理条例》，从立法上完善我国海洋环境影响评价制度。由于倾废作业方在海上功能区——海洋倾倒区进行废弃物倾倒，势必对周边的海洋环境产生影响。这种影响程度如何，只有建立起一套评级体系、评价标准并使之制度化，才能保障倾废管理在日后的跟踪监测中发现污染问题并及时想办法加以处理。

第三，完善倾废许可证制度。海洋倾废许可证制度是海洋倾废管理的核心内容，是海洋倾废管理实行的一项基本制度，是实施《海洋环境保护法》和《海洋倾废管理条例》的保证，也是维护合法的海洋倾倒秩序，防止影响和损害海洋环境的重要措施。①

---

① 孙书贤：《海洋行政执法法律依据汇编（国家篇）》，海洋出版社 2007 年版，第 214 页。

　　我国倾废许可证制度自1985年《倾废管理条例》颁布实施以来，一直延续已有的规定，即对一般的倾废申请，只要申请材料齐全、形式合法、符合规定要求的，遵循行政许可便民原则，可当场回复或签发倾废许可证；对经检测疏浚物不宜倾倒的不予签发。随着我国海洋倾废活动的日益规范，笔者认为我国倾废许可证制度还应进一步细化与完善：比如，实行倾废实名制，只签发清洁疏浚物倾倒许可证，并在许可证上注明确切的倾倒量和倾倒日期等。

　　第四，实行科学合理的倾废征费制度。我国倾废费用的征收标准一直偏低，影响了管理成效，目前亟须研究制定更加细致具体和科学合理的倾废收费标准。

　　3. 加强倾废中的跟踪监测，把好倾废管理的"监测关"

　　对倾倒区倾倒物的化学成分监测是海洋倾废管理自始至终的关键环节，这关系到倾废是否会给海洋环境造成污染的问题。为把好"监测关"，应注意以下两方面工作：

　　第一，定期与不定期对倾倒区倾倒物进行化学成分抽样检测。对倾倒物进行化学成分检测是倾废管理的常规做法。通过检测，对海水水质及其沉积物污染做出理性判断。如，近年来我国近海海域沉积物受到镉、铜、石油类和多氯联苯的污染严重，影响了渔业和海洋生物群落的繁殖生长，海洋生物多样性遭到破坏，生物种类快速减少，存在生态风险。

　　第二，强制在倾废船只上安装改进了的倾废仪。倾废仪是实时记录倾倒作业方倾倒物及倾倒量的自动记录仪。海洋和陆域不同，在一望无际的茫茫海洋上由于无法装置监控设备，加上海洋倾废管理工作人员限于人手不足，不能对每个倾废作业方跟船监督，为了能及时掌握倾废情况，倾废主管部门管理人员只能强制在倾废作业方的船只上安装科技含量较高的倾废仪，以实现无需上船就能对倾废活动的全程进行监控的目的。

　　4. 强化责任追究机制和评估机制，把好倾废管理的"责任关"

　　第一，推行"谁付费、谁治理"的责任追究原则，对作业方因违约造成海洋环境污染的行为要严惩不贷。

　　第二，建立倾倒管理全程控制与末端治理相结合的评估机制。制定具体的评估标准。强化激励作用，鼓励倾倒作业者培养生态文明意识，养成生态倾倒的自觉行动。

第二节　构建基于整体性治理的海区
倾废跨界管理的合作机制

长期以来我国海洋环境管理受功能化、多元化的影响，呈现碎片化、空心化、分散化的治理局面，造成了治理无效或不善。分析成因，固然有体制不顺的结构性缺失的原因，但更有运行机制缺乏整合、协同的整体性运作的原因。

中国的海岸线总长度 3.2 万公里，其中大陆海岸线 1.8 万公里，岛屿海岸线 1.4 万公里，可管辖的海域面积为 300 万平方公里。中国海域分为四个海区：渤海、黄海、东海和南海，海域由于不能进行行政区划，管理是按照功能区划进行的。但这四个海区由于分别与陆域的地方行政区划相连接，因而在海洋倾废管理上就面临国家海洋局海区分局和地方政府共同管理的局面。

基于海洋的流动性、一体性和外部性特点，中国各海区海洋倾废管理不可能各自为政、分头行动，因为分头行动的办法不利于实现行动结果与行动目标之间的一致。各海区政府及海区分局之间合作协调行动比分头行动更容易实现行动的一致，从而也有利于推动行动结果接近行动目标。因此，在各海区倾废管理问题上，建立海区地方政府间及地方政府与海区分局间和各海区分局间的长效合作机制，是实现海洋倾废跨界管理的理性选择。

一、整体性治理的分析框架

整体性治理并不是一组排列组合的理念或方法，它是一种集合的概念。它是加强协调、解决碎片化问题的一系列措施，是一种通过横向与纵向协调的思想与行动以实现预期收益的政府治理模式。从文献资料看，尽管学者们从不同视角对整体性治理进行了论证，但从目前的研究成果看，整体性治理框架包括：

（一）整体性治理的治理理念：强调公共需求和公共利益导向

整体性治理的中心目标就是"对政府的各项职能进行功能性整合，以便有效处理公众最关心的一些问题"①。"公共利益"作为公众最关注的需求，是整体性治理所强调的政府一切活动的逻辑起点。基于整体性治理的政府部门，要转变以往仅追求绩效和行政效率的政府职能，将解决民生问题作为其治理的核心，发挥政府有效的公共服务功能，为公众提供完善的公共服务，满足公众需求、实现公共利益。这种以公众需求为政府运作导向的全新理念，真正从"以人为本"理念出发，将公众的利益需求置于政府行政职能的首要位置。同时为实现政府的行政管理，强调管理的结果导向和公共导向，还要妥善处理好公众的利益诉求和政府的服务职能间的关系，使政府在其管理与服务的过程中取得更大成效。

（二）整体性治理的组织结构：跨界组织设计即整体政府

整体性治理立足政府间和政府部门间的整体性运作，形成一种纵向层级结构联动、横向功能结构整合及纵横网络式协调发展的组织结构。整体性治理的组织结构强调对政府内部"碎片化"制度诟病的改善和治理，在不取消部门专业化分工的前提下，使政府各部门间和不同层级政府间能够协调统一，实行跨部门合作。同时，整体性治理的组织结构以结果和目标为基础进行组织设计，既要克服传统各自为政、视野狭隘的弊端，提高政府部门应对复杂问题的执政能力和解决能力，又要发挥政府引导、调控的纽带联系作用，整合政府与市场、社会的优势资源，构建一种运转通畅、协调合理的跨界治理组织结构。

（三）整体性治理的运行机制：强调责任、信任以及协调、整合的重要性

相比于制度和体制的硬性基础，运行机制是治理过程中的软性条件，其运行涉及决策、执行和监督保障等多方面的内容。整体性治理运作机制的核心就是要解决民生问题，通过构建多元主体间的沟通对话机制、利益协调机制、信息共享机制和问题磋商机制等来实现整体性的治理运行机制。整体性治理理论最大特色在于以部门间相互信任与自觉承担责任为前提，将协调与整合的改革理念渗透到行政过程中，打破以往政府间及部门间的分立状态。整体性治理着力于政府间和政府部门间的功能性整合，及政府和部门机构间

---

① 竺乾威：《公共行政理论》，复旦大学出版社 2008 年版，第 472 页。

合作时的利益协调，试图通过内部合作，外部协调的整体性运作方式，有机整合政府纵向层级结构和横向部门结构，以淡化部门界限的限制，改变一直以来新公共管理影响下的碎片化及部门化的现状。

（四）整体性治理的服务方式："一站式"服务供给

不同于传统组织结构的"分割式"公共服务供给流程，整体性治理追求的是"一站式"的服务供给。[①] 整体性治理视角下政府组织结构的整合运作是以公众需求为目标，形成一种每个环节协调一致的一体化运转流程，公众可以通过"一站式"的服务窗口对其所需解决的问题向政府部门间提出服务诉求。整体性治理运用协调和整合的方法，通过横向和纵向的协调消除不同领域的政策冲突，整合所涉领域的相关利益主体，借助先进的信息技术为公众提供无缝隙而非分离的公共服务。政府部门间通过网络进行信息传递、共享和协同办公，为公众提供"一站式"的便捷服务，既有利于打破部门界限，实现信息共享、资源互换的目标，也能够避免传统行政所导致的腐败和不作为，实现政务透明化。整体性治理侧重于利用先进的数字网络技术，化零为整，汇散成合，运用"联合的知识和信息策略，增进公共服务中各供给主体间持续地进行知识和信息的交换与共享，形成协同的工作方式"[②]，向社会公众提供"一站式"无缝隙的服务。

总之，政府的整体性治理框架应该是一个复合体系[③]，既有制度化的法律法规构建和非制度化文化、价值形成，也包括组织结构的跨界联合和运行机制的整合协调，由此得出整体性治理的分析框架（如下图5-1）。

二、影响海区倾废跨界管理合作机制的动力性因素

法律和政策为区域内政府合作提供了可能的外部环境，而利益诱导则使得海区内政府合作获得持续的合作动力。从动力机理方面考虑，促进海区区域内政府合作的动力性因素（力量）可从共同利益诉求、相互信任和共同责任及相互认同的管理手段等方面进行分析。

---

① 胡佳：《迈向整体性治理：政府改革的整体性策略及在中国的适用性》，《南京社会科学》2010年第5期。

② 张立荣等：《当代西方"整体政府"公共服务模式及其借鉴》，《中国行政管理》2008年第7期。

③ 胡佳：《跨行政区环境治理中的地方政府协作研究》，复旦大学2010年。

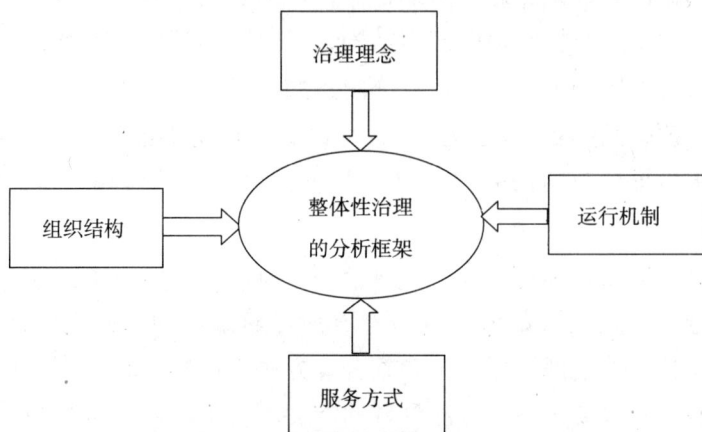

图 5-1：整体性治理的分析框架

1. 共同利益诉求引发的推力作用

海区内地方政府合作的推力是一种内生动力，它从两个方面对海洋区域内地方政府合作产生共同利益诉求的推动：一是对行政区内利益的追求。地方政府间在决策是否进行区域合作时，首要考虑的是能否为本区域带来相应的经济和社会利益。改革开放以后，中央政府开始向地方分权，作为地区宏观利益的代表和相对独立的利益主体，各方政府在对利益最大化追求的相互博弈中达成合作协议。当合作产生更大利益效果时，便促进了地方政府实行更为积极的合作策略。二是地方政府官员的升迁利益诉求。在我国单一的行政体制内，地方政府官员的升迁在很大程度上取决于中央政府或上级政府①，地方政府官员的关系也在一定程度上决定了地方政府间的合作水平。基于利益的吸引和对升迁的诉求，通过相互合作既能加快实现官员所在地区经济社会发展的目标，又能贯彻中央或上级政府的指示。因此，各级政府官员出于自己政治生涯的考虑，必然会积极寻求地方政府间的合作。

2. 地方政府内部需求催生的压力推动作用

这方面主要是指政府内部发展的需求，使得政府产生合作的使命感、责任感和紧迫感，从而形成促进地方政府合作的压力。一是构建服务型政府和

---

① 龙朝双、王小曾：《我国地方政府间合作动力机制研究》，《中国行政管理》2007 年第 6 期。

绩效政府的需求。当前我国正在倡导服务型政府的构建，在这一背景下，各地方政府一方面要遵循中央政府的发展战略要求，另一方面也要努力提升自己的服务意识和服务能力。区域活动的日益发展，使得许多公共服务项目都存在着跨行政区的性质，如公路建设、流域管理、海区治理等，而通过区域内政府间的合作可以提高这些项目的服务效率和效果。同时，在全社会要求构建高绩效政府的呼声和背景下，加强地方政府合作是寻求减低行政成本、提高行政效率的发展路径最为理性的选择。① 二是摆脱地方政府财政困境的选择。现行的财税政策和分配体制使得大部分的财政税收流入中央政府，而地方政府财政收入在增长较慢的同时，还承担着地方发展和区域发展的双重压力，加上传统计划经济体制遗留的弊端，地方政府的财政困境更是凸显。这就迫切需要区域内各地方政府积极加强合作，实现合作的资源互补、协调发展、互利共赢。

3. 来自外部环境引力的推动作用

外部环境的变迁和推动对海区区域内政府的合作起到一种潜在的推动作用。主要表现为：一是适应经济全球化、区域一体化和市场经济的必然要求。为了顺应这一时代趋势，各级地方政府会不断加强同其他地方政府的合作，促进各区域内的经济增长；二是中央政府政策导向的变迁。长期以来，我国中央政府对地方政府的合作一直给予积极肯定和多方政策支持，无论是从十一届三中全会鼓励经济联合体发展，还是十六届三中全会提出的"五个统筹"明确强调区域协调和共同发展，到现在十八大指出的继续实施区域发展总体战略，加快完善区域协调发展机制，推进区域经济发展。中央的这些政策无疑更进一步推动了地方政府间合作，并在无形中让区域政府间的合作变得比较"理所当然"；三是企业和公共事业组织跨行政区合作的快速成长，使得区域间的要素流动愈加通畅和密切，在此过程中，打破区域壁垒限制的呼吁将会推动各地方政府间为加强区域合作而做出不懈的努力。

三、海区倾废管理跨界合作的困境

由于我国海洋功能区划和海洋行政区域的不相耦合，海洋的整体性、流

---

① 龙朝双、王小曾：《我国地方政府间合作动力机制研究》，《中国行政管理》2007 年第 6 期。

动性和外部性特点表现出来的与陆域治理的手段、方法不相一致以及海洋倾废管理与执法主体分散且管理目标不相协调等诸多原因，形成了我国海洋倾废管理跨界合作的种种困境，诸如治理各方的文化不相容；共同责任感缺失；组织结构互不认同；缺乏共同的决策和预算；执行与监督及评估机制不健全；信息系统不统一完整等。

（一）组织文化互不相容、组织结构互不认同

目前，我国海区倾废管理中重经济发展轻环境保护的"急功近利"思想在某些领导者、管理者思想意识中根深蒂固，中央政府与地方各级政府间及地方各级政府间彼此组织文化认同度低；同时由于地方海区倾废执法部门双重体制下形成的双重身份，导致了地方和中央在倾废管理工作中各自为政，彼此相互脱节，信息沟通不畅，配合协作不力。尤其是"地方利益主义"和"地方行政垄断"导致海区与地方各级政府倾废管理目标不一致，组织文化互不相容，彼此信任度低，组织结构互不认同，从而导致其共同责任感的缺失。管理各方只考虑自身的利益，而不考虑海洋环境的整体利益，不能进行有效的沟通与协作，进而造成海洋倾废管理运行机制效能低下或无效。

（二）共同规制难以达成一致、缺乏共同的决策和预算

当前，我国海洋倾废管理缺乏倾废物倾倒总量控制的宏观规划和统一的法律规制标准，各海区倾废管理缺乏管理各方共同的决策与预算，导致倾废管理费用的支出上因重复建设而浪费严重。重点海域的倾废整治盲目、无序，许多海洋倾废管理措施无法落到实处。同时，由于缺乏具体可操作性的海洋倾废法规及技术标准，在海洋倾废管理上依据不足，监测和评估规范化不强，难以建立实施有效的海洋倾废监管、监测和评价体系。[①]

（三）内部运行机制不健全

各海区倾废管理缺乏综合协调和联合执法的机制和手段，如信息沟通机制、数据库联网机制、对话协商机制、市场调节机制、评估与监督机制、利益分享与补偿机制等都不甚健全，致使许多跨行政区域、跨行政部门的海洋倾废管理问题难以整合协同地有效解决。在海洋倾废管理中，区域利益、地

---

① 郝艳萍、杨凤丽：《中国海洋环境管理现状与对策》，《海洋开发与管理》2008 年第 7 期。

方利益和部门利益仍无法有效协调均衡，部门利益化和利益部门化现象严重。在海洋倾废管理中还不能充分发挥行政管理、经济制裁、市场化调节和伦理道德约束的多种手段并用的举措，社会组织和公众参与管理的实质性话语权不足，基层政府自主管理的积极性和作用尚未凸显，海洋倾废管理中的矛盾和冲突未能有效解决。

（四）信息系统不统一完整

海洋倾废管理中信息系统的不统一、不完整，造成部门间信息不对称。主要表现在涉海的中央与地方政府之间、各政府部门之间、政府与企业之间、政府与公众之间在海洋倾废管理中的信息不对称。同时由于没有建立一个很好的海洋倾废管理的信息平台和信息沟通机制，管理各方不能很好地利用当今的网络科技资源，造成信息不足或信息渠道不畅，信息资源不能共享，从而对科学决策产生不利影响，进而对管理各方利益带来损害。

笔者多年来从事海洋倾废管理研究，获取该方面的信息资料主要来自国家海洋局和各海区分局的海洋环境质量公报（2008 年之前有过海洋倾废管理公报），有关地方政府部门该方面的信息资料少之又少。地方政府对海区倾废管理涉及较多的是倾废污染海域后的案件受理和处罚。海区分局往往由于信息来源不足或不及时而不能及时有效地处理案件，尤其有时由于信息不对称而造成一个案件多方处理，造成人力、物力和财力的极大浪费。

四、建立海区倾废执法跨界合作机制

海洋倾废管理过程中一个核心内容就是海洋倾废执法。因此，海区倾废跨界合作的核心内容应该是建立海区倾废执法跨界合作机制。目前，我国传统的各海区执法工作的组织机构是国家海监总队与各海区地方海监总队。

（一）海区倾废执法合作机构设置

目前，中国各海区海监执法组织机构设置情况如下：

东海区海监执法工作机构由东海分队、江苏省、浙江省、福建省和上海市总队五个成员单位组成；北海区海监执法工作机构由北海分队、山东省、辽宁省、河北省和北京市、天津市六个成员单位组成；南海区海监执法工作机构由南海分队、广东省、海南省、广西壮族自治区四个成员单位组成。工作机构领导小组设组长 1 人，副组长 1—5 人，成员 5 人左右。

　　工作机构的主要职责是贯彻实施上级关于海监执法工作的方针、政策，评价标准和制度；制定海区执法工作计划，部署有关具体工作；组织开展联合、专项执法行动；组织开展重大、疑难案件查处工作；协调解决海监执法工作中出现的具体问题。

　　（二）海区倾废合作执法工作内容

　　1. 建立协调会议制度。工作机构建立定期和不定期协调会议制度。定期协调会议：每年年初和年底以"海区总队长办公会议"的形式各召开一次，通报、交流海监工作开展情况，部署重点工作任务，研究解决有关具体问题。不定期协调会议：由协调机制领导小组视情况不定期组织召开，对重大、复杂问题，重大专项执法行动及有关事项进行协调、研究。

　　2. 建立执法信息通报制度。建立月工作情况通报制度。每个月的月底，海区总队和各省（市）总队将本月执法检查开展情况以及下月执法活动安排等，以书面形式通报各有关单位。建立重大案件查处情况通报制度。海区总队已经立案查处的重大海洋违法案件，由海区总队负责向有关省（市）总队通报；各省（市）总队立案查处的案件，由各省（市）总队向海区总队通报。通报的内容为：基本案情，案件处理进展情况，处理结果等。

　　3. 建立执法统计情况通报制度。根据中国海监总队《关于印发海洋监督检查和行政处罚统计报表制度（修订）的通知》（海监信字［2004］39号）要求，各省（市）总队在将统计报表和统计综合分析报告上报中国海监总队的同时，分别抄送海区总队。

　　4. 建立重要执法信息实时通报制度。执法检查中发现的重要情况、有关违法行为举报等重要执法信息，海区总队和各省（市）总队之间应相互及时通报。

　　5. 建立执法检查及案件查处协调工作制度。一是日常执法检查。海区总队对海区范围内国家审批管理的项目，或者应当由国家审批管理的项目实施日常检查，并对各省（市）总队日常监督工作实施指导、监督；各省（市）总队按照现行海洋法律法规的规定、国家海洋局的委托和地方人民政府赋予的职责，分别在各自辖区内开展执法检查。对于在检查中发现的违法行为，一般应适用级别管辖。特殊情况下，可适用"谁发现，谁查处"原则，但立案查处的海监机构应当负责向相关单位通报有关情况。二是联合执法检查。在涉及典型、重大案件的查处，或开展联合、专项执法行动时，可采取联合执法的形式。联合执法行动方案由主办单位在征得各有关单位同意后实施。

6. 建立协商立案和案件处理制度。一是协商立案。对于两家或以上海监机构介入调查的海洋违法案件，首先应按照级别管辖原则确定立案机关。其他情形，则应本着有利于案件查处的原则，由有关单位协商确定立案机关。协商不成的，可报请协调机制领导小组确定。二是案件处理。在处理罚款金额超过 50 万元，或案情复杂的重大海洋违法案件时，海区总队和相关省（市）总队应相互通报有关情况，参与会审和听证等工作，共同研究处理意见，确保案件得到公平、公正处理。

总之，建立各海区海监执法合作机制，是有效避免多头、重复执法，充分整合国家和地方海监力量，实现优势互补、提高海监执法效能的必要途径。

（三）海区倾废执法跨界合作机制存在的问题

1. 以系统内的纵向合作为主，缺乏系统外的横向合作和纵横向合作并用机制

政府合作管理模式主要有三种类型：即纵向合作、横向合作、纵向与横向并用合作。所谓纵向合作，亦称之为垂直式合作，是指依靠政府间的等级化从属关系，在行政行为中形成以等级化为纽带的良好的协作关系。其典型特征是依靠权力的等级序列，建立在命令与服从基础上的一种上下级合作关系。纵向合作是典型的科层制合作，它的优势在于其权威性，能迅速有效地组织调动执法力量，但纵向合作最大的困难还在于它没有为横向平级部门之间的合作提供有效的合作途径，阻碍了横向部门的有效沟通。所谓横向合作，亦称水平式合作，是指没有上下隶属关系的地方政府或其部门之间在水平方向上的合作，其典型特征是平等性、公共性、共赢性和复合性。纵向与横向并用则是综合了纵向合作与横向合作，它一方面保障了困难事件的合作力度，另一方面又调动了地方政府的积极性。当然，第三种合作模式也有其局限性，它在明确责任方面存在不足。[1]

---

[1] 王刚、王琪：《我国海洋环境应急管理的政府协调机制探析》，《云南行政学院学报》2009 年第2 期。

从以上对我国海上执法队伍的分别论述中可以看出，现行的海上执法体制是随着我国管辖海域的扩大和海洋功能的利用，部门（行业）管理职能由陆地及海域的自然延伸的结果，注重行政区划和各自部门（行业）的需要，却忽略了海洋的流动性、整体性、相互依存性和整体协同性等特点。这样的执法体制势必导致海洋区域管理一系列问题的产生。

2. 海洋执法主体统一，但主体资格不明确，执法权限不明

这一问题是我国海洋倾废执法体制中最严重也是最突出的问题。我国海洋倾废执法中的很多消极因素都是由此引起的。2013年3月我国公布了新一轮体制改革方案，其中最引人瞩目的改革是对国家海洋局进行了重组，将中国海监、中国渔政、中国海上公安巡警和中国海关缉私队伍四支执法队伍整合统一，成立中国海警局，归国家海洋局领导，公安部对其进行业务指导，执行海上执法维权的职能；建立国家海洋委员会，由国家海洋局行使其合作的职能。虽然国家有了海上统一的执法队伍，结束了长期以来多头执法的格局，但这支队伍目前由于人员编制归属尚不明确，执法的主体资格尚未确定，怎样执法运行也尚未细化；同时，国家海事局执法部门是否独立进行执法还未有明确的说法，因此，海上执法队伍仍然存在两支力量，利益博弈，仍然会出现权责不明，执法空置的现象。

3. 地方各级政府对海洋倾废执法的干预

目前我国海上的功能区划正在进行，但是迄今为止，沿海省、自治区和直辖市的行政区划向海一侧的界线大多没有划定。根据我国现行的法规，海域一直是由国家统一管理。随着我国沿海经济的快速发展，沿海特有的环境条件和便利的进出口口岸，已经成为众多投资者的首选之地。海洋产业产值占国民生产总值的10%—65%。受经济利益的驱使，沿海地方政府越来越关注海洋，相继成立了海洋管理机构。①

此外我国海岸线绵长，海洋管理队伍薄弱，管理力量分散，随着中国市场经济的发展与纵向权力结构的逐渐调整，地方政府自主性不断增强。但是，由于相关制度供给不足，地方政府间横向联系也出现了种种问题。中央和地方两级海监总队在查处违法用海案件的过程中，尤其是对一些重大用海

---

① 王志远、蒋铁民：《勃黄海区域海洋管理》，海洋出版社2003年版，第30—31页。

项目的查处，或多或少地遇到地方保护主义的干扰。这种干扰来自方方面面，最主要的是来自一些政府部门的阻挠、说情或为违法者开绿灯。这种干扰最大的影响是使省级以下海监执法工作难以深入，许多重大违法案件得不到应有的处理。

美国经济学家曼库尔·奥尔森在《集体行动的逻辑》中指出：除非一个集团中人数很少，或者除非存在强制或其他特殊手段以使个人按照他们的共同利益行事，有理性的、寻求自我利益的个人不会采取行动以实现他们的共同或集体利益。① 所以当地方政府的自主性不断增强，各地方政府作为独立的实体，必然追求本地区利益的最大化，导致其不从海洋管理的大局出发，不重视管理部门间的合作配合，过分强调本部门、本行业的权力及利益。

4. 海洋区域管理缺乏统筹安排，执法成本高昂，效率低下

区域海洋执法是一项综合性、全局性的工作。但以往我国各海上执法部门互不隶属，各执其法，使原本为一个有机整体的海洋被分割成一个个孤立的部分，人为地造成诸多矛盾和冲突。如在北部湾护渔问题上，渔政部门虽负有护渔职能，但因未配备使用武器警械，缺乏执法威慑力和强制性，一旦出现突发事件难以处置。而公安海警部队虽然拥有警察职权，并装备有各类警械武器，具备护渔的条件和优势，却因职权所限，只能在护渔活动中处于配角协助地位，角色尴尬，导致国家海洋权益和国家尊严难以得到有效的维护。

事实上，每个部门一方面都在呼吁加大投资解决人员、装备不足的问题；另一方面又存在人员、装备闲置的现象，体制性"内耗"严重。因此，在装备设施分散管理，各成体系、各自使用、无法统一调配的情况下，必然造成在亟须解决问题的时候，没有办法快速有效地完成任务。

（四）建构海区倾废跨界执法合作机制的思路与对策

当海洋管理逐渐转向区域海岸带综合管理或较小面积的海洋区域管理的这种趋势的时候，当海洋区域管理日益成为海洋管理的焦点的时候，我们也

---

① ［美］曼库尔·奥尔森：《集体行动的逻辑》，陈郁等译，上海三联书店1996年版。

必须看到我国海洋区域管理在执法合作机制建设中的不完善之处。[1] 我们更应该借鉴国外在海洋区域执法合作机制建设中的成功经验。

1. 借鉴美国的"州际协定"，建立以"行政协议"为基础的海洋区域执法合作机制

在美国，州际协定是两个或更多的州为了解决跨越州边界的争端或者更好的合作而签订的法律协定。由于美国宪法的充分保障以及本身具有的合同性质，所以州际协定的效力是优先于成员州之前颁布的法规，甚至也优先于之后新制定的法规。当两个或者更多的州通过立法的形式来创造和解释一个协定的时候，州际协定就产生了效力。但是，州际协定同时也是参与州之间的合同，所以它与州的其他一般法规是不同的。就像一般民事合同对个人或公司的效力一样，具有合同性质的州际协定对成员州同样具有约束力。一旦参加了州际协定，各州就不能随意地单方面修改或者撤销该协定，这是因为，州际协定对成员州的所有公民都具有约束力。州际协定是实现州际合作和解决州际争端的最为重要的区域法治合作机制。在我国区域法治合作模式中，行政协议即对等性行政契约，是最重要的机制之一。然而，从我们现有的文献资料上来看，有关行政协议的制度建设和理论研究，在大陆法系国家和我国都非常贫乏，基本上都只是一笔带过。相反，美国的州际协定，经过几百年的发展，已经形成了比较完善的制度，它们虽然与我们概念中的行政协议并非完全一致，但无疑具有借鉴之处。实际上，在美国的联邦体制下，各州之间有很多合作形式。既有非正式的合作形式，比如自愿的联合会（voluntary association）的成立、相似法律（similar law）的有选择颁布及示范法（model law）的出台，也有正式的合作形式，包括州际协定（interstate compact）、行政协定（administrative agreement）和有关州际冲突的司法裁决在内的不同形式的正式法律行为的做出。但是，从美国的法律史来看，同时具有州法和合同性质的州际协定是最重要的合作形式。[2] 我国的行政管理模式是实行行政区划为单位进行分地域管理的。然而海域和陆域的特性相差很

---

① http://www.mianfeilunwen.com 免费论文网，《州际协定——美国的区域法治协调机制》，2009年9月28日浏览。

② http://www.mianfeilunwen.com 免费论文网，《州际协定——美国的区域法治协调机制》，2009年9月28日浏览。

大，海洋的特性是合作问题产生的根本原因。海洋与陆地最大的差别，一是其无尽的流动性；二是空间复合程度高；三是难以准确地划定边界或加以分割。海洋环境的流动性特点，使其在开发过程中更易产生连带影响；海洋环境的多层次复合性特点，导致海洋开发利用的多行业的立体化开发；而海洋难以分割和难以划界的特点，又使海洋开发利用活动过程增添了更多的纠纷和矛盾。海洋的这些特性，使海洋管理具有跨地区、跨行业、跨部门，涉及多产业、多学科、多领域的大系统特征，如果缺少一种强有力的制约监督和合作力量，必将导致海洋开发的无序状态。① 为此，建立海域周边省、市、自治区的行政协议制度，以行政协议的法律形式来规范各行政单位的海洋执法活动，促进各行政单位间的合作关系。

2. 建立区域海上综合执法合作机制——整体政府治理模式

海上综合执法合作机制是海洋行政执法管理发展的需要，也是时代的趋势。区域性综合执法对于区域性海洋管理具有更重要的作用和意义，其主要方式有合作性行政许可、联合检查、部门监督等方面。②

为了强调在区域性海洋资源管理中行政许可的合作性，地方政府和行业主管部门按照其所执行的有关法律、法规及其职能、职责，在中央政府的统一合作下，充分考虑本区域海洋资源、环境特点做出行政许可。合作性行政许可对于维护海洋资源的统筹合作管理、可持续开发利用和保护海洋环境和资源十分必要，可以在多学科、跨行业论证的基础上，经过管理部门间充分合作，共同提出和解决问题，在达成管理共识和统一意志的情况下做出，使海洋资源开发利用统筹合作开展，达到环境、资源、经济和社会效益的最大化。

联合检查也称联合执法，是部门执法向综合执法的过渡，是当前海洋综合执法的主要手段之一。海洋资源管理的联合检查就是在统一计划下，合作组织海洋资源管理各部门，共同对海洋资源开发利用规划的执行情况、海洋资源开发利用现状以及海洋资源开发利用活动中出现的矛盾和问题进行检查，并进行合作处理。

① 王琪、刘芳：《我国海洋管理中的协调机制探析》，《海洋开发与管理》2007年第12期。
② 王志远、蒋铁民：《渤黄海区域海洋管理》，海洋出版社2003年版，第90—92页。

　　部门间监督是海洋综合执法在海洋行政管理中所反映出的特有的监督管理机制，是在海洋资源合作管理过程中形成的并以制度确定下来的部门间监督制度，有利于在海洋资源管理中的统筹合作，有利于部门间管理行为的制约，有利于克服和解决行业部门间利益的矛盾。

　　根据《中华人民共和国海洋环境保护法》第5条关于海洋环境保护的主管机关的规定是：国务院环境保护行政主管部门作为对全国环境保护工作统一监督管理的部门，对全国海洋环境保护工作实施指导、合作和监督，并负责全国防治陆源污染物和海岸工程建设项目对海洋污染损害的环境保护工作。

　　国家海洋行政主管部门负责海洋环境的监督管理，组织海洋环境的调查、监测、监视、评价和科学研究，负责全国防治海洋工程建设项目和海洋倾倒废弃物对海洋污染损害的环境保护工作。

　　国家海事行政主管部门负责所辖港区水域内非军事船舶和港区水域外非渔业、非军事船舶污染海洋环境的监督管理，并负责污染事故的调查处理；对在中华人民共和国管辖海域航行、停泊和作业的外国籍船舶造成的污染事故登轮检查处理。船舶污染事故给渔业造成损害的，应当吸收渔业行政主管部门参与调查处理。

　　国家渔业行政主管部门负责渔港水域内非军事船舶和渔港水域外渔业船舶污染海洋环境的监督管理，负责保护渔业水域生态环境工作，并调查处理前款规定的污染事故以外的渔业污染事故。

　　军队环境保护部门负责军事船舶污染海洋环境的监督管理及污染事故的调查处理。

　　沿海县级以上地方人民政府行使海洋环境监督管理权的部门的职责，由省、自治区、直辖市人民政府根据本法及国务院有关规定确定。①

　　基于以上论述，我国海洋区域执法合作机制构建模式图也就呼之欲出了。下图5-2是我国海洋区域执法跨界合作机制模式图。它回答了在某个确定的海洋区域内应该如何进行海洋区域执法管理。海洋区域合作委员会作

---

　　① 《中华人民共和国环境保护法》第5条。王琪等：《海洋管理：从理念到制度》，海洋出版社2007年版，第119页。

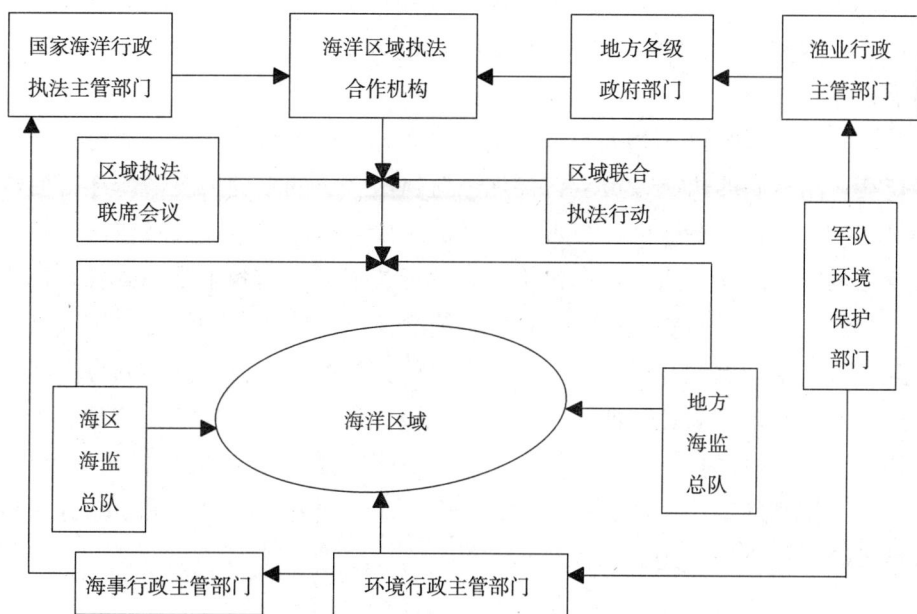

图 5-2：海洋区域执法合作机制模式图

为海洋区域执法的整体政府组织，在海洋区域执法中起着核心的作用。区域执法联席会议将区域的海上执法力量统一纳入海区管理。海洋行政、海事行政、渔业行政、环保部门、军队环保部门以及海区的海监总队和地方海监总队都参与到海洋区域执法管理中，形成强大的海洋区域执法统一力量。保证了海洋区域环境综合整治的良好效果。

3. 构筑区域海洋人力资源培养体系，加强执法队伍建设

目前，我国区域海洋执法队伍存在的主要问题是：一是执法人员来源渠道广，成分复杂。我国海上各执法队伍大多是近 20 年来发展起来的，执法人员来源缺乏一个统一的标准，执法人员的素质难以保证。二是执法人员编制不统一，管理混乱。我国海上执法人员绝大部分属国家编制，归执法部门统一管理，但还有相当一部分人员没有纳入行政或事业编制，人员分类管理较为混乱。三是执法人员文化素质偏低。我国海上执法人员整体文化素质较低，执法水平也较低。四是执法目标不明确。部分执法人员执法过程中官僚主义严重，高高在上，执法武断，严重损害了我国执法队伍的整体形象。

　　为此，我国目前亟须构建一支强大的海上综合执法队伍，注重加强执法人员的教育培训和开发工作，切实提高执法人员的综合素质。具体做法如下：

　　一要加强海上执法相关教育机构的建设，以便能够培养出具有专业知识和技能、高素质的执法人员。二要加大对执法人员的培训力度，海洋行政执法是一项政策性、专业性、技术性很强的工作，执法人员要具备较高的技术和业务素质。为此，执法培训机构要开展形式多样、内容丰富的教育培训工作，组织执法理论与实践研讨、案例分析交流、准军事化训练等，定期对执法人员进行培训测试和检查。三要严把执法人员的入口关，在纳新方面要建立正规的人员来源渠道，严格按标准进人，做到宁缺毋滥，禁止非从业人员直接上岗参加海洋执法活动。除了海上执法相关教育机构的合格毕业生外，在社会上招聘的人员必须具备大学以上学历，经过相关考试和测试，经过专业培训合格后方可录用。①

---

　　① 此章节引自吕建华《论我国海洋区域执法协调机制构建》，《中国海洋大学学报》（社会科学版），2011年第5期。

第六章　中国海洋倾废管理法现状及其完善

　　中国的海洋倾废管理工作是与海洋环境保护工作相伴而生、同步发展的。从 1973 年 8 月召开的全国第一次环境保护会议开始，1974 年 1 月国家颁布了《防止沿海水域污染暂行规定》，1982 年我国通过了第一部保护海洋环境的单行法律《中华人民共和国海洋环境保护法》，1983 年制定了《中华人民共和国海洋石油勘探开发环境保护管理条例》，1985 年 3 月 6 日国务院发布了《中华人民共和国海洋倾废管理条例》，1990 年 9 月 25 日国家海洋局发布了《中华人民共和国海洋倾废管理条例实施办法》，2003 年国家海洋局又发布了《中华人民共和国倾倒区管理暂行规定》。后三部法规规章是我国海洋倾废管理的重要法规依据。

第一节　中国海洋倾废管理法的发展历程

一、海洋倾废管理步入法制化轨道

　　1983 年，中国海洋环境保护史上发生了两件大事：一是党和国家把环境保护定为基本国策；二是《中华人民共和国海洋环境保护法》颁布实施。它们是我国海洋倾废管理和监测工作的基石。继《海洋环境保护法》实施以后，1985 年 4 月 1 日国务院颁布了《中华人民共和国海洋倾废管理条例》（以下简称《条例》），同年人大常委会又批准加入《1972 伦敦公约》（以下简称《公约》）。根据《条例》和《公约》的有关规定，将拟向海洋倾倒的废弃物，按其有害物质的含量、毒性及其对海洋环境产生的影响分为三类：一类废弃物禁止向海上倾倒；二类废弃物需事先获得特别许可证，按要求采取特别注意的措施，在指定的区域内进行倾废；三类废弃物需事先获得普通许可证，即可到指定区域进行倾废。

　　《条例》实施以来，国家海洋局倾废管理部门和科研机构进行了大量调查研究和管理工作。1985年开始对我国海洋倾废的历史和现状进行了调查，摸清了家底；同年有关部门对全国50多个海洋倾倒区进行论证，按要求采取特别注意的措施，在指定的区域进行全国普查核实；1986年年初，根据倾废需要的急缓程度，选划出首批三类废弃物倾倒区和海上空中放油区，1986年11月2日，国务院正式批准并由国家海洋局正式对外发布。根据沿海经济发展的需求，越来越多的废弃物需要处理，国家海洋局于1987年又选划了第二批三类废弃物倾倒区，1987年11月27日国务院正式批准之后，倾倒区的选划进入正常工作阶段。至1992年，国务院批准了38个倾倒区，除此之外，还有20多个临时倾倒区在使用。1992年为贯彻实施《条例》，国家海洋局制定了《海洋倾废实施细则》。至此，中国海洋倾废管理和监测活动步入了法制化轨道。

二、海洋倾废管理法梳理

（一）《中华人民共和国海洋环境保护法》

　　《中华人民共和国海洋环境保护法》于1982年8月23日第五届全国人大常委会第24次会议通过，全国人大常委会令第9号公布，1983年3月1日起施行。该法第6章为"防止倾倒废弃物对海洋环境的污染损害"，对海洋倾废行为和管理作了法律上的规定。1999年12月25日第九届全国人大常委会第13次会议通过了修订后的《中华人民共和国海洋环境保护法》，同日中华人民共和国主席令第26号公布，2000年4月1日起施行。修订后的《中华人民共和国海洋环境保护法》将"防止倾倒废弃物对海洋环境的污染损害"调整为第7章，并明确要求国家海洋行政主管部门制定海洋倾倒废弃物评价程序和标准，拟定可以向海洋倾废的废弃物名录，在管理上按照废弃物的类别和数量实行分级管理，将设置临时性海洋倾倒区第一次在法律中明确。

（二）《中华人民共和国海洋倾废管理条例》

《中华人民共和国海洋倾废管理条例》于 1985 年 3 月 6 日国务院发布，1985 年 4 月 1 日起施行。该《条例》明确规定了倾废管理程序上的一系列问题和相关的法律制度。这是我国海洋倾废管理的重要法规依据。

（三）《中华人民共和国海洋倾废管理条例实施办法》

《中华人民共和国海洋倾废管理条例实施办法》（以下简称《办法》）1990 年 9 月 25 日国家海洋局公布。该《办法》对倾倒区的选划种类、许可种类，倾倒废弃物的分类与名称等做了具体细致的规定。该《办法》与《条例》相配套，是我国海洋倾废管理的重要规章。

（四）《中华人民共和国倾倒区管理暂行规定》

《中华人民共和国倾倒区管理暂行规定》（以下简称《规定》）于 2003 年国家海洋局颁布。该《规定》详细规定了倾倒区选划的程序及法律上一些用语的解释等，目前是我国针对海洋倾倒区管理实践的重要法规依据。

（五）加入《1972 伦敦公约》并履行义务。

中国于 1985 年 11 月 14 日经全国人大常务委员会会议批准，正式加入了《1972 伦敦公约》，同年 12 月 14 日，公约对我国生效。作为《1972 伦敦公约》的缔约国，中国政府积极参加《公约》的相关活动并履行缔约国的义务。

主要表现有如下几个方面：

1. 中国政府自 1985 年加入《1972 伦敦公约》后，积极参加《公约》缔约国协商会议和科学组会议的各项活动，并积极参加对《公约》的修改，为 1996 年 11 月 8 日通过的《1972 伦敦公约/1996 议定书》发挥了积极的作用。

2. 1989 年 9 月 11—16 日，我国政府与国际海事组织等在上海成功地举办了一期海洋倾废管理培训班，来自交通、能源、水产、环保、海军和海洋等部门的 70 多名学员接受了培训。培训内容包括海洋污染源及海洋环境质量状况、废弃物管理策略、海洋倾废立法与管理、海洋倾倒区选划和检测评价技术、废弃物处置方式选择等。

3. 1993 年 11 月 8—9 日，《1972 伦敦公约》缔约国第 16 次协商会议通过了关于修改《公约》附件的三项决议：第一项决议禁止一切放射性物质在海上处理；第二项决议规定到 1995 年 12 月 31 日前逐步停止工业废弃物在海上倾倒，并规定了禁止倾废的工业废弃物的范围；第三项决议规定禁止工业废弃物和阴沟污泥在海上焚烧，任何其他废弃物在海上焚烧需获得政府部门颁发的特别许可证。经国务院批准，中国政府接受了上述三项决议。①

4. 1991 年，《1972 伦敦公约》的缔约国开始启动"全球废弃物调查"计划，目的是在全球范围内特别是在发展中国家调查实施禁止向海洋倾废工业废弃物计划的可行性，并制订计划帮助缔约国以有效、低成本的方式为计划的实施提供技术上的支持。中国政府于当年积极加入并配合该计划的特别指导委员会（联合国环境计划和世界卫生组织参加）进行调查。②

第二节　中国海洋倾废管理法存在的不足

一、《海洋倾废管理条例》使用年限过久

《海洋倾废管理条例》在我国于 1985 年生效以来，使用已近 30 年，一直没有进行修订。长期以来，海洋行政主管部门仅依据《海洋环境保护法》和《条例》及其《办法》实施管理，对倾废管理的工作实效和工作规范影响较大。然而，法律产生的时代背景已发生很大的变化。许多条款已时过境迁，与实际不相适应，因此亟须加以修订。

目前，修订《条例》国家立法部门已正式提到议事日程上，作为长期从事海洋倾废管理研究的学者，提出几点个人的意见和建议，期望对修订起到参考作用。

（一）将精细化管理理念应用到立法修订中

所谓精细化管理是一种管理理念和管理技术，是通过规则的系统化和精细化，运用程序化、标准化、数据化和信息化的手段，使组织管理各单元精确、高效、协同和持续运行。精细化管理起源于泰勒的科学管理理论，是一

---

① 杨文鹤：《伦敦公约二十五年》，海洋出版社 1998 年版。
② S.A.罗斯编：《全球废弃物调查》，孙克成等译，海洋出版社 2001 年版。

种与粗放式管理理念相对应的一门应用性管理技术。它强调综合地提高工作效率、降低浪费、保证产品和服务的品质，使管理系统能够处于最佳运行状态，以达到投入小产出大的目的。

近年来，我国政府在制定政策上存在缺乏技术支持、规划缺乏系统性与前瞻性、政策碎片化趋势、政策配套措施不到位，造成严肃的政策制度与疲软的落实之间的矛盾。为此，在重视海洋倾废管理效率的同时，必须细化政策法律制度，保证精细化管理落到实处。因此，《条例》修订应对倾废的每一个环节和对应的管理流程都要具体细化，直到找不出什么问题为止。比如，海洋倾废的概念界定；倾废的管理范畴；倾废船舶的管理；倾废情况的实录；倾废总量的控制；倾倒费用的标准；主管部门的签证与监督；废弃物的样品检测和明细化、分类标准与倾倒区的监测；海洋倾倒区的选划、规划与海域使用权等等问题在修订中都要考虑细化条文。

（二）增加"谁付费，谁治理"的原则规定

目前，在通常的环境污染治理中有学者主张环保新观念，提出"谁污染谁付费，谁治理谁收费"，前者是责任者，后者是追究责任者，前后双方形成法律上的权利与义务关系。在海洋倾废管理中，倾废作业方是付费方，经付费才能取得倾废许可证，其在倾废作业时如果造成海洋环境污染了，收费方，即政府管理部门就有权责成作业方承担污染治理的义务和责任。

二、司法实践存在争议冲突

《1972 伦敦公约》在界定海洋倾废定义时，排除了"不是为了本公约的目的的处置"，可理解为，不是为了单纯处置而处置废弃物的行为就不是公约所界定的倾废行为，因而不受公约制约。那么，司法实践中经常会遇到某围填造海工程施工方不是为了单纯处置疏浚泥，然而通过船舶运输到海上的吹泥站向里倾废后，从吹泥站里往外吹泥的过程中造成了海洋污染怎么界定？是否是公约中所界定的倾废行为呢？执法部门认定是，但吹泥方不接受，因此发生冲突。

近年来在海洋倾废管理的实践中，由于各种新的处置方式的不断出现，导致人们对海洋倾废的概念在理解上存在较大的分歧，从而影响了司法实践。如，2005 年发生在广州的海事法院审理的某航道局诉国家海洋局南海分局不服行政处罚一案中，对如何确认海洋倾废行为就是其中争论的焦点。原告行政相对人认为将疏浚泥卸入卸泥池后再吹填到岸上指定区域，这种处置只是工程施工的一个环节，因为其最终目的是为了利用疏浚泥成为填料，因此并非"处置"到海洋，而是"处置"到岸上，且认为疏浚泥中不含有害物质，清淤工作未造成任何社会危害结果，根据《联合国海洋法公约》第 1 条规定，倾废不包括"并非为了单纯处置物质而放置物质，但以这种放置不违反本公约的目的为限"，认为临时抛卸疏浚泥不属于倾废行为。而被告海洋倾废主管部门——南海分局则根据海洋法律、法规的规定和 2002 年 8 月 5 日国海环字［2002］248 号《关于广州航道局"穗浚 133"等船舶倾废行为认定问题的批复》，认为该行为是以船舶为载运工具直接向海洋处置废弃物，符合海洋倾废的定义，且在无封闭式围堰的情况下，淤泥与水相交融，可能会对海洋环境造成污染，因此这种放置行为违反公约的目的，属于倾废行为，应该纳入海洋倾废的管理。[①] 海洋行政执法中类似上述因对海洋倾废概念理解不同而发生的争议案件比比皆是，因此，目前我国海洋倾废管理工作需解决的一个首要问题就是统一人们对海洋倾废概念的理解和认识。

上述案例中原告由于受周围海洋环境的影响或受施工船舶输泥管道长度的限制，先通过船舶运送将疏浚泥放置于临时蓄泥坑，再利用其他方式进行转运货吹填，这两种处置方式虽然不是为了弃置疏浚泥，也不是为了单纯处置物质而放置物质，但其行为方式符合倾废定义，都是利用船舶或其他载运工具向海洋处置废弃物，且都有可能给海洋环境造成不同程度的影响，即违反了公约的保护海洋环境的目的，因此必须将其纳入倾废管辖的范畴。国家海洋局的国海环字［2002］第 248 号文《关于广州航道局"穗浚 133"等船舶倾废行为认定问题的批复》中也明确："除了不以处置为目的，将疏浚泥直接输送到设有全部围堰的海洋或海岸工程，应按照海洋或海岸建设项目环境保护的有关规定进行管理以外，采用任何方式将疏浚泥在海上进行处置（包括在海上中转或储存、不设围堰的吹泥或抛泥等），都是一种倾废行为，适用于海洋倾废管理的有关规定。"[②]

---

① 肖慧丹、杨晓鸣：《如何正确理解海洋倾废的定义》，《海洋开发与管理》2006 年第 3 期。

② 孙书贤：《海洋行政执法法律依据汇编（国家篇）》，海洋出版社 2007 年版，第 226 页。

因此，笔者认为在海洋倾废管理的实践中，为了加强海洋倾废管理和保护海洋环境，有必要对纳入倾废管理的放置行为利用监测技术进行海洋监测。通过监测，一方面有利于海洋倾废主管部门全面掌握该类处置对海洋环境的影响程度，及时采取灵活有效的管理措施，更好地实现海洋倾废管理的目的；另一方面，当因此类处置行为引发行政诉讼时，检测所获取的科学数据就是最直接、最有力的事实依据和法律证据。事实上，我国的海洋倾废主管部门已在倾废管理实践中展开对倾废行为认定的技术监测探索，且取得了非常好的效果。

三、立法目的二元论违背环境立法宗旨

德国著名法学家耶林认为："目的是全部法律的创造者。每条法律规则的产生都源于一种目的。""立法目的的确定实际上就是明确了立法活动的导向、目标和大致范围等。"① 由于不同时期人类对自然、自身以及自然与自身之间的关系认识不同，环境保护的理念不同，环境立法的立法目的有所不同。概括起来，可分为两大类：一类是"环境立法目的一元论"，主张以保护人类健康为唯一宗旨，实际上就是通过法律手段保护环境以实现对人的权利的保护；另一类是"环境立法目的二元论"，主张保护人类健康与促进经济发展并行的环境立法目的。

我国几乎所有的环境法在立法宗旨上都主张"环境立法目的二元论"的观点，即为了国家经济发展和环境保护，特制定本法。如，1979 年《中华人民共和国环境保护法（试行）》第 2 条包括了三个内容：第一，合理地利用环境资源，防止环境污染和破坏；第二，保护人民健康；第三，协调环境与经济的关系，促进经济的稳定健康增长。其中，第一是达到第二和第三的手段；第二和第三是立法的最终目的。1989 年《中华人民共和国环境保护法》第 1 条规定："为保护和改善生活环境和生态环境，防治污染和其他公害，保障人体健康，促进社会主义现代化事业的发展，制定本法。"这个规定也包括三项任务：第一，合理利用环境与资源，防治环境污染和生态破坏；第二，建设一个清洁适宜的环境，保护人民健康；第三，协调环境与经

---

① 谷春德：《西方法律思想史》，中国人民大学出版社 2004 年版，第 166—167 页。

济的关系，促进现代化的发展。在"环境立法目的二元论"看来："第一项任务即保护环境与资源是环境法的直接目的，这是毋庸置疑的。第二项任务保护人民健康，是环境法的根本任务，是环境立法的出发点和归宿。第三项任务，促进经济的增长，是因为环境保护与经济发展有内在的相互制约和依存关系。立法上要完成环境保护的任务，就必须重视它同经济发展的关系。这三项任务之间有着内在的联系。"[①] 1982 年的《中华人民共和国海洋环境保护法》第 1 条规定："为了保护和改善海洋环境，保护海洋资源，防治污染损害，维护生态平衡，保障人体健康，促进经济和社会的可持续发展，制定本法。"在笔者看来，"保护和改善海洋环境，保护海洋资源，防治污染损害，维护生态平衡"，是"保障人体健康，促进经济发展和社会的可持续发展"的手段，是立法工具理性的体现；"保障人体健康，促进经济和社会可持续发展"是立法的最终目的。1983 年《中华人民共和国海洋倾废管理条例》第 1 条规定："为了严格控制向海洋倾倒废弃物，防止对海洋环境的污染损害，保持生态平衡，保护海洋资源，促进海洋事业的发展，特制定本法。"

立法目的也体现了保护海洋环境是促进海洋事业发展的手段和工具，是"环境立法目的二元论"思想在海洋环境法立法中的延续。这种立法初衷和愿望本是无可厚非的，但在实践中，由于环境法的立法目的中都表达了对经济发展的诉求，我国环境执法机构一遇到环境利益与经济利益相矛盾时，一般都会选择有利于经济利益的手段进行管控，导致"环境立法目的二元论"蜕变为"经济优先'一元论'"，最终使"保障人体健康，维护生态平衡"的"环境保护优先"目的成为一纸空文。

事实证明，搞经济建设，上项目，开建工程，必然会污染环境。近几年全国有几宗较大的投资项目未经科学论证即批准投入建设，结果引起当地民众的强烈反对，对政府片面追求经济效益而忽视生态环保非常不满，并通过网络反映民意。如，2008 年厦门市的 PX 事件和 2012 年四川什邡事件等，都是因非环保项目开工建设而遭到当地民众的反对，最终演变成群体性事

---

① 王小钢：《对"环境立法目的二元论"的反思——试论当前中国复杂社会背景下环境立法的目的》，《中国地质大学学报》（社科版）2008 年第 4 期。

件。我国福建的湄洲湾海域长期被陆源污染和港口作业、渔业作业污染，给当地民众生活环境带来很大危害，老百姓怨声载道，群体性事件频繁发生，引起当地政府和国家的高度重视。保护湄洲湾海域的海洋环境，已经成了长期而艰巨的任务。因此，我们不能因为经济开发而牺牲海洋环境，不能走先污染，后治理的老路。海洋环境污染治理是一个综合的工程，不仅需要涉海职能部门运用行政、法律手段来加以监管，国家海洋环境保护立法的进一步完善，更需当地政府的支持和司法机关的援助。

　　反思我国"环境立法目的二元论"，有其理论存在的合理性，因为它批判吸收了"环境优先论"和"经济优先论"的合理部分，承认环境与发展既相互制约、相互矛盾，又相互依存、相互促进。"环境优先论"主张应强调环境保护，抑制经济发展。典型代表是1968年"罗马俱乐部"在《增长的极限》中提出的"零增长"理论。"经济优先论"则认为：强调环境保护而限制发展的观点是不能接受的。"先污染后治理"是一种客观规律，牺牲环境发展经济是理所当然的。"环境立法目的二元论"承认这样一个重要事实：发展与环境的关系既相互制约，又相互依存。把发展与环境对立起来，无论片面强调哪一方面，在实践中都是有害的。因此，正确处理发展与环境的关系，必须衡量发展与环境互相制约的临界线，把发展带来的环境问题限制在一定限度内，在不降低环境质量的要求下使经济能够持续发展。①

　　"环境立法目的二元论"的一个重要特征是以促进经济发展为中心，尽管这种理论宣称其意识到环境保护与经济发展之间相互制约和相互促进的关系，但是，具体地将"促进经济增长"或"保障经济持续发展"作为环境立法的最终目的，可能就不太适合当前中国复杂的社会背景。诚然，将"促进经济增长"或"保障经济持续发展"视为立法的最终目的，从政治品格来说是一种政治需要，这种需要在很大程度上丧失了理论可能具有的批判力。然而，应当追问和反思的是，环境立法本身是否具有独立目的？如果有的话，那到底又是什么呢？为什么在立法中环境保护只能是实现经济发展的手段，而经济发展却不能作为实现环境保护的手段呢？因此，可以断言，

① 王小钢：《对"环境立法目的二元论"的反思——试论当前中国复杂社会背景下环境立法的目的》，《中国地质大学学报》（社科版）2008年第4期。

"环境立法目的二元论"并不能建构通过经济发展来促进环境保护的各种制度和规则，这就决定了其已经丧失了理论可能具有的建构力。同时，"环境立法目的二元论"是以关注污染防治为核心的，不能解释自然资源单行法和生态保护单行法。这是因为自然资源的耗竭和生态系统的破坏并不像环境污染那样可能直接导致人类疾病的产生，尽管自然资源的耗竭和生态系统破坏更显著地降低了人类生活质量。① 从这个意义上来说，"环境立法目的二元论"在很大程度上丧失了理论可能具有的解释力。基于以上对"环境立法目的二元论"的解释与反思，笔者认为这一观点在理论上是站不住脚的，在实践上也是行不通的。

以往世界许多国家在环境污染防治中，由最初的"先污染，后治理"，再到现在的"边污染，边治理"，都是出于"末端治理"的理念和思想。这种事后控制，而不是事前或事中控制不仅会付出高昂的治理成本，还会牺牲宝贵的环境利益，于情于理都不划算。因此，笔者认为与其不能两者兼顾，不如只顾及对人类健康有益的环境保护一个方面，主张"环境保护优先"或"环境立法目的一元论"。

"一元论"（英文 Monisim）一词，源出于希腊语 Moros，意思为"纯一"、"唯一"。作为哲学概念的"元"，是指天地万物的本原。德国近代哲学家沃尔弗首先从哲学的意义上使用此语，意思是指世界的一个本原或本质。后来，德国古典哲学的集大成者黑格尔在他的著作中也曾经用过此语，作为黑格尔学派成员的德国哲学家格士勒曾专门写了《思维一元论》一书，对一元论概念从本体论和方法论意义层面上进行了较为详细的论述。本体论强调世界的本原、本质或为物质的，抑或为意识的；方法论强调世界的本原、本质或为具体的"物"（水、火），是人类可以感知到的某一具体的东西来作为世界的本原，抑或为抽象的"物"（存在、道），是某一超乎现实现象的抽象物。"二元论"英文（Dualism）一词，始见于汤姆斯·海德所著的《古代波斯宗教史》一书中。历代哲学家，对二元论的解释可归结为两种：广义的二元论，对世界或世界某一领域的本质或其属性用两种并称物

---

① 王小钢：《对"环境立法目的二元论"的反思——试论当前中国复杂社会背景下环境立法的目的》，《中国地质大学学报》（社科版）2008 年第 4 期。

来解释，如，德国古典哲学家康德认为，人生的一切行为都是由感性和道德命令这两种性质截然不同的二重根源所导致，称为道德二元论。狭义的二元论把世界的本原或本质归结为两种独立存在物，它不包括对事物实质及其属性所作的二元性解释。哲学史上最典型的狭义二元论代表是法国哲学家笛卡尔。现在一般的哲学书籍上运用二元论这一概念多取其狭义解释。如，在认识论上的二元论主张认识起源于两种性质不同的对象。英国哲学家洛克一方面认为经验产生于外界事物对人们感官的作用，另一方面又认为有一部分经验是不依赖于外部对象而主观自生的。①

　　总之，一元论是认为世界只有一种本原的哲学学说，彻底的唯物主义者和彻底的唯心主义者，都主张一元论。一元论主张了一方面，就不支持另一方面，是排他的唯一性。应用在实践中，如果主张环境保护，就不能同时强调经济发展，二者不能相提并论。二元论则认为世界存在的本原不是一个，而是有物质和精神两个独立的实体。二元论者在哲学最高问题上的主张是不彻底的，归根到底，会掉进唯心主义的泥潭里去。应用到实践中，如果主张经济发展，同时还要强调环境保护，二者兼顾才是理想社会的状态。

　　综上所述，当今我国的社会发展进程中，经济发展与环境保护的矛盾在短时间内不可消除，一切以经济建设为中心的思路使得"环境立法二元论"更容易让决策者在环境与经济的矛盾冲突中选择见效快的经济因素，忽视隐形的、潜在的环境威胁。环境保护与经济发展二者兼顾的理想依然沦为经济发展的现实，环境保护与经济发展的关系不但没能和谐反而每况愈下，同时这还成为各级政府和多数企业消极应对环境问题的借口，最后的结果往往与环境立法目的背道而驰。

　　"环境立法目的二元论"在我国的"不和谐"已表现得十分明显，也因其无力应对日益恶化的环境危机而屡遭质疑。为此笔者建议，在海洋环境管理的法律法规立法或修订中，要坚持"环境保护优先"或"环境立法目的一元论"的主张和观点。海洋倾废的直接和间接结果是必然导致海洋生态系统破坏，海洋环境受损。对于海洋这个十分脆弱的生态系统来说，任何污染都可能给它造成致命的伤害和破坏。因此，在海洋环境法立法目的的确立

---

① 韩振峰：《一元论、二元论、多元论》，《天津师范大学学报》1986 年第 5 期。

上，应遵循李克强总理所说的"我们不能用牺牲环境为代价来换取人民并不太满意的经济增长"[1]，凡是有可能造成海洋污染的海洋工程项目一律不能立项建设，要"唯生态环境与保护一元论"进行立法，不支持主张经济发展与环境保护二者兼顾的"环境立法目的二元论"观点。事实上，既要达到经济发展，同时又要实现环境保护两者兼顾是难以如愿的。正如鱼和熊掌都是精品，对人的身体都有利，但二者不可能同时兼得。同样，经济发展和环境保护都是人类所想拥有的、社会期冀实现的目标，但二者不可能兼顾。因此，我们在对待这两个问题时必须考虑孰轻孰重，孰先孰后，有所取舍。

第三节　完善中国海洋倾废管理法的立法建议

一、国际海洋倾废法律制度对中国的借鉴

学习借鉴既是一种行动的态度，也是一种行动的方法和策略。

中国可管辖海域面积约 300 万平方公里。海域主要分布在中国的东部和东南部。海洋倾废主要发生在东部沿海城市。由于地理气候适宜、资源丰富和人文方面的优势，中国东部沿海城市的城市化进程快，人口密集，经济发达，可持续发展条件好，保护和维护该区域的海洋环境和资源显得尤为重要。

中国在海洋倾废管理 30 年的实践中，不断创新和探索，取得了长足的进步与发展，在与海洋倾废国际公约的遵守方面保持高度的一致，同时又有自己的特色。但尚有不足之处，需要不断加以完善。在完善中要注意借鉴其他国家好的做法和经验。

（一）重视立法工作，严格规制海洋倾废

美国历来重视立法工作，在规制海洋倾废方面严于《1972 伦敦公约》和《议定书》。美国通过国内立法《海洋保护、研究和自然保护区法》实现《1972 伦敦公约》在美国国内的具体实施。美国海洋倾废管理政策制定于

---

① 摘自人民网：李克强总理答中外记者精彩语录，www.people.com.cn，2013 年 3 月 17 日。

1970 年，1977 年颁布《海洋倾废条例》，在管理方式及程序上与《1972 伦敦公约》基本相同，采取倾倒区管理和许可证制度。

在倾倒区选划标准方面，美国的规定严于《1972 伦敦公约》。在倾倒废物的种类方面，美国允许疏浚物、工业废物、废弃船舶和阴沟淤泥的海洋倾倒。强放射性废弃物、生产或用于放射性、化学或生物雾气制剂的物质、可能干扰渔业、航行或其他海洋利用的惰性物质禁止海洋倾倒。在放射性废物海上处置问题上，美国明确规定禁止强放射性废物的海洋倾倒。

美国海上处置的废物主要以工业废物和疏浚物为主。在历届公约协商会议上，美国代表团对工业废物处置问题采取的态度与持绝对环保观点的北欧国家不同，认为可以利用海洋的自净能力进行一些工业废物的处置。当决定采用"反列名单"，既"可以考虑进行海上倾倒的物质名单"时，美国没有坚持最初的态度，而是积极与缔约国磋商"反列名单"的物质类别。

美国海洋倾废采取许可证制度。1899 年，美国国会通过了《河流与港口法》（《美国法典》第 33 卷第 401 节）。根据该法的规定，倾倒进入美国航行水域的物质，需要取得陆军工程兵签发的许可证，目的是确保海洋倾废不影响航行。20 世纪下半叶，美国提出了海洋倾废所造成的环境污染问题，到 1972 年，国会通过了两项专门的法律，即《清洁水法》（FWPCA）和《海洋保护、研究和自然保护区法》。《清洁水法》（见《美国法典》第 33 卷第 401 节），是对海洋倾倒进行管理的行业性法规。[①] 虽然这两部法律都适用于领海，但是《海洋保护、研究和自然保护区法》更适合于疏浚物倾倒的管理，在其第一章规定了许可证制度，授予陆军工程兵疏浚物海洋倾倒审批权，授予环保局其他物质海洋倾倒审批权。[②]

1972 年的《海洋保护、研究和自然保护区法》有两项目的，一是控制国际海洋废物的倾倒，二是相关海洋研究的授权。该法的章节 I，即有关海洋倾废的规定中，包含了有关海洋倾废的准许和执行的条款。章节 II 是研究性条款，其中主要涉及对一些基本问题和海洋倾废中的具体问题的规定；章节 IV 建立了区域性海洋研究计划；章节 V 是关于沿海水水质的监控的规定。

---

① 李剑飞、石兆文、蔡少盾、顾正为：《美国海洋资源开发与保护》，《中国海洋报》第 1313 期，http：//www.soa.gov.cn/shixun/outside/200403/13132c.htm。

② 美国《海洋保护、研究和自然保护区法》第 102 条、103 条。

该法的主要条款自 1972 年以来未曾修改过，却增改了一些新的权威观点，它们包括：（1）环境保护局的研究职责；（2）环境保护局确定明确的范围，逐步停止"有害"阴沟淤泥和工业废物的处置；（3）1991 年 12 月 31 日起禁止在海洋上处置污水污泥和工业废物；（4）将长岛包括在《海洋保护、研究和自然保护区法》范围内；（5）药品废物处置的条款。目前，由国会负责这部法律的执行和实施资金。

根据《海洋保护、研究和自然保护区法》的规定，美国环保局于 1977 年 1 月 11 日颁布了《海洋倾废条例》（《联邦法典》第 40 卷第 220—229 节）。该条例确定了许可证的种类及许可证申请书的评价和倾倒区选划及管理标准。1988 年的《海洋倾废条例》禁止自 1991 年 12 月 31 日起向海洋内倾倒所有的阴沟淤泥和工业废物。根据该法规定，由地方环境保护局或陆军工程兵负责签发的海洋倾倒许可证的有效期不超过 5 年。申请在已有的倾倒区进行倾倒的需要交纳 1000 美金申请费；在非已有的倾倒区进行倾倒的需多交纳 3000 美金。① 许可证在签发机关、申请人或第三方的建议下可以被变更、中止或撤销。条例同时规定了倾倒区选划的基本原则和具体原则。为了估测倾倒行为可能给海洋环境带来的影响，规定了倾倒区的监控措施，即地方环境保护局或地区工程师在认为有必要采取监控计划时，由环境保护局、国家海洋大气管理局或联邦代理机构对倾倒区进行分析研究。

按照《海洋保护、研究和自然保护区法》的规定，除依照第一部分签发许可证外，任何美国船只在美国司法管辖水域内以及任何从美国港口始发的船只的海洋倾废行为都是被禁止的。该法还禁止任何放射性、化学和生物武器及任何高辐射废物和医药垃圾的倾倒。除疏浚物以外，其他物质的倾倒许可证只有在环境保护局发布公告并在可能的情况下举行公众听证会后签发，届时，管理者可确定申请的海上倾倒行为是否会过度破坏或威胁人类健康、社会安全、海洋环境、生态系统和经济潜力。环境保护局指定了海洋倾废的地点并在每一份许可中详细说明了可以进行废物倾倒的位置。

1977 年，国会修订了《海洋保护、研究和自然保护区法》，要求 1981 年 12 月之前停止过度破坏环境的阴沟淤泥及工业废物的倾倒行为（然而，这

---

① 1988 年《美国海洋倾废条例》。

个最后期限并没有完成，并在 1988 年通过的修正案中延长到了 1991 年 12 月）。1986 年的修正案中，国会禁止在纽约/新泽西海岸 12 英里以内所有废物的海上倾倒（即停止颁发 12 英里内允许倾废的许可证），而转移到离海岸 106 英里处倾倒。1988 年，国会颁布了一系列改进海洋倾废条例的法令，尤其强调逐步停止污水污泥和工业污染的海洋倾倒。

1992 年，美国国会修改了《海洋保护、研究和自然保护区法》，许可州政府采用比联邦政府更严格的海洋倾废标准，并要求所许可和指定的倾废地点与长期管理计划相一致，以此来保证许可行为和许可地点与预期使用情况相一致。

《海洋倾废条例》授权环境保护局对违反海上倾倒许可证要求的行为给予 5 万美金以下罚款。在裁定罚款前，会对此进行公告并听证，环境保护局根据违反许可证的程度给予相应的罚款。条例同时授权环境保护局逮捕或扣船的刑事处罚权。对海上药品废物的倾倒，给予 12.5 万美金的民事处罚，构成刑事犯罪的，则判处 2.5 万罚金和/或入狱 5 年。海上警卫队负责监管海上的废物倾倒及违法运送倾倒物的行为。条例还允许个人对违反条例中第一部分有关许可证的条款、限制及原则的行为提起民事诉讼。《清洁水法》与《海洋倾废条例》一起规范包括领海的可航水域内的倾倒问题。在调整沿海和河口以外开阔水域时，《海洋倾废条例》优先于《清洁水法》适用；而在调整河口时，《清洁水法》优先适用。①

（二）主张绝对生态环保主义

挪威是第四个《1972 伦敦公约》缔约国（1974 年 4 月批准，1975 年生效），是北欧国家在《1972 伦敦公约》中起作用比较大的国家之一，具有一定的代表性。挪威禁止一切固体废物的海上处置。从海洋环境保护观点划分，挪威属于绝对环保派。在公约修改和《议定书》形成过程中的主要问题上与北欧国家保持一致，特别是在放射性废物的海上处置问题上，挪威代表团在相关问题的讨论中积极表态，主张禁止一切放射性废物的海上倾倒，并主张将退役的核潜艇的处置也纳入公约管辖。

---

① Claudia Copeland, 1999, Ocean Dumping Act: A Summary of the Law, National Council for Science and the Environment, http://www.ncseonline.org/nle/crsreports/marine/mar-25.cfm.

挪威与其他一些北欧发达国家共同主张将《1972 伦敦公约》管辖范围扩大到内水，主张禁止除疏浚物以外的一切工业废物的海上处置，禁止一切放射性废物的海洋处置，在《议定书》形成过程中是"反列名单"的积极倡导者。挪威的观点和立场基本代表了北欧集团的利益与绝对环保派的观点。挪威在海洋环境保护，包括废物的海洋倾倒方面作了严格的规定，法律制度健全，贯彻了三个基本原则：作业公司有责任保护海洋环境；作业公司必须具备足够的防止污染的能力，配备专职人员和设置；在发生污染事故时，各作业公司、沿海各市有责任提供援助。

挪威禁止海洋倾倒，在海洋倾废国内立法方面是严格和有效的，特别是在海洋石油开发过程中产生污染的预防和治理方面，有比较成功的经验。为保护海洋环境不受石油及倾倒废物造成的污染，挪威环境部和国家污染控制局采取了一系列措施，同时制定了相应的法规与规章，如《污染控制法》（1981）；《关于海上倾倒和焚烧物体的规则》（1981）。有关石油污染防止方面的法规有：《关于分散剂的成分及消除溢油时的适用规则》（1976）；《关于报告向海洋、水体或陆上流失油类或油性混合物的规则》（1977）；《关于防止石油开发活动造成污染和气质废物的规则》（1979）；《关于导致发生或涉及大规模事故或材料损害危险时政府污染控制行动组的规则》（1980）；《关于作业者在挪威海大陆架石油作业中申请持续性排放的指导方针》（1982）。这一系列的法律法规为海洋石油开发活动——从作业前的准备，到作业过程中技术要求，作业后的监测、检查以及溢油事故的处理都作了详细的规定。

（三）政府高度重视海洋环境保护政策的有效供给

澳大利亚之所以一直以来海洋环境状况优良，是因为得益于其成功的海洋倾废管理政策和各种规定。澳大利亚作为一个海洋大国，其海洋环境保护政策是国家政策的重要组成部分，而海洋倾废管理则是海洋环保政策的一个组成部分。

澳大利亚政府在海洋环境保护的基本态度方面与北欧国家的绝对环保观点不完全相同。原因是其沿海工业的一些废物需要进行海洋处置，再者是其四面临海，海水交换条件好，在适当的海区进行废物处置，不致引起污染。因此，澳大利亚主张利用海洋的自净能力进行适当废物处置。在《议定书》

形成过程中，一方面澳政府对各种问题的态度是积极而审慎的，特别是在工业废物的海上处置问题上采取了务实的对策；另一方面积极寻求工业废物的陆上替代办法，以适应公约的需要。另外，在积极拓宽《1972 伦敦公约》的管理范围方面，澳政府代表团曾经在 1997 年的公约缔约国会议上提出应将从集装箱上向海里倾倒冷冻肉食品列入公约管辖范围，而不应由《1973 国际防止船舶污染公约的 1978 议定书》管辖。

环绕澳大利亚海岸线的水域内环境污染日趋严重。其中，海上废物倾倒是海洋被污染的方式之一。因此，澳大利亚制定了联邦法律来规范海洋倾废并管理和规划海洋倾废对海洋环境的影响。1981 年环境保护法《海洋倾废条例》是为了实施《1972 伦敦公约》中规定的义务而制定的，此后，为了实施《议定书》，此条例又被修改（澳大利亚于 2001 年批准了《议定书》）。依据《议定书》的规定，澳大利亚有义务禁止对海洋环境有严重污染的废弃物质的海上倾倒。为了减少对环境的影响，澳政府还规定了海上废物倾倒的许可证制度（例如对疏浚物或船只、平台的倾倒）。

《海洋倾废条例》规范在海上有意进行废物倾倒的行为。它对澳大利亚水域内的一切船只、航空器和平台以及海上的澳大利亚船只都可适用。该条例并不规范从船上卸载如污泥或军舰残骸的行为。这些行为由澳大利亚海事安全部门按照海洋保护的相关立法进行管理。任何情形下都不允许在澳大利亚水域内倾倒生物化学武器及放射性物质。

澳大利亚要求一切海洋倾废活动都要取得环境遗产部签发的许可证。澳大利亚每年会签发大约 30 个许可证，主要是就疏浚物的海上倾废，包括对违法船只和残骸在海上进行的处置签发的许可证。

在保护、开发和持续利用海洋方面，1998 年澳政府制定了一个综合的、整体合一的国家海洋政策，为澳大利亚的海洋产业规划、管理和生态持续发展提供了一个战略性框架，海洋环境保护在其中占有重要地位；澳政府还制定了一个 2000 年海洋救助计划。

澳大利亚联邦政府与各州政府在加强废物管理保护海洋环境方面制定了一系列的标准和政策及专项行动计划。如：废物的再利用与循环利用、减少废物产出量、国家污染调查、环保产品研制、废物管理联合研究中心的创立、废物处置技术改进等。在防止船舶与航运污染海洋环境方面，各州政府对所有捕鱼作业者规定提交环境影响报告，对各种小型渔船主提供了环境指南。在防止油及化学制品污染海洋方面，制定了国家救助行动计划。该计划划定了海上溢油责任单位与其他突发性事故的责任单位，应急措施及技术标准。

澳大利亚联邦海事安全委员会规定：澳水域 3 海里以内禁止所有塑料、所有形式的废料、废弃食物弃置；3—12 海里以内禁止塑料、25 毫米以上厚度的船舶运载废物或物质的海洋弃置；12—25 海里以内禁止船舶运载物质的海洋倾倒；25 海里以外禁止塑料制品的海洋弃置。对海洋倾倒的管理，澳政府采取与《1972 伦敦公约》的规定一致的管理方式，是通过许可证制度和海上倾倒收费制度对海洋废物倾倒进行管理的。

（四）坚持自主有保留地加入国际协议

俄罗斯向来主张独立自主，根据自己国情，对国际公约的规定有接受也有保留。

前苏联是以苏维埃社会主义加盟国的身份于 1975 年批准加入《1972 伦敦公约》的。俄罗斯在《议定书》形成过程中没有表现出不支持的态度，但是反对扩大原有的公约管辖范围。在放射性废物的海洋倾倒问题上，俄罗斯没有接受《1972 伦敦公约》关于禁止一切拟执行废物的海洋倾倒的 LC51（16）号决议，理由是经济技术方面的困难及放射性废物处置设施不够等。在 2000 年《1972 伦敦公约》第 22 次协商会议上，俄罗斯代表团向大会报告了其国内放射性废物处置的情况：由于美国、日本和挪威支持建造的两座核废料处置设施没能按期完成，目前俄罗斯无法撤销不接受 LC52（16）号决议的声明，待这两座核处置设施建成并投入使用时，俄罗斯会考虑撤销不接受这一决议的声明。

放射性废物的海上倾倒是《议定书》禁止的，从对这一问题俄罗斯接受的角度看，俄罗斯在近期无法批准或加入《议定书》。

二、海洋倾废管理法立法的基本原则

（一）坚持"预防为主、防治结合、综合治理"的基本原则

这一原则作为当代环境保护法立法的一项重要基本原则，是针对环境问题的特点和国内外防治环境污染与破坏的经验教训进行的科学总结。西方工业发达国家在经济发展过程中，大都走过了一条"先污染后治理"的道路。只是在许多国家遭受了频繁发生的污染和破坏事故的惩罚，为治理污染、解决环境问题付出巨大代价之后，才逐步从"病重求医、末端控制"的反应性政策、单项治疗性政策转变到"预防为主、综合防治"的预期性政策、综合性治疗政策。这源于在 20 世纪 60 年代末之前，人类还没有真正认识到环境在自身生存与发展中的价值，没有认识到环境的整体性，没有认识到环境问题给人类带来的沉重代价以及治理环境问题的长期性、复杂性和艰巨性。据计算，预防污染的费用与事后治理的费用比例是 1：20。有鉴于此，各国环境立法逐渐从消极的防治污染转到了积极预防上来，采取了预防为主和综合治理的环境政策，并将其作为一项环境保护法的基本原则加以确认。我国作为一个发展中国家，亲眼目睹了西方发达国家在经济获得高速增长的同时而产生的环境污染和破坏给人们的生命健康和财产造成的严重危害，因此早在 1973 年 8 月的《关于保护和改善环境的若干规定（试行草案）》中就已经提到贯彻"预防为主"的方针。但是，真正从法律上确认和实施这一原则，也是在承袭了西方发达国家的老路、对环境问题付出沉重代价之后，在我国的《环境保护法》、《海洋环境保护法》、《大气污染防治法》、《防治海洋工程污染海洋环境的管理条例》、《海洋倾废管理条例》等法律法规中都得到了明确体现。

"预防为主、防治结合、综合治理"原则是由预防、防治和综合治理三个部分组成，是对防治环境问题的基本方式、措施以及组合运用的高度概括。所谓预防，是指在预测人为活动可能对环境产生或增加不良影响的基础上，事先采取防范措施，防止环境污染和破坏的产生或扩大，或把不可避免的环境危害减少或控制在可容忍的限度之内。众所周知，由于一定时空条件下的科学技术水平的局限性，人类很难对环境污染或环境破坏造成的危害的可能性做出事先的认知，许多行为在事前很难预料其会不会发生危害，如果不对这种行为加以预防，一旦危害发生，将会造成难以预料的严重后果。因此，这里的预防是指防治一切环境污染或环境破坏造成的危害，包括通常不会发生的危害、时间和空间上距离遥远的危害以及累积型危害。所谓防治，是指对已经产生的环境问题，运用科学技术和工程办法消除或减少其有害影响。由此可见，预防与防治都是保护环境的方法与措施，两者相互联系并在一定条件下可以相互转化。预防可以避免环境问题的发生或扩大，实现防患于未然；治理是对已经产生的环境问题的治理，仅仅是一种事后的救济。从预防与治理的功能来看，应当以预防为主。但是预防并不能消除和减少已经产生的环境危害，也不可能在没有任何经验的条件下防治所有环境问题的产生。对于由于条件限制而无法认识、预测和防治的环境问题，只能进行治理。因此，在强调预防为主的同时，决不能忽视治理，而应当坚持防治结合。所谓综合治理则是指根据环境污染或环境破坏的具体情况，对预防和防治进行统筹安排，综合运用各种手段来保护和改善环境。这是针对环境的整体性和环境问题的复杂性对防治工作所提出的必然要求。从总体来看，这一原则针对环境问题的特点，明确了防治环境问题的基本方法和措施。该原则突出预防兼顾治理，重视防治结合，强调综合运用各种手段、措施和对各种防治方法的优化组合，明确了防治环境污染和破坏的基本方法和途径，体现了我国环境保护工作由消极、被动、事后、单一方式向积极、主动、事前事后、多种方式结合的转变，有利于以较少的投入获得最优的经济、社会和环境效益。

为贯彻这一原则，一方面是要全面规划与合理布局。这是从宏观、从事先、从预防的角度为贯彻这一原则提出的基本要求。全面规划就是对工业和农业、城市和乡村、生产和生活的有关海洋环境保护与经济发展的所有方面进行海陆统筹安排和全面部署，通过制定海域利用规划、区域规划、城市规划与海洋倾废规划等，在全国各海域建立合理的产业结构、城乡结构、生产结构、生态结构和城镇体系，使得海洋各项事业得到协调发展；另一方面是制定和实施体现这一原则的海洋倾废污染治理的管理制度和相关措施。宏观的规划固然重要，但微观的管理也不可忽视。包括各种具体的管理制度、防治措施在内的相关制度和措施，对于保障这一原则的实施更具有实际意义。

（二）坚持"环境立法目的一元论"的原则

众所周知，环境法的产生，是随着经济和生产活动的加剧，造成环境污染严重。一部分人意识到人类再这样无节制地消耗下去，将给自然乃至人类自己带来深重的灾难，于是出现了生态主义一元论者。英国著名的生态学家爱德华支持环境保护者，并把这场全球性的环境危机称为"第三次世界大战"。他认为，环境危机的后果比世界大战更为危险，也更有灾难性，因为它涉及的对象包括整个地球和地球上的生命，并且一个国家有可能从战争的创伤中恢复并重整，如第二次世界大战中的德国和日本，但是，没有一个国家可以从被破坏的自然环境中重新崛起，就像那湮灭在万顷流沙中的楼兰古国和消失在气候骤变下的玛雅文明。这就是说，虽然人类对自然资源获取的欲望永无止境，但人类由于获取资源的手段危害了生态环境，就等于危害了人类自己。

近年来，环境法学者围绕环境法到底什么是本位的问题，一直争论不休。最典型的就是以徐祥民教授为代表的"义务本位论"，和以蔡守秋先生为代表的"权利本位论"。徐祥民教授认为："环境法唯有以义务为其本位，才能够更好地限制人的欲望，提高资源的利用效率，激励人们去寻找更好的解决之道，才能够将自然资源枯竭的年限推后。"[①] 而"权利本位论"则认为："义务应当来源于权利，服务于权利，并从属于权利。""在权利和义务关系上，权利是目的，义务是手段，法律设定义务的目的在于保障权利的实现。"[②] 笔者作为生态环境保护一元论者支持徐祥民先生所主张的"义务本位论"。因为面对日益严重的环境危机，我们没有理由再等闲视之，奢谈权利，而应主动承担其环境保护的责任。这种海洋伦理价值观应该在环境法立法目的中予以体现，即坚持"环境立法目的一元论"——环境保护的立法宗旨。

（三）坚持"谁付费，谁治理"原则

环境法法律责任条款的规定是重中之重。环境保护法中的法律责任就是指在环境保护中规定的公民或单位应当履行的义务，以及违反法律规定或虽未违反法律规定但造成环境污染或破坏的，由国家机关强制责任者承担承受的否定性评价或相应的处罚、惩罚或制裁。过去，环境保护法中的法律责任原则一般遵循"谁污染、谁治理、谁付费"的原则。这种法律责任的追究由于是事后发现查处阶段，到底谁是责任方，在责任认定上存有一定困难，容易让责任方规避责任，逍遥法外。由于海洋倾废活动中倾废作业方获取倾倒区许可证之前，必须按规定并交纳相应的倾倒费，作业方与管理方及其他

---

① 徐祥民：《极限与分配——再论环境法的本位》，《中国人口·资源与环境》2003 年第 4 期。

② 蔡守秋：《论法及环境法的概念、特征和本质》，《法学评论》1987 年第 2 期。

环境受益人应就此倾倒行为签订权利与义务的协议，彼此就产生了法律上的权利与义务的关系，作业方付费行为取得倾倒废弃物的权利，同时也必须承担因乱倾或滥倾行为造成污染的法律责任。因此，海洋倾废管理法法律责任立法应坚持"谁付费，谁治理"的原则。

（四）坚持"管"、"办"相分离原则

目前，国家海洋局依据法律赋予的海洋管理权利和职责，以北海、东海、南海 3 个分局为依托，开展海洋行政管理和执法管理工作。海洋倾废管理中有许可证申请受理、登记、审查、颁发及倾倒区选划等程序方面的管理工作，也有对倾倒行为监督检查和违法处罚的责任处罚执法工作，在过去是一支队伍，两块牌子，就是国家海洋局及其分局工作人员和其授权的地方海洋管理机构的工作人员承担了这两项任务，就像政府既是立法者，又是执法者；既是运动员，又是裁判员；既是划桨者，又是掌舵者。这种将管理、执法与技术评价集于一身的工作方式，必然会影响管理的公平公正，影响管理的成效。为保障海洋倾废法律制度的科学性和有效实施，必须将海洋倾废立法、执法、管理和技术评价部门的职能区分开来，即"管"和"办"要分离。而且，海洋倾废的执法不应该单单局限于海洋倾废污染后果的执法监督，而应当贯穿到海洋倾废管理的整个过程中去。

（五）坚持海洋倾废立法"具体细化"原则

过去我们有学者认为，法律不宜制定得过细、过于具体，否则就会造成法律的刚性过强，而失去了法律的灵活性和可操作性。然而，法律毕竟是严肃的、规范的和统一的，且能够体现权威性的强制手段。细化法律条文才能有效制约有违法动机人的行为，强制其倾倒行为合法化。同时，细化不同的规范也有利于我们的执法部门有法可依，在执法中加强执法力度，真正做到"有法可依，有法必依，执法必严，违法必究"。

三、海洋倾废法亟须修订完善的内容

（一）修订《条例》明确"海洋倾废"概念内涵及外延

随着人类活动的加剧，海洋污染日益引起人们的注意。人们对海洋污染的界定也日益宽泛。联合国海洋污染专家组 GESAMP（1983）将海洋污染界定为"人类直接或间接把物质或能量引入海洋环境（包括河口湾），以至

造成损害海洋生物资源、危害人类健康、妨碍包括捕鱼、损坏海水使用质量和减损环境优美等有害影响"。1982 年的《联合国海洋法公约》（以下简称《海洋法公约》）借鉴了 GESAMP 的界定，将海洋污染定义为"人类直接或间接把物质或能量引入海洋环境，其中包括河口湾，以至造成或可能造成损害生物资源和海洋生物、危害人类健康，妨碍包括捕鱼和海洋的其他正当用途在内的各种海洋活动、损坏海水使用质量和减损环境优美等有害影响"。《海洋法公约》区分了 6 种主要的海洋污染源：陆地来源的污染；国家管辖的海底活动造成的污染；来自"区域"内活动的污染；倾废造成的污染；来自船只的污染；来自大气或者通过大气的污染。[①] 其中，陆地来源的污染（或者简称陆源污染）占据了海洋污染主体。但是遗憾的是，有关治理陆源污染的国际公约并不多见，对其治理也多散见于各国的国内法。对于倾废造成的污染（通常称之为海洋倾废），国际法对此很早就有所界定，并得到多部国际法律文件和公约不断地重申。但是国际法上对海洋倾废的界定几乎都秉承了"工具性标准"，这种界定原则有其历史的合理性和必然性，但是在海洋污染日趋严重的今天，这种倾废认定方式割裂了对于海洋环境的有效治理，对此我们需要进行重新审视与界定。

1. 工具性标准：海洋倾废的国际法界定原则

对于海洋倾废的概念界定，其最早来源是《1972 伦敦公约》。这一定义在 1996 年 11 月的各缔约国签订的《1972 伦敦公约/1996 议定书》中得到进一步的重申。《1972 伦敦公约》是第一部有关海洋倾废的国际性多边协议，其对于海洋倾废概念的界定影响深远。《1972 伦敦公约》第 3 条规定："为本公约目的，'倾废'是指：①从船舶、航空器、平台或其他海上人工构造物上有意地在海上弃置废弃物或其他物质的任何行为；②有意地在海上弃置船舶、航空器、平台或其他海上人工构造物的任何行为。'倾废'不包括：①伴随船舶、航空器、平台或其他海上人工构造物机器设备的正常操作所产生的废弃物或其他物质的处置。但为了处置这类物质而操作的船舶、航空器、平台或其他海上人工构造物所载运的或向这类器具所运送的废弃物或其他物质，或在这类船舶、航空器、平台或构造物上处理这类废弃物或其他物

---

① 《联合国海洋法公约》Part XII，第 207 条—212 条。

质所产生的废弃物或其他物质除外。②并非为了单纯处置物质的目的而置放物质，但以这类置放不违反本公约的目的为限。"《议定书》基本上了秉承了这一定义，只是对《1972 伦敦公约》部分内容进行了修订和补充，《议定书》对倾倒废弃物行为统一简称为"倾废"，倾废的定义也包括了近海石油平台的弃之和推倒，并增加了"海上焚烧"（指在船舶、平台或其他海上人造结构物上焚烧废弃物或其他物质，以便通过热销毁方式对其做出故意处置）也属于海上倾倒，但非故意或正常作业时进行的焚烧不属于"海上焚烧"；① 同时，《议定书》的管辖范围有选择性地扩大到内水。

　　另一部对海洋倾废概念做出详细界定的国际公约是《联合国海洋法公约》。作为一部受到普遍认可的海洋宪章，《海洋法公约》对海洋倾废概念的界定依然延续了《1972 伦敦公约》及《议定书》的方式。其第 1 条规定："为本公约的目的，'倾废'是指：①从船只、飞机、平台或其他人造海上结构故意处置废弃物或其他物质的行为；②故意处置船只、飞机、平台或其他人造海上结构的行为；'倾废'不包括：①船只、飞机、平台或其他人造海上结构及其装备的正常操作所附带发生或产生的废弃物或其他物质的处置，但为了处置这种物质而操作的船只、飞机、平台或其他人造海上结构所运载或向其输送的废弃物或其他物质，或在这种船只、飞机、平台或结构上处理这种废弃物或其他物质所产生的废弃物或其他物质均除外；②并非为了单纯处置物质而放置物质，但以这种放置不违反本公约的目的为限。"②

　　显然，上述国际公约对于海洋倾废概念的界定，都强调了废弃物是利用船只、飞机、平台或其他人造海上结构等运载工具来实现倾废的，我们将之称为海洋倾废概念界定的"工具性标准"。这种工具性标准在 20 世纪 50—70 年代得到国际社会的认可是水到渠成、顺理成章的。

　　众所周知，二次世界大战后，由于世界工业生产的迅速发展和人类经济活动范围的扩大，全球产生的废弃物剧增，海洋倾废的规模和数量也大大增加。海洋污染的国际化和全球化日趋严重，并受到国际社会的极大关注。在此背景下，国际社会于 1954 年 4 月在伦敦签订了《国际防治海上油污公约》

---

① 《1972 伦敦公约/1996 议定书》。

② 《联合国海洋法公约》。

（简称《1954 油污公约》），揭开了海洋环境保护的序幕。其确定了禁止船舶在近海故意排放油类和油性混合物污染海洋，建立了禁止倾废的特别区域。这是国际公约首次界定利用载油船舶向海里排放油污和油质混合物的倾废行为，也是国际社会首次以船舶工具性标准来定义海洋污染，只不过这种废弃物仅是油污和油质混合物罢了。因此，我们可以推定《1954 油污公约》是后来《1972 伦敦公约》的前身和雏形，后者在倾废物的种类和倾废使用的工具上较前者范围更广。

　　事实上，在《1972 伦敦公约》出台时，正是一个有关海洋污染防治公约密集出台的时期。1967 年的托利·坎荣号油轮（Torrey Canyon）在英格兰海域发生漏油事件，造成了大面积的海洋污染。这一事件让人们意识到海洋船舶污染的严重性。它直接促成了《1969 国际油污损害民事责任公约》（CLC69）、《1971 设立国际油污损害赔偿基金国际公约》（FUND71）及《1973 国际防止船舶造成污染公约》（MARPOL73）。直到今天，有关船舶的污染防治规定是国际法中对海洋污染防治最为完善的领域。实际上，托利·坎荣号事件不仅促进了有关船舶污染防治的大量国际公约的出台，使它具有了更为宽泛的影响，而且使人们对运载工具的海洋污染印象更加深刻。这一影响在《1972 伦敦公约》中表露无遗。其对海洋倾废的定义秉承了突出船舶等运载工具的工具性标准也就不足为奇。这种状况随着大型油轮漏油事件的不断发生、大型轮船压载水生态污染的日益严重而得到强化。在 1982 年的《海洋法公约》中，进一步强调了这种海洋污染的现状。所以，对于海洋倾废的界定，不出《1972 伦敦公约》及《议定书》之左右。

　　2. 工具性标准下的海洋环境治理

　　被称之为海洋宪章的《海洋法公约》的影响是显而易见的。它对海洋倾废工具性定义的进一步阐释以及对海洋污染源的进一步细化，受到普遍的认可。这从各国对海洋倾废的定义以及海洋污染的治理上可窥一斑。例如我国《条例》第 2 条规定："本条例中的'倾废'，是指利用船舶、航空器、平台及其他载运工具，向海洋处置废弃物和其他物质；向海洋弃置船舶、航空器、平台和其他海上人工构造物；以及向海洋处置由于海底矿物资源的勘探开发及与勘探开发相关的海上加工的废弃物和其他物质。"1999 年修订的《海洋环境保护法》第 95 条第 11 款同样规定："倾废，是指通过船舶、航空器、平台或者其他载运工具，向海洋处置废弃物和其他有害物质的行为，包括弃置船舶、航空器、平台及其辅助设施和其他浮动工具的行为。"① 在海洋环境的实施治理中，其机构设置和职能划分也秉承了这一原则。其陆源污染，尤其是海岸带的污染，主要由环境保护部门负责，海洋局负责协助检测；而海洋倾废的审批与管理则由海洋局负责。

这种按照污染源不同来分类管理的思路，有利于管理的专业化和提高管理的效率。例如我国《海洋环境保护法》规定："国务院环境保护行政主管部门负责全国防治陆源污染物和海岸工程建设项目对海洋污染损害的环境保护工作……国家海洋行政主管部门负责全国防治海洋工程建设项目和海洋倾倒废弃物对海洋污染损害的环境保护工作……国家渔业行政主管部门负责渔港水域非军事船舶污染海洋环境的监督管理。"② 这就是说，通过河口或管道排放入海的废弃物或其他物质由国家或地方环保部门负责管辖；因渔业作业或船舶运输将污染物引入海洋造成海水污染的则由渔业行政主管部门或海事行政主管部门管辖。但是问题在于，当海洋污染日益严重的时候，分类管理的思路往往难以有效保护海洋环境。这是因为由于海洋污染的来源监控分属不同的职能部门，其很难让某一部门对海洋污染的后果负全部责任，而这会造成海洋污染后果的无人负责。我国的海洋环境治理本身存在部门林立的症结，其海洋倾废定义的工具性标准又强化了这种局面。实际上，管理对象的细化在很多领域的确可以提高管理的有效性，但是在环境管理中往往失效。这是因为环境具有外部性和一体化的特征，分类细化割裂了环境的这种整体性反而不利于环境的有效保护。海洋环境的整体性更为明显，过度的细化更是不利于海洋环境的整体保护。

实际上，《1972伦敦公约》所称的"倾废"只是陆源废弃物利用海洋环境容量和海水的自净能力进行处置的一部分，也只是海洋倾倒废弃物的一小部分而已。据我国海洋局在我国海洋倾废监察管理中的调查显示，《1972伦敦公约》所称的"倾废"造成的污染大部分是疏浚物和工业废弃物对海洋的物理污染，影响航道等。而在其他方面，特别是从陆地上直接排放入海的污染物大

---

① 《中华人民共和国海洋环境保护法》。
② 《中华人民共和国海洋环境保护法》。

部分是有毒有害的化学物质，对海洋造成的污染属于化学、生化污染，重要的是这些污染物排放入海离海岸带较近，对人类及海洋生物环境危害必然很大。

由于国际海洋法和内陆法在管辖权问题上存在不一致，这导致对"海洋倾废"适用范围的规定不明。海洋污染的来源主要来自海上和陆域两大领域，前者主要是石油、船舶、航道、港口疏浚泥等废弃物污染，后者主要是海上排污行为的污染，尽管后者实际上是海洋污染最重要的来源，但因为是陆源而致的，为了避免发生内陆法和国际海洋法在管辖权问题上的争议，法律将海洋倾废行为仅局限于在海洋上利用一定的工具向海洋里处置废弃物。这种不以处置目的和处置行为造成海洋污染的最终结果为标准来认定"倾废"，有悖于海洋环境治理的初衷。事实上，随着时代的推移，原有的法律规定已与环境的变迁不相适应了，修订现行法律已是不可避免的问题。现在许多沿海城市大量兴建的远海排污工程，如大连市的马栏河，凌水河等远海排污工程，青岛市建设完成的跨海大桥和海底隧道工程，以及世界上有些国家仅隔一条河或靠海、甚至是四面环海的岛国，在海洋倾废和海上排污问题上势必会引起一些争议，影响到司法实践。

尤其是近年来由于各种新的海洋废弃物处置方式的出现，导致对海洋倾废的定义有了不同的理解，这也引发了多宗案例。例如在广州海事法院审理的某航道局不服行政处罚诉国家海洋局南海分局一案中，对如何确认海洋倾废行为就是其中一个争论的焦点。原告行政相对人认为将疏浚泥卸入卸泥池后再吹填到岸上指定区域，这种处置只是工程施工的一个环节，因为其最终目的是为了利用疏浚泥成为填料。因此并非"处置"在海洋而是"处置"在岸上，且认为疏浚泥中不含有害物质，清淤工作未造成任何社会危害结果，根据《海洋法公约》第1条的规定，倾废不包括"并非为了单纯处置物质而放置物质，但以这种放置不违反本公约的目的为限"，认为临时抛卸疏浚泥不属于倾废行为。而被告海洋倾废主管部门则根据海洋法律、法规的规定，认为该行为是以船舶为载运工具向海洋处置废弃物，符合海洋倾废的定义，且在无封闭式围堰的情况下，淤泥与水相交融，可能会对海洋环境造成污染，因此这种放置行为违反公约的目的，属于倾废行为，应该纳入海洋倾废的管辖。为此，国家海洋局在2002年出台了一部行政规章《关于广州航道向"穗浚133"等船舶倾废行为认定问题的批复》，规章指出只要是往海洋中无封闭式围堰吹泥填海造田的，都以"倾废"论处。

因此，基于海洋环境治理的现实考虑，以及不断变化的现实状况，我们需要改变海洋倾废定义的工具性标准。

3. 结果性标准：海洋倾废概念的立法修订原则

如果改变海洋倾废定义的工具性标准，《海洋法公约》中对海洋污染的6种污染源中，陆源的污染和海洋倾废就可以合并为一类。这是因为两者具有高度的相似性，区别只是在于前者主要是以液态的方式直接排放入海，或者尽管是固态但是随着液态废弃物直接排放到海洋；而后者则主要需要一定的运载工具倾弃到海洋。运载工具及其排放的渠道不同成为两者的主要区别。但实际上这反而造成对海洋倾废概念认识上的偏颇，因此，对海洋倾废概念的准确理解应注意以下问题：

第一，认为海洋倾废就是海上倾倒。《1972伦敦公约》及其《议定书》、《海洋法公约》对"倾废"强调借助"船舶、飞机、海上平台或其他建造物平台"的工具性手段向海里倾倒废弃物，使"海洋倾废"管辖范畴限定在海洋，故海洋倾废专指在海上进行的处置、弃置废弃物的行为，不包括从陆地向海洋直接排放废弃物和其他物质。强调"倾"是"dump"，即离开海平面一定距离的倾废。而由陆地紧贴海平面直接排入海岸带的废弃物则不属于海洋倾废，而将之称为是海上排污行为。事实上，两个国际公约在解释"倾废"时并未使用"dump"一词，而是使用"处置"、"弃置"、"放置"（deliberate disposal）等。这种处置等包括任何方式，当然也应该包括向海洋倾废、排放废弃物和其他物质的方式，况且《议定书》还包括了用海上焚烧的方法处置废弃物和其他物质。

第二，认为海洋倾废主要是对固体废弃物和其他物质的处置，而海上排污主要是对液体或气体状废弃物的排放。实际上《1972伦敦公约》第3条已明确规定：公约所称废弃物和其他物质是指"任何类型、任何形状或任何种类的材料和物质"，理应包括对液体废弃物和其他物质的排放。因此，这种把来源相同、实质相同、处理方法相同、处理结果相同的废弃物和其他物质区分开来定义海洋倾废的概念是不科学的。

第三，正如《哥本哈根气候框架协定》一样，《1972伦敦公约》不可能是各缔约国达成完全一致的协议，其必然是各缔约国为了尽早签约生效采取的"求大同、存小异"，在某些争议不大非原则问题上妥协的产物。《海洋法公约》和《1972 伦敦公约》在定义"倾废"时，都加上了"为本公约的目的"。因此，学术中的海洋倾废的定义，应该抛开法律适用范围的限制，强调造成海洋污染的结果和保护海洋环境的目的。

　　实际上，我国的一些学者已经对海洋倾废定义的工具性标准做出反思。肖慧丹、杨小鸣认为，要判断哪类海洋废弃物处置属于倾废，关键要判定废弃物处置违不违反《海洋法公约》保护海洋环境的目的，对不利于保护环境，影响或损害海洋环境的，那就应属于倾废；对于不是为单纯处置物质且不会影响或破坏海洋环境，便不属于倾废。如果不是为了单纯处置物质而放置物质，但违反公约的目的，即不利于保护环境的，影响或损害海洋环境的，那就应属于倾废。[①] 肖慧丹、杨小鸣的观点很清楚地传递了这样一个信息：对海洋倾废概念的立法界定主要应看倾废是否造成危害海洋环境的结果，即应以倾废的结果性标准来界定海洋倾废的定义。无独有偶，郑淑英也对海洋倾废做出了不同的界定，只是她更强调海上排污的重要性。郑淑英认为海上排污是指海洋工程建设项目产生的污水污物、船舶作业产生的废弃物的海上排放……海洋倾废可以视为海上排污的一种形式。[②] 显然，郑淑英也认为陆源污染可以和海洋倾废相统一，只是她强调海洋倾废应该纳入陆源污染（海上排污）的界定中罢了。[③]

　　实践证明，陆源污染（海上排污）和海洋倾废完全可以统一，两者的来源高度一致。联合国海洋防治污染方面的专家小组早在 1990 年就有过统计，每年来源于船舶的对海洋的污染占 10%，陆源污染占 44%，来自大气的污染占 33%，海洋运输物的污染占 12%，另外 1% 来自于近岸工业废弃物的污染。这四种污染源中都包含海洋倾废的废弃物污染。据调查显示，海洋倾弃物主要有以下几种：

　　一类是疏浚物。疏浚物占海洋倾倒废弃物的 80%—90%，主要的疏浚物

---

　　① 肖慧丹、杨小鸣：《如何正确理解海洋倾废的定义》，《海洋开发与管理》2006 年第 3 期。

　　② 郑淑英：《中国海上排污与倾废收费政策及标准研究》，海洋出版社 2006 年版，第 2—7 页。

　　③ 将海洋倾废纳入海上排污也不失为一种整合海洋污染源流的思路。但是，国际和国内至今还没有哪一部法律或法规对海上排污的概念进行过任何的界定，也没有哪个权威部门为此作过书面或口头的定义，人们对海上排污概念的理解只是出于传统习惯或约定俗成。相反，对于海洋倾废的国际公约和国内立法都比较成熟。因此，如果要将两者整合，将海上排污纳入海洋倾废更为现实和可行。

指维护港口、河道和其他水道的开通而进行的水下工程。向海洋处理的疏浚物只占疏浚物处理总量的 20%—30%。相当一部分疏浚物已在陆地上处理。大约 10% 的疏浚物受到有害金属和油类混合物、有机绿碌物的污染并沉积在海底对海洋造成污染。因此，选择适合的位置倾倒疏浚物是治理海洋污染的重中之重。我国海洋倾废管理的对象主要是对疏浚物的倾废管理。

二类是工业废料。主要是酸碱材料、废铁块、爆灰、烟窗的除硫沉渣等。

三类是城镇排水。美国已经于 1991 年停止向海洋排放生活污水，到 1998 年北海沿岸国家停止向北海排放生活污水，因为过度地向海洋排放生活污水对海洋会造成污染，水中的病菌对海洋生物的侵害加重。

四类是有害垃圾的倾废。包括医院废弃物垃圾、油类或油性混合物，杀虫剂、无机化合物和油渣；重金属溶液、船舶产生的垃圾，处理或非处理的溶剂、地表水。

尤其是二类至四类海洋倾废污染物的处置，与陆源污染已经高度相似，两者没有实质性区别。

鉴于上述海洋倾废定义的工具性标准所衍生的种种不足，以及陆源污染（海上排污）与海洋倾废的高度相似性，笔者建议对海洋倾废的定义界定应该放弃工具性标准，而代之以结果性标准。所谓"结果性标准"，亦可称之为目的性标准，即对海洋倾废的定义，主要依据其陆源的污染物来源是否具有污染海洋环境的特性，或者其排放、处置的陆源物质是否具有减少陆地污染而增加海洋污染的目的。结果性标准避免了其海洋污染同样来自陆地，只是由于排放工具的不同而造成管理体制、管理手段不同的弊端。在结果性标准下，陆源污染（海上排污）可以纳入海洋倾废的概念和管理法规中。实际上，这种定义标准的修正并不与有关的国际公约完全抵牾。在《1972 伦敦公约》及《海洋法公约》中，倾废的定义最突出的是"有意地在海上处置废弃物或其他物质"[①]。运载工具只是它便于形象解释海洋倾废的一种方式。公约除了强调倾废弃物需要通过运载工具来实现倾废外，还指出海洋倾

---

① 《1972 伦敦倾废公约》第 3（1）条、《海洋法公约》第 1（5）条、1992 年《赫尔辛基公约》第 2（4）条、1976/1995《巴塞罗那协定书》第 3 条、1972 年《奥斯陆公约》第 19 条和《1996 协定书》第 1（4）（1）条，将"倾废"界定为"故意在海中处置"；而 1992 年 OSPAR 公约第 1（1）条将它界定为"在海洋区域处置"。

废应"包括处置多余船只、航空器或采油气平台，还包括抛弃或拆卸这些或其他海上的人造装置"①。显然，我们对有关海洋倾废的国际公约需要进一步深入认识。定义的工具性标准尽管是其重要的组成部分，但并非是最本质的界定。将陆源污染（海上排污）纳入海洋倾废的概念外延中，既有利于海洋环境的整体性治理，又并非与现行的国际公约完全抵牾。将海洋倾废的定义改为结果性标准，在国际法上也是可行的。即使有必要对现行的国际公约进行修订，这种立法修订的成本也是可控和低廉的。②

（二）将"海上排污"纳入"海洋倾废"管理的范畴

将"海上排污"纳入"海洋倾废"的范畴进行管理，不仅是为了海洋污染的整体性治理的需要，也是为了实现海洋污染物排放和废弃物倾倒总量控制的目标。郑淑英对"海上排污"概念是这样界定的："海上排污"是指海洋工程建设项目产生的污水污物、船舶作业产生的废弃物的海上排放，不包括陆源污染物的岸边排放，并且认为海洋倾废可以视为海上排污的一种形式。③ 笔者认为这一观点恰恰与海洋倾废法律规定相违背。一方面，郑淑英所说的海上排污实际上是海洋倾废的除外情况，不可能包括海洋倾废形式；另一方面，从人们对海上排污的传统理解来说，海上排污应该是指陆源污染物通过陆域铺设的管道、建造的人工河道或河流渠道直接从岸边排放入海的方式。海上排污与海洋倾废的不同之处在于前者倾倒废弃物通过河流自然渠道或人工铺设管道排入海岸带，后者废弃物借助特有运载工具倾倒入海洋中。

由于倾废专指利用特定的工具，在指定的海洋倾倒区进行废弃物的处置，在废弃物处置的手段上与海上排污不同，因此，这种工具性标准，使同样主要来源于陆上污染源的海洋倾废和海上排污相分离，成为两种不同的污染海洋形式，进而人为地使海洋污染治理的主体、程序和方法有所不同。笔者认为，海洋倾废管理与海上排污治理相分离的现状是影响目前我国陆海统筹治理和造成海洋行政管理体制分散化、碎片化、部门化的主要原因之一。

---

① ［英］帕特莎·波尼、埃伦、波义尔：《国际法与环境》，那力等译，高等教育出版社2007年版，第403页。

② 此部分引自昌建华《对我国海洋倾废概念立法修订的理性思考》，《环境保护》2011年第12期。

③ 郑淑英：《中国海上排污与倾废收费政策及标准研究》，海洋出版社2006年版，第2—7页。

事实上，海洋倾废和海上排污这两种方式都是利用海洋空间资源处置陆源废弃物的形式，是不能截然分开的。国际公约的产生有其障碍因素，且有其适用范围，而作为国内法则没有公约生效的障碍影响，完全可以不受公约"倾废"的限制，对废弃物和其他物质的海洋处置进行整合，实行统一管理，有利于海洋环境污染的综合治理。

尽管有关海洋倾废的国际公约已经比较完善，但是对海洋倾废的合法性与合理性的质疑一直没有中断。《1972 伦敦公约》缔约国在该公约诞生时就已清醒地认识到该公约并不是尽善尽美，也不可能尽善尽美。因此，《1972 伦敦公约》要求"至少每两年召集一次缔约国协商会议，并根据 2/3 以上成员国的要求随时召集缔约国特别会议"①。协商会议和特别会议的职责是考察公约的履行情况以及讨论和通过对公约及其附件的修正案，以求最大限度地发挥公约的作用。为了使其不断完善，扩大公约适用范围是近几年各缔约国协商会议讨论的焦点。除原来的海洋倾废外，拟增加的范围有陆源污染、船舶航运、海洋工程、海底石油开采等。很多学者和海洋专家认为，公约适用范围的扩大，其争议的焦点在于要么加强管理，发展标准，使其成为一个综合的、全球性的环保公约；要么重新制定一个新的、全球性的包括陆源污染在内的国际公约。这两种方法都体现了一个原则，那就是使海洋倾废活动得到全球性的统一控制，对各国倾废活动进行统一管制，使整个系统环境得到保护。②

中国为了从根本上解决海洋倾废引起的海洋污染问题，亟须修订《海洋倾废管理条例》。况且《1972 伦敦公约》和我国《海洋倾废管理条例》都已分别颁布实施近 40 年和 30 年，年限长久，时过境迁，修订法律势在必行。《海洋倾废管理条例》修订的关键是应从海洋环境保护的角度出发，将陆岸排污、船舶和海洋勘探开发废弃物和其他物质处置的海洋倾废纳入到一个整体的海洋倾废管理系统中来。这种治理成本低廉而且是可控的，同时也是可行的。

（三）建立海洋倾倒区选划制度

海洋倾倒区的选划工作是海洋倾废管理过程中的一个重要环节，能否科

---

① 《1972 伦敦公约》。
② 刘忠民等：《国际海洋环境制度导论》，海洋出版社 2007 年版，第 277 页。

学、合理、生态、经济地选划海洋倾倒区是保证海洋倾废有效管理的技术标准。在倾倒区选划制度的立法上中国应借鉴美国倾倒区选划原则。

美国是较早批准加入《1972 伦敦公约》的缔约国之一，也是《议定书》的签字国，在《1972 伦敦公约》的实施和《议定书》的形成中起到了重要作用。美国自 20 世纪初以来即开始和加强了对海洋倾废问题的管理，在海洋倾废有效管理与控制上已积累了一些成功经验和做法。

1. 美国海洋倾倒区选划的原则

美国海洋倾废管理政策制定于 1970 年，1977 年颁布《海洋倾废条例》，在管理方式及程序上与《1972 伦敦公约》基本相同，采取倾倒区管理和许可证制度。

美国在倾倒区选划标准方面要严于《1972 伦敦公约》。美国规定，疏浚物倾倒区选划取址需考虑五种因素：运输疏浚物到倾倒区的费用；倾废设施的种类；航行界限；政治界限；到大陆架边缘的距离。倾倒区不能设于敏感区和利用不相容区。敏感区，如：生物资源产卵、繁殖、哺育、索饵或洄游区；珊瑚礁、岩石干出、水底水生植物区；海洋自然保护区；船舶遗迹和其他具有文化意义的区域；濒危/受威胁或稀有物种的生存环境。利用不相容区有：航行通道；渔场、海滨和其他娱乐区；鱼类和甲壳类动物养殖区；采矿区；工业或生活用水取水区。① 《1972 伦敦公约》倾倒区选划标准，只是在倾倒区的"位置"上，要求考虑倾倒区相对于其他区域的位置（例如娱乐区/索饵区/产卵区/捕鱼区及可开发的资源区）要更远离陆域；在倾倒区"一般考虑条件"中规定：考虑对海洋的其他利用的可能影响；对环境优美可能产生的影响；对海洋生物、鱼、贝类养殖、鱼群和渔业、海藻的收获和养殖可能产生的影响。相比之下，美国倾倒区选划标准严于《1972 伦敦公约》。

在倾倒废弃物的种类方面，美国允许疏浚物、工业废弃物、废弃船舶和阴沟淤泥的海洋倾废。强放射性废弃物、生产或用于放射性、化学或生物雾气制剂的物质、可能干扰渔业、航行或其他海洋利用的惰性物质禁止海洋倾废。

① http://www.epa.gov/history/topics/mprsa/02.html.

综上所述，美国在海洋倾倒区选划主要遵循一般性原则以及具体标准两个方面：

美国海洋倾倒区选划的一般性原则主要包括以下 3 条：首先，海洋倾倒区的选划要遵循对其他海上作业产生负面影响的原则。在选划海洋倾倒区的时候，应在距离海岸至少 12 英里以外的位置，要确保最大限度地降低或者减少倾废行为与其他海上作业活动的相互影响，尤其要避开海上捕捞区、水产养殖区以及商业航运和海上休闲旅游区。海洋倾倒区的选划，应该考虑水流动力特性，使在海洋中倾废的废弃物能够尽快地被水流稀释，使其在海水中的浓度尽快降至与周围海洋海水浓度的正常状态，并确保受到倾废物污染的海水在流向沙滩、海岸线、海洋保护区或者其他海上捕捞区和水产养殖区之前，其受倾废物污染的浓度降至正常状态。第二，海洋倾倒区选划及使用应遵循全程监管与及时纠偏的原则。在对倾倒区选划期间或者倾倒区选划结束之后的任何时候，若发现已经选定的倾倒区不能达到海洋倾废管理细则的技术指标，应当立即停止使用这一倾倒区，并尽快选划新的倾倒区。应当限定海洋倾倒区的面积，以确保海洋倾废所存在的潜在不利影响不致扩大，并使海洋倾废活动的监管措施更为便利，进而避免可能发生的长期的不利影响。海洋倾倒区选划评估报告中应对海洋倾倒区的面积、构成以及地址等问题进行详尽的界定。第三，海洋倾倒区的选划要遵循避免重复选划的原则。美国国家环保局在进行海洋倾倒区选划时，应当尽可能地使其远离大陆架以及以前曾经使用过的海洋倾倒区。

美国海洋倾倒区选划的具体标准方面则更为细致，其中规定在进行海洋倾倒区选划的时候，除了要考虑其他一些必要的、合适的因素之外，还必须要考虑到以下因素：（1）选划区域的地理位置、海水深度、海底地形以及离岸距离；（2）选划区域是否是海洋生物繁殖、产卵、养护、觅食、洄游等的必经之地；（3）选划区域是否临近海滩或者其他休闲区域；（4）所要倾废的废弃物的类型、数量、倾废方式等，还应当包括所要倾废的废弃物的包装方法等；（5）选划区域对倾废行为进行监控与检查的可行性问题；（6）倾废物随着海水水流的横向和纵向扩散的特性，包括这一区域的主要洋流方向、强度、速度等；（7）所选区域现存的和当前的倾废物的存在及相互影响，也包括这些倾废物之间的集聚影响；（8）倾废行为与航运、渔业捕捞、海上休闲、海上资源开采、海水淡化作业、渔业以及贝类文化以及其他特殊的科学重要性及其他对海洋的合法使用之间的相互影响；（9）所选区域中基于现存数据测算或者估量的当前水质以及生态情况；（10）所选区域中有害生物发展或者补充的潜能；（11）所选区域中现存的或者临近的具有历史重要性的自然或者文化特色。

基于以上 3 条基本原则和 11 条标准所设定的海洋倾倒区选划结果的评估和选划报告，以及对预选中的倾倒区使用的环境影响评估报告草案，都将在对海洋倾倒区选划做出决策之前向公众公开并听取公众的意见；环境影响报告的最终文本将在最终决定倾倒区选划进行决策之时提交。

依据《海洋倾废条例》的规定，海洋倾废许可证的种类及许可证申请书的评价和倾倒区选划及管理标准都做了详细的规定。1986 年的修正案中，国会禁止在纽约/新泽西海岸 12 英里以内所有废弃物的海上倾倒（即停止颁发 12 英里内允许倾废的许可证），而转移到离海岸 106 英里处倾废。1988 年，国会颁布了一系列改进海洋倾废条例的法令，尤其强调逐步停止污水污泥和工业污染的海洋倾废。1988 年修订的《海洋倾废条例》自 1991 年 12 月 31 日起禁止向海洋内倾废所有的阴沟淤泥和工业废弃物。

鉴于上述对美国海洋倾倒区选划原则的梳理和总结，可以看出，美国在海洋倾倒区选划问题上更具有生态环保的前瞻性和参与选划主体的广泛性、互动性。概括来说选划的原则主要体现在三个方面：一是集中体现大生态系统视角下的海洋区域管理理念，比如对倾废入海的废弃物和其他物质的严格限制和禁止的管理规定都严于《1972 伦敦公约》。二是基于生态系统的海洋综合管理理念。美国海洋倾废管理部门分工非常明确，疏浚物的许可倾废由陆军工程部负责，其他物质的倾废许可都是由环境保护部门负责，管理权限集中统一，避免推诿扯皮、责任落空现象发生。三是公众参与海洋环境治理理念。美国海洋倾倒区选划充分吸纳有利害关系的公众主体实质性参与并尊重和采纳他们的建议和意见，这就使得倾倒区选划地址的决策更加民主、透明和科学合理。

2. 我国海洋倾倒区选划的指导原则

在 1982 年之前，海洋倾废在我国几乎是没有管制的。直至 1985 年，《海洋倾废管理条例》颁布开始，才有了对海洋倾废行为进行管制的规定。

《海洋倾废管理条例》第5条规定：海洋倾倒区由主管部门商同有关部门，按科学合理、安全和经济的原则划出，报国务院批准确定。1992年国家海洋局又颁布《海洋倾倒区选划的技术导则》，对我国海洋倾倒区的选划原则及程序等问题进行了较为具体的规定。

我国海洋倾倒区选划有两种情况，一种是由国家海洋局根据倾倒区规划提出并组织选划；一种是由需要倾倒废弃物的单位提出选划申请，经国家海洋局统一后开展选划工作。临时海洋倾倒区的选划则由需要倾倒废弃物的单位在工程可行性研究阶段向受理权限的主管部门提出书面申请，经同意后开展选划工作。

依据我国《海洋倾倒区选划的技术导则》的规定，我国海洋倾倒区选划的主要原则如下：

选划海洋倾倒区和临时性海洋倾倒区应不影响海洋功能区主导功能的利用。考虑废弃物的特性和倾倒区与其邻近海洋功能区的相对位置及相互影响、水动力条件、地质地貌、水质、底质、生态资源环境等特征，确保海洋倾废活动对海洋生态环境的损害是暂时的、可接受的和可以恢复的，不影响邻近海洋功能区的功能正常发挥，减少海洋倾废活动对海洋生态环境的影响。

预选（海洋）倾倒区应符合以下条件：（1）初级生产力低下，生物资源匮乏和自然环境条件不利于其他海洋功能开发利用的海洋功能相对低下的区域；（2）远离或避开海洋生态环境敏感区；（3）位置适中，不超出废弃物运输船舶安全作业范围，尽可能降低废弃物倾废营运费用；（4）有一定水深和空间容量，满足废弃物倾废船舶安全作业条件；（5）适宜水动力条件，有较强的自净能力，有利于废弃物沉降、驻存（沉降型倾倒区[①]）或稀释、扩散和运移（扩散型倾倒区[②]）。

3. 美国对中国海洋倾倒区选划的借鉴

从以上对比我们可以看出，美国海洋倾倒区的选划原则更为具体和更具有前瞻性，因此我国在海洋倾倒区选划的时候也必须符合新形势发展的需要，借鉴美国的经验，考虑我国的国情，适当增加相应的原则性和标准型的

[①] 沉降型倾倒区（Sedimentation ocean dumping site）地理位置和水动力条件不利于废弃物倾废扩散，废弃物多数沉降于倾倒区海域的海底及其附近，并易在海底形成堆积的倾倒区。

[②] 扩散型倾倒区（Dispersal ocean dumping site）地理位置和水动力条件有利于废弃物倾废扩散的倾倒区。

规范。具体来说包括以下几点：

首先，海洋倾倒区的选划必须基于生态系统综合管理的理念，立足于战略规划的高度，既要顾及当下，又要展望未来。换言之，就是不仅需要考虑海洋倾废对当前海域使用情况的影响，还应具有更为长远的打算，着眼于未来对此海域的使用情况。如要避开将要进行的海底资源开发区域，以及在可预见的将来对航道、海底管道、海底工程等资源利用的区域等，我国在海洋倾倒区选划的过程中，也应从更为长远的规划与基于生态系统保护角度出发，避免短视行为，在海洋倾倒区选划的时候需要更加具有前瞻性和长远性，并注重基于生态系统保护的原则进行选划。

第二，海洋倾倒区选划尽可能地避开在近海海域设置，应选择在远海。美国国家环保局在进行海洋倾倒区选划时，都尽可能地使其远离大陆架以及以前曾经使用过的海洋倾倒区。北欧一些主张环境保护的国家更是将其倾倒区设在公海海域，虽然这种远离近海的倾倒区设置运输和管理成本较高，但同样也减少了污染造成的损害和污染治理的成本。

第三，海洋倾倒区的选划在适应海洋经济发展需要的基础上，建立海洋经济发展备用所需的临时海洋倾倒区的预留区。该预留区应当在制定海洋功能区划时就事先考虑和预留，解决临时倾倒区选划的短视行为；针对倾废时间长、倾废量大的临时倾倒区，应当从立法上考虑将此类临时倾倒区上升为正式倾倒区；为解决倾倒区选划缺乏总体合作性和前瞻性等问题，减少倾倒区使用对其他用海活动造成影响等问题，应当建立海洋倾倒区规划制度，依靠倾倒区规划来指导、布设和选划海洋倾倒区。

第四，海洋倾倒区选划要明确海洋倾倒区的海域使用权归属，海域使用权是属于倾倒区使用者还是属于海洋行政主管部门，还是谁出钱选划的就属于谁，现有的法律规定并不明确，要重视解决倾倒区的海域使用确权问题，以此保障合法倾废者的利益，避免倾废发生的海域使用纠纷。

第五，海洋倾倒区选划应该重视公众参与。美国在海洋倾倒区选划的过程中，非常重视公众的参与。例如其明确规定在对海洋倾倒区选划进行具体决策之前需要向公众公开并听取公众的意见。而我国的海洋倾倒区选划主要是"自上而下"的一个过程，例如《海洋倾废管理条例》第5条规定："海洋倾倒区由主管部门商同有关部门，按科学合理、安全和经济的原则划出，报国务院批准确定。"几乎没有提到公众在海洋倾倒区选划过程中进行参与的原则。而公众尤其是受到海洋倾倒区选划潜在影响的公众，对海洋倾倒区选划与设定是否合适可能会有更多的了解与发言权，在选定海洋倾倒区之前充分吸纳公众的参与，而非事后依据公众的反应进行补救，这对于实现科学决策与民主决策都有重大的意义。

第六，海洋倾倒区选划应该基于大生态系统下的海洋区域管理理念。美国的海洋倾废管理体制是由中央层面的环保总局和地方层面的环保部门，以及国家军队工程部门组成的联合体，在倾倒区选划、审批的工作上有具体的分工和合作。我国法律法规在海洋倾倒区选划、审批问题上，明确规定是国家海洋局和其下三个海区分局和地方海洋与渔业管理部门合作，然而中央与地方只是指导与被指导的关系，没有隶属关系，加上地方之间的利益博弈和地方保护主义形成的壁垒，影响了实际选划、监督管理的成效。

总之，海洋倾倒区的选划，应在借鉴美国海洋倾废管理的成功经验的基础上，结合我国的实际国情，充分利用当代环境管理与海洋管理的一些具体原则，如公众参与海洋环境治理、基于生态系统的海洋综合管理、大生态系统视角下的海洋区域管理等。在海洋倾倒区进行选划的时候从整体、宏观的视角出发，而非囿于部门和地区的私利，制定出适合我国国情并具有可操作性的海洋倾倒区选划原则和实施细则，从而在向海洋倾倒部分废弃物的同时实现海洋生态系统的综合有效治理。[①]

（四）建立倾废船舶登记制度

海洋倾废船只必须向海洋行政主管部门进行实名制登记，经核准登记后，在倾倒作业前必须强制安装经改进后的倾废航行记录仪，然后方可在海上进行倾废作业。同时，每年要对倾废船只进行年检，对年检不合格的船只，可限期改正，整改后仍不合格的，取消其登记证书，不准倾废作业。

（五）建立国际倾废合作制度

随着世界经济、政治一体化进程的加快，废弃物出口和越境运输，特别是危险废弃物出口和越境运输问题近年来愈演愈烈，一些发达国家将经济较

---

① 此部分引自吕建华《美国海洋倾倒区选划原则对中国的借鉴》，《中国海洋大学学报》（社会科学版）2013年第3期。

落后的国家视为自己的垃圾场进行污染转移，海洋越境运输废弃物则作为一种主要的出口方式达到其转嫁污染风险的目的。对此，进行海洋倾废管理的国际合作，签订国际公约是立法必须考虑的。目前中国加入的国际公约除前面提到的《1972 伦敦公约》、《联合国海洋法公约》，还有《控制危险废物越境运输的巴塞尔公约》和一系列区域性条约。随着全球管道排污的迅速发展，岸上直接向海洋倾倒废弃物造成的海洋污染不断向远海延伸，中国今后必须高度重视与邻国俄国、日本、韩国、菲律宾、越南等的海洋倾废的国际合作，共同保护我们人类的海洋环境，避免海洋倾废造成海洋污染。[①]

---

① 曹英志：《我国海洋倾废立法修订的构想和对策》，《海洋开发与管理》2008 年第 2 期。

第七章 中国东海区海洋倾废管理实践

中国海区分为四个：北海区、东海区、南海区和渤海区。其中东海区是我国海洋经济发展的重地，随着海洋经济活动的蓬勃发展，势必导致海洋倾废活动的纷繁复杂。因此东海区在四个海区的海洋倾废管理中具有典型的代表性意义。

第一节 中国东海区海洋倾废管理现状

一、海洋倾废活动概况

1999 年至 2010 年东海区海洋倾废活动基本情况（见表 7-1）：

表 7-1：东海区海洋倾倒区使用情况①
East China Sea marine dumping area usage

年份	倾倒区使用数量	发放倾废许可证数量	倾废量/万立方米
1999	25	347	2370
2000	22	352	4732
2001	24	357	3644

---

① 数据来源，东海分局：《东海海洋倾废管理公报（1999—2010 年）》。

续表

年份	倾倒区使用数量	发放倾废许可证数量	倾废量/万立方米
2002	22	398	3619
2003	24	368	4500
2004	31	358	6964
2005	31	297	6870
2006	38	306	8980
2007	36	317	9442
2008	28	—	6579
2009	26	239	5513
2010	32	226	10469

　　东海区是全国倾废许可证发放数量最多的海区，海洋倾废量以每年约2.8%的速度递增，并在2010年达到自1999年以来倾废量的最大值。东海区海洋倾废量约占全国倾废总量的45%，是全国倾废量最大的海区。东海区沿海省市域分布的倾倒区倾废量多少差距很大，上海市沿海倾废量最大，浙江省次之，福建省较少，江苏省最少。见图7-1、图7-2所示。

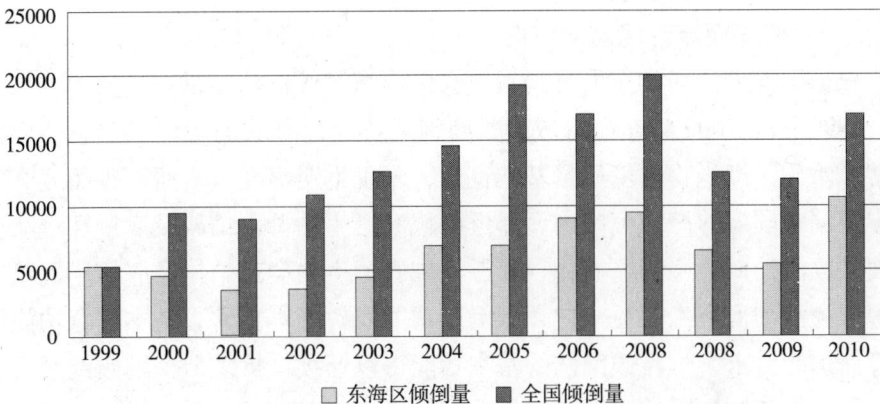

图7-1：东海区与全国海洋倾废量比较图①（单位：万吨）
The marine dumping volume comparison between East China sea and national

① 数据来源，东海分局：《东海海洋倾废管理公报（1999—2010年）》。

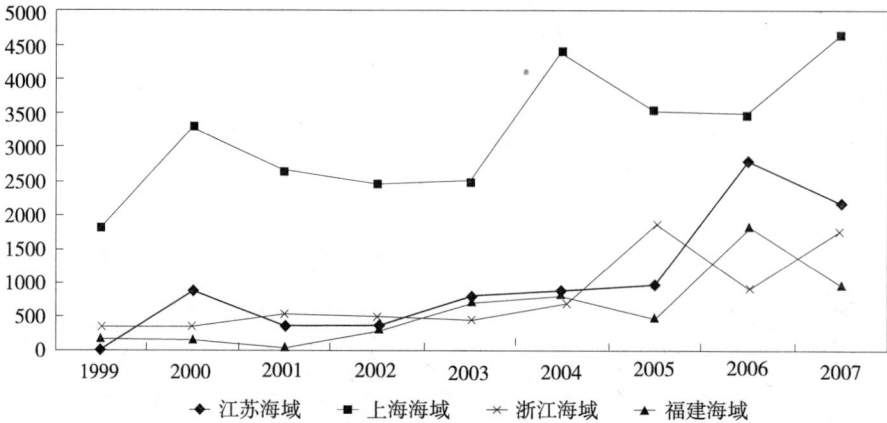

图7-2：东海区内各海域倾废量变化态势①
The marine dumping change trend in the region of East China Sea

自1999年以来东海海洋倾倒区的使用总数为54个。东海海洋倾倒区数量约占全国的43%，是我国倾倒区分布最为密集且使用程度最高的海域，如图7-1所示。同时，因海区内各海域倾废量不同，对倾倒区的需求也不尽相同。江苏省2个，上海市14个，浙江省12个，福建省6个②，具体分布呈明显集中的情况，见表7-1和图7-2所示。

（一）海洋倾废环境监测概况

根据国家海洋局和东海分局对东海区内海洋倾废活动的环境监测结果显示，1999年至2009年东海海域多数倾倒区及周边海域的环境状况总体保持正常，水质、沉积物环境质量基本良好，未发生明显变化。所倾废的废弃物基本控制在预期的海域范围内，邻近海域底栖生物群落结构及底栖环境状况未因倾废活动而产生明显变化，邻近海域底栖生物群落结构及底栖环境状况未因倾废活动而产生明显变化，倾倒区功能发挥基本正常，基本符合功能区环境保护的要求，海洋倾倒区的基本功能得以继续维持。但个别倾倒区由于倾废不到位和倾倒区使用不合理导致局部淤浅状况加重，活性磷酸盐和石油类含量较高，个别倾倒区底栖环境状况异常，致使底栖生物群落结构趋于简

① 数据来源自东海分局《东海海洋倾废管理公报（1999—2010年)》。
② 数据来源自东海分局《东海海洋倾废管理公报（1999—2010年)》。

单，生物种数、密度和生物量明显下降。

（二）海洋倾废执法监督管理概况

为了加强倾倒区的监督管理，东海分局定期或不定期地派出"中国海监"船舶、飞机、车辆和执法人员对倾废活动开展例行性巡航监视和监督检查。2002 年至 2007 年共检查倾废项目 747 个，检查次数 1562 次，发现违法行为 81 起。2010 年，加强了对海洋倾废活动监视和检查力度，对 38 个倾倒区共开展 170 余次监视，对倾废工程开展了 320 余次跟踪监视和执法检查。发现 40 余起涉嫌违规倾废行为（见下表 7-2）。[①]

表 7-2：东海海洋倾废监督检查情况

年份	检查项目（个）	检查次数（次）	发现违法行为（起）
2002	101	101	10
2003	229	398	8
2004	136	383	10
2005	85	194	5
2006	112	259	23
2007	84	227	25
2010	38	320	40

（三）海洋倾废违法案件处理情况

2003 年至 2007 年东海区共承办海洋倾废案件 70 件，办结案件 65 件，作出行政处罚决定 67 件。在审理案件的同时，作出行政处罚的决定，2003 年至 2007 年作出决定罚款共计 206.25 万元，最终收缴罚款 200.25 万元，6 万元左右的罚款未能如期收缴。笔者分别就各海域的执法情况进行综合比较，福建省是办理案件最多的省份，行政处罚的数额也最大。其中，2007 年江苏省承办案件 5 件，上海市 3 件，浙江省 19 件，福建省 52 件。2010 年发现 40 余起涉嫌违规倾废行为，对其中 24 起案件依法进行了行政处罚。违法案件多为未取得许可证而进行的无证倾废行为（见下图 7-3）。

---

① 国家海洋局：《中国海洋行政执法统计年鉴（2001—2007 年）》，海洋出版社 2008 年版。

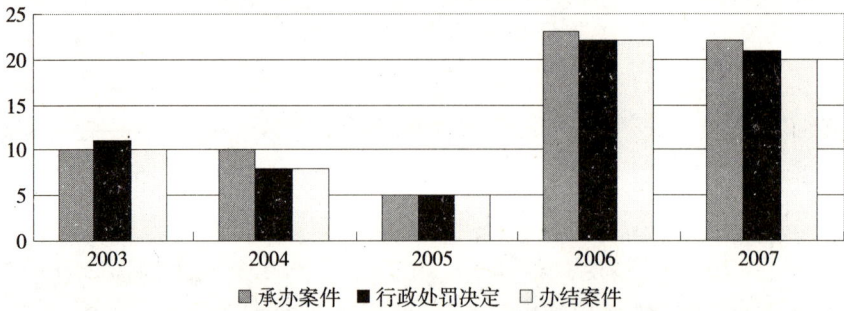

图 7-3：东海区海洋倾废违法案件处理情况

二、东海区海洋倾废活动特点

从海区内海洋倾废整体情况来看，东海区在海洋倾倒废弃物许可证、海洋倾倒废弃物的数量、海洋倾倒区的使用数量等方面呈逐年增长的趋势，在全国有关海洋倾废相对应的统计数据中所占比重最大，该海区是全国海洋倾废活动最为纷繁复杂的区域。从各海域具体倾废情况来看，海区倾倒区呈明显集中的态势。上海是东海沿岸中经济最为发达、海洋活动最频繁的地区，也是海洋倾废各项具体指标所占比例最大的海域。江苏受近海地形限制，港口和海洋建设较少，是倾废量最少的海域。浙江海域的倾废活动绝大多数发生在宁波海域，主要由于甬江航道维护所产生的疏浚物大规模倾废。福建海域中由于厦门港航道建设工程的进行，海洋倾废量近年来持续增长，多为基建工程疏浚物的倾废。

从上述对东海区海洋倾废活动的分析可以看出，东海海洋倾废活动与区域内的经济发展程度密切相关。海区建设开发项目多的年份，海洋倾废的各项参考系数会随之增加；反之降低。因此，为有效保护海洋环境，东海区必须处理好海洋经济发展与海洋倾废频繁、海洋污染加重的矛盾。

第二节　东海区海洋倾废管理存在的问题及其原因

一、倾倒区选划不科学合理，多在近海区域，海域污染严重

由于东海区在选划各倾倒区时缺乏对倾倒区及附近海域自然条件和实际发展情况的全面考察和长远考量，一些倾倒区逐渐表现出选划位置不科学合理，不适宜倾废的情况：

倾倒区位置设置不科学合理。从上述实证分析和图中可看出，虽然东海海洋倾倒区的数量大，分布密集，但受倾废成本、航运费用等经济因素影响，倾倒区都设置集中于 12 海里以内的近海。鉴于东海区独特的自然资源和区位优势，近海多是捕捞、水产养殖等海洋活动的重要区域，尤其是长江入海口附近分布着我国众多的渔场，还是大型港口和深水航道的所在地，在此区域倾倒废弃物难免会破坏鱼类产卵、索饵场和洄游通道，对海洋生物资源和生态环境造成严重影响，同时也由于有些倾倒区设置在航道附近，航道附近水流较缓，废弃物的倾废造成港口、航道与海湾淤积，影响航道使用和航运畅通。

二、倾倒区分布不均匀，影响倾废需求，制约沿海经济发展

目前东海海洋倾倒区分布呈现如图 7-2 所示的状态，表现为倾倒区分布不均匀。主要表现在长江三角洲附近海域区集中了海区内 60% 的倾倒区。而江苏海域和福建海域内的倾倒区数量少，布局分散。江苏海域受近海地形限制，从连云港到启东无一处倾倒区，仅有的几个倾废点集中于连云港市近海，在连云港赣榆附近海域已无富余容量来满足工程基建疏浚物处置的需求。随着滨海港、射阳港、大丰港及洋口港的大规模开发使用，亟须处理所产生的疏浚物，而这些区域附近都没有设置倾倒区。上海海域的吴淞口倾倒区北侧已趋于饱和，无法及时稀释和处理倾废物，影响区域内海洋生物的生存环境。南侧倾废的废弃物引起回淤，影响航道畅通。随着长江口深水航道工程的发展，北槽延伸段、北港、南槽将成为下一步发展的重点，而这些区域附近的倾倒区容量有限。在浙江海域，甬江口群大型倾倒区，地处码头、

航道及锚地附近，对附近区域的淤积影响较大，对航行安全不利。舟山岛南侧存在三个小型倾倒区，密度较高，影响附近渔场的渔业养殖和捕捞。嵊泗金鸡山附近、大洋上南部、甬江口与金塘岛海域等都因工程建设需要有倾废需求，但这些区域附近无倾倒区或倾废容量有限，导致大量疏浚物无法妥善处理。福建海域的闽江口倾倒区、湄洲湾倾倒区、泉州湾倾倒区的倾废物回淤已对深水航道、码头及大型船舶锚地建设产生严重影响，倾废过程产生的悬浮颗粒对海洋生态和环境也有较大影响。三沙港区、三沙湾外、闽江口外及笠屿海域、围头湾附近、古雷半岛附近、诏安湾等区域倾倒区已无法满足海洋工程建设或沿海开发的需求。

从上述对海区内各海域倾废量的统计分析可知，上海海域的倾废量最大，对倾倒区在数量、容量以及分布位置上都有一定的要求。因此，上海海域的倾倒区分布最为集中。江苏和福建海域倾废量较小，相应的倾倒区数量也少，分布稀疏。倾倒区这种明显集中的分布情况与相应海域的经济发展水平相适应，一定程度上适应经济较为发达的沿海省市的倾废要求，但在各海域海洋开发战略进一步实施、海洋发展需求不断增加的今天，倾倒区的这种分布方式反而成为沿海经济发展的障碍。

三、违规倾废现象严重，影响了海洋发展的正常秩序

近年来，东海区海洋倾废的违法违规行为主要是无证倾废、不按照许可证规定倾废和不按照规定记录倾废等情况。首先，由于东海海洋倾倒区分布过于集中且数量有限，在进行倾废作业时经常出现在某个区域集中倾废和就近倾废的情况，倾废物过量和集中堆积也对倾倒区及周围海域的海洋环境造成一定影响。其次，东海区大部分倾倒区使用已有 20 多年的历史，一些倾废区的容量日趋饱和，但仍在使用中。如吴淞口北倾倒区是东海区内面积和容量都较大的倾倒区。但目前该倾倒区北部水域无倾废容量，南部不适合大量地、高频率地倾倒废弃物，管理部门已多次在管理公报中建议封闭，但至今仍在使用。再次，东海的海洋倾倒区大都是为处置疏浚物而选划，随着沿海城市房地产和管道铺设项目的开工建设，产生大量地质材料需要进行海上倾倒，但目前没有适用于处理这些物质的倾倒区。最后，由于倾废量过大，倾废船只满载疏浚物和废弃物在运载过程中易出现满仓溢流的问题。这些不按规定、不科学、

不合理的倾废行为影响着东海区海洋倾废管理的效果和海域的生态环境。

四、海洋倾废管理执行不力，影响了管理成效

中国海监东海总队根据东海区实际海洋倾废状况开展专项执法检查，进行行政处罚。其中船舶巡航是主要监督方式，依据船载倾废仪器的记录，实时监察执行倾废任务的船只是否按时、按规定在指定区域内完成倾废作业。但这些执法仪器在生产、安装及数据出具方面的法律效力不足，还未有统一的国家计量认证来进行管理。由于安装成本及程序限制，使得这些执法设备安装不平衡、使用率低以及使用不彻底，难以对倾废活动实施全面监视。在对违法、违规的海洋倾废行为做出执法处罚时，东海区行政处罚的执行力度有所欠缺。就倾废罚款金额收缴来看，所作出行政处罚决定中确定的罚款额度即决定罚款的数量与实际收缴的罚款金额之间存在差距，海洋倾废罚款无法按照处罚规定中的数额全额收缴。此外，东海区海洋倾废执法监督中还存在一些问题影响着海洋倾废有效有序地进行。如对个别倾倒区内的倾废行为监督检查薄弱，仍存在少数违法倾废行为难以完全禁止；地方保护主义现象的存在，对个别区域内的违规倾废行为放任自流；由于海域内监管的独立进行使得获取的海洋倾废信息数量少，手段渠道有限，执法装备在数量和质量上都有待提高等问题。

第三节　实现对东海区海洋倾废有效管理的对策

为保护东海海洋资源与生态环境，同时为海域内港口、航运等海洋经济的发展提供便利条件，加强对海洋倾废的管理具有十分重要的意义。在近年来东海海洋倾废管理实践的基础上，针对海洋倾废实际操作过程中存在的问题，实现对东海区海洋倾废有效管理可以从以下几方面进行。

一、加强对海洋倾废的法制化管理

虽然我国在海洋倾废管理方面陆续出台了《海洋环境保护法》和《海洋倾废管理条例》等法律法规以及《疏浚物海洋倾废分类标准和评价程序》、《倾废管理条例实施办法》、《倾倒区管理暂行规定》、《海洋倾倒区选

划技术导则》等相关制度，但随着海洋倾废活动的日益频繁和复杂，原有的法律法规已不能有效地规范现有的倾废活动，从而使不法分子钻了法律漏洞进行违规、违法和不当倾废。为加强对海洋倾废的法制化管理，东海分局和当地市级以上人民政府有必要在取得国家海洋局和省级以上人民政府的授权后，以国家法律法规为依据，根据实际情况制定适用于本海区的区域性倾废管理规定和规章。东海分局所属各海洋管区、海洋监察站和有关部门必须充分掌握管理法规，加强信息交流，密切工作配合，形成上下一致，集中统一的管理局面，使海洋倾废管理活动更有序有效。

二、科学合理地规划和设置海洋倾倒区

由于东海现有倾倒区在选划和使用中存在过于集中和难以满足现实需要的问题，未来规划与设置海洋倾倒区时应以东海海域的特定环境为立足点，本着科学、合理、生态、安全的原则，运用数学模型计算方法，准确测算倾倒区最大倾废容量及距陆域最佳距离的数值，选址在洋流流动湍急、海床落差大、距离陆域至少 12 海里以外的非封闭（包括半封闭）海域，做到既要充分享用海洋空间资源的环境效益，又要科学合理地估算海洋的自净能力和海洋空间容量。

在具体进行倾倒区选划时，东海分局应在选划工作开始之前召开一次相关涉海部门，如渔业局、海事局等和拟使用海洋倾倒区的建设项目业主单位参加的倾倒区预选位置协商会。在充分听取各部门意见后，由海洋主管部门在对海区进行调查研究的基础上，按选划海区的具体标准，综合考虑，初步确定出倾倒区的位置，再由具有倾倒区选划论证资质的机构针对预选位置开展选划论证工作。通过严格的工作程序，有效地提高倾倒区选划论证工作的科学性和行政决策的正确性。经过相关调查以及专家组研讨，最终将确定选择的倾倒区报国务院批准，使倾倒区选划论证工作更加有目的性和针对性，保证倾倒区选划工作更加科学、合理、顺利地开展。为充分发挥倾倒区的价值，合理进行使用，一方面，根据不同类别的倾倒区，考察原选划依据是否充分、划区是否合理、对海洋环境影响程度如何等情况，决定海洋倾倒区是保留使用、暂时使用或是暂时封闭和报废四种情况；另一方面，由于东海区所选划的海洋倾倒区面积较大，可试将大倾倒区划分为几个小区，轮流进行

倾废。防止就近倾废造成倾废物不均匀分布，局部区域水深增高的现象，有效提高倾倒区空间资源的利用率。最后，明确海洋倾倒区的海域使用权归属，海域使用权是属于倾倒区使用者还是属于海洋行政主管部门，以此保障合法倾废者的利益，避免倾废发生海域使用纠纷。

三、严格控制倾废数量，修复倾倒区的生态环境

江苏沿海、长三角地区、海峡西岸国家战略开发的实施，海洋开发活动和沿海工程建设增加，远洋航运频繁，使东海区海洋环境面临的压力日益显现，突发和潜在的环境风险增加。由表7-1对东海海洋倾废量的统计可知，东海区倾倒废弃物的数量逐年增加，且在全国占较大比重，随着海洋开发与利用的持续不断，需要倾废的废弃物数量必然会继续增长。东海区海洋倾废的这一现实，使原本已遭受污染、质量恶劣的海洋环境雪上加霜，区域环境压力进一步加大。为此，各级政府要加快建立和完善"陆海统筹"的污染防治体系，有效控制入海废弃物总量，结合围填海和人工岛建设等开发项目，推进海洋废弃物资源化利用，逐步减少向海洋倾废的数量，缓解东海海洋倾倒区的空间和环境压力，保护区域海洋生态环境。

同时，由于随意、不规范的倾废已对东海个别海洋倾倒区及其周边海域生态环境造成破坏，大部分倾倒区已处于亚健康状态，针对已被污染的倾倒区，海洋倾废主管部门和环保部门要加强对其生态环境的修复工作。强化监督废弃物倾废入海的职责，及时将废弃物倾废后的环境监测结果通报环保部门，积极控制含氮、磷等有毒污染物的废弃物倾废入海，加强海洋重金属污染防治，使其健康状况得到明显改善，减低海洋污染程度。

四、建立倾废活动对环境的影响评价制度

倾废活动对环境的影响程度是追究倾废作业者环境损害责任的依据。因此，海洋倾废管理部门应建立完善的倾废活动对环境的影响评价制度。评价主体可以是海区分局或当地人民政府委托的某一评价机构；评价流程：首先，确定评估重点项目。评估重点项目包括悬浮物的浓度增量、疏浚物的有害物质、生物资源损害、海底地形地貌变化等。其次，对倾废物浓度进行预测。应以最大可能强的倾废源，经过若干潮周期，计算浓度增量作为评估依

据进行浓度预测。最后，选择评估重点对象。评估重点对象包括渔场、自然保护区、海滨游乐场、产卵场、索饵场、洄游通道、养殖区、航道、锚地、军事禁区等。最后编制环境影响评价报告书，明确倾废作业方的责任条款。

五、加强对海洋倾废活动的执法监督管理

随着近年来违法、违规倾废案件的不断增加，东海区沿海省市各级海洋主管部门及中国海监机构要紧紧围绕国家总体海洋发展战略和承担的海洋环保职责，加强对疏浚和倾废行为的规范和管理，依法严格查处违法行为，提高应对海洋倾废违法违规行为的能力。

在海洋倾废巡航检查方面，首先，要加大巡航检查力度，增加执法船舶数量和巡查频率，扩大巡查范围，尤其加强夜间及节假日巡航执法。建立与海洋管理各部门有效衔接的应急管理体系，完善管理资源储备，加强应急队伍建设和演练，对集中倾废的区域定期开展风险排查和评估，积极防控突发性违规倾废事件。其次，适当开展专项整治联合执法行动。联合各海域当地执法管理支队和部门，调配执法设备和人员，集中对倾倒区分布密集的区域进行监视和监管。联合各沿海省市的海洋与渔业部门、港口管理部门以及海事部门进行综合治理。在海洋倾废执法设施及人员配备方面，一方面，首先，要出台强制性规定，要求东海海域内进行海洋倾废活动的船舶必须安装倾废航行数据记录仪，对现行的倾废船开展全面普查，彻底实行强制安装政策。其次，完善倾废仪生产应用手续及行业技术标准和规范。由国家海洋行政主管部门颁发许可证，各海区选择具有研制生产倾废仪设备经验的技术单位来完成生产和安装。再次，地方海区应成立倾废仪管理部门，负责海域内海洋倾废船上倾废设备的日常使用和监督检查，发挥其为作出执法处罚提供事实依据的作用。另一方面，加强对执法人员的全面培训，使其掌握专业技术和方法，提高执法效率。此外，涉海法律、法规及相关制度和规定也是执法人员所必须掌握的，针对不同程度、不同方式的非法倾废行为，能够依据具体的规定，作出合理适当的行政处罚，并能够按时按规定收缴处罚费，提高执法成效。①

---

① 此章节引自吕建华《论中国东海区海洋倾废管理问题与对策》，《太平洋学报》2011 年第 8 期。

第八章　山东省海洋倾倒区使用与管理实践

　　本章之所以选择山东省海域海洋倾废管理实践作为个案进行实证分析，主要原因在于我国十二五经济发展战略规划中将山东半岛蓝色经济区纳入国家海洋发展战略的重点区域进行重点建设，具有省域典型代表意义。

　　山东省是我国的海洋大省，沿海从东南、南、西北到北和东北呈半圆径的方向延伸。沿海城市主要为青岛、日照、潍坊、滨州、东营、烟台、威海、荣成等，海岸线长 3000 多公里，占全国总海岸线的 1/6，拥有海湾 200 多处，近海岛屿 299 个，近海海域占渤海和黄海总面积的 37%。基于山东省独特的区位、资源、科研、基础条件优势和区域海洋经济发展需要，中央于 2009 年初提出建设山东半岛蓝色经济区的战略部署，欲建成以临港、涉海、海洋产业发达为特征，以科学开发海洋资源与保护生态环境为导向，以区域优势产业为特色，以经济、文化、社会、生态合作发展为前提，具有较强综合竞争力的经济功能区。[①] 区域海洋经济的发展与良好的区域海洋环境具有密切联系，如何在发展海洋经济的同时保护好海洋环境，是山东省建设蓝色经济区过程中需要权衡的问题。

　　近年来，随着山东沿海城市人口的高度密集，沿海工业、旅游业的发达以及海岸工程的繁荣，过度开发和利用海洋资源给山东海域生态环境带来负

---

　　① 佚名：《专家解读山东半岛蓝色经济区建设》，http：//news. sina. com. cn/c/2009 - 10 - 28/100518925420. shtml

面影响，导致近海海域环境污染严重。究其原因，陆源污染是主要的污染源，其次是因渔、商船污染和海洋倾废污染。海洋倾废污染造成的环境影响面较广，不仅破坏了海洋浮游生物的生长环境，而且还将影响水产养殖的水质以及港口作业和航道的交通安全等。因此，进一步加强海洋倾废管理，科学合理、有效地使用海洋倾倒区是保证山东省沿海海域生态安全、环境优美、资源持续利用的保证，对推动山东省蓝色经济区快速、健康、持久发展有着重要的现实意义。

第一节　山东省海洋倾倒区使用现状

一、2001—2010 年山东省海洋倾倒区使用情况

（一）海洋倾倒区设置、分布情况

2001—2010 年山东省辖区内的海洋倾倒区总数共 94 个，设置、分布都在山东省近海区域。如表 8-1、表 8-2、图 8-1 所示。

表 8-1：山东省海洋倾倒区数量统计（2001—2010）①

年份	倾倒区总数（个）	正式倾倒区（个）	临时倾倒区（个）
2001	13	—	—
2002	9	—	—
2003	12	—	—
2004	5	—	—
2005	10	2	8
2006	10	2	8
2007	11	2	9
2008	15	2	13
2009	5	2	3
2010	4	2	2

---

① 数据来源，山东省海洋与渔业局：《2001—2010 年山东省海洋环境质量公报》。

其中，2005 年至 2010 年间，山东省共批准海洋倾倒区 21 个，包括 2 个正式海洋倾倒区和 19 个临时海洋倾倒区。2 个正式倾倒区分别为青岛正式倾倒区（青岛胶州湾口外海洋倾倒区，位于 35°58′39″—35°59′24″N，120°18′00″—120°20′00″E）和烟台港海洋倾倒区（位于 37°37′12″—37°38′06″N，121°31′45″—121°33′15″E）。批准临时海洋倾倒区 19 个，其中青岛 6 个，威海 3 个，日照 4 个，烟台 6 个（具体见下表 8-2）。

批准的 21 个海洋倾倒区中使用过 9 个，包括烟台港海洋倾倒区、青岛胶州湾外疏浚物海洋倾倒区、龙口港航道疏浚工程临时倾倒区、岚山港临时海洋倾倒区、威海港临时倾倒区、青岛沙子口临时倾倒区、青岛骨灰临时倾倒区、日照港临时海洋倾倒区、乳山口港临时海洋倾倒区。

下图 8-1 中可看出从 2001 年至 2010 年山东省辖区内海洋倾倒区数量整体呈下降趋势。这与半岛蓝色经济区建设的实际需求是不相适应的，究其原因，可以推定我国倾倒区规划设置一直以来缺乏整体和阶段性战略规划，从而导致之前选划设置的倾倒区处于未使用或未完全使用且未关停状态，以致之后倾倒区选划设置的数量与蓝色经济区建设发展的需求呈正相关的发展趋势未能体现出来。

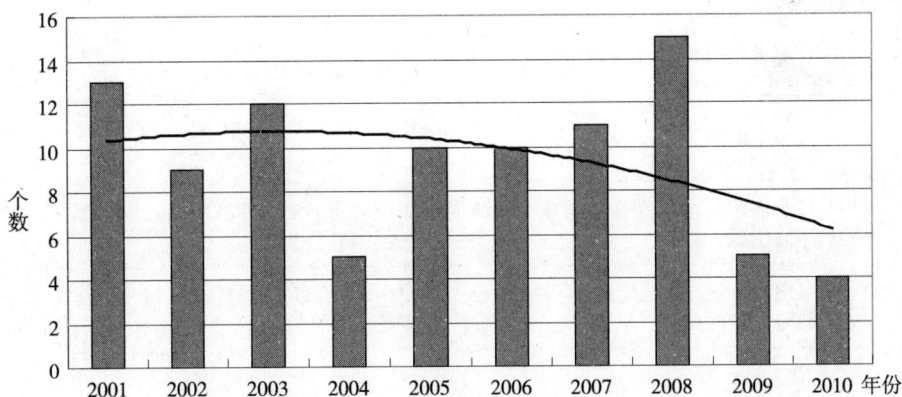

图 8-1：山东省海洋倾倒区数量变化趋势图（2001—2010 年）

表 8-2：山东省临时海洋倾倒区位置分布情况 （2001—2010 年）①

市	临时海洋倾倒区名称	倾倒区位置（经纬度）
青岛市	唐岛湾港临时倾倒区	中心点 35°51′30″N，120°07′45″E，半径 0.5 公里
	青岛小口子临时倾倒区	35°41′01″—35°42′02″N，120°07′00″—120°08′00″E
	青岛沙子口临时倾倒区	中心点 36°05′00″N 120°37′30″E，半径 0.5 公里
	青岛骨灰临时倾倒区	36°00′00″—36°02′00″N，120°24′00″—120°26′00″E
	胶南积米崖渔港临时海洋倾倒区	35°52′18″N 120°12′02″E，半径 1.0 公里
	青岛胶南贡口造船厂改扩建工临时倾倒区	35°33′00″N、119°50′00″E，半径 0.5 公里
威海市	威海新港港池疏浚物临时海洋倾倒区	中心点 37°29′00″N，122°18′00″E，半径 0.5 公里
	乳山口港临时海洋倾倒区	36°40′30″—36°41′00″N，121°30′00″—121°30′30″E
	威海港临时倾倒区	中心点 37°31′00″N，122°16′24″E，半径 0.5 公里
日照市	日照港临时海洋倾倒区	35°17′00″—35°18′16″N，119°36′06″—119°36′54″E
	岚山港临时海洋倾倒区	中心点 35°00′00″N，119°24′00″E，半径 1.0 公里
	日照港东西港区航道改扩建工程临时海洋倾倒区	中心点 35°19′28″N，119°46′00″E，半径 1.0 公里
	岚山北港区 30 万吨级油码头建设工程临时海洋倾倒区	中心点 35°04′41″N，119°36′16″E，半径 1.0 公里

---

① 数据来源，山东省海洋与渔业局：《2005—2010 年山东省海洋环境质量公报》。

续表

市	临时海洋倾倒区名称	倾倒区位置（经纬度）
烟台市	莱州港临时海洋倾倒区	中心点 37°27′00″N，119°47′30″E，半径 0.5 公里
	海阳渔港扩建工程临时倾倒区	36°37′00″N、121°27′00″E，半径 0.5 公里
	莱州港航道建设工程临时海洋倾倒区	37°38′10.63″N、19°55′26.40″E，半径 0.5 公里
	龙口港航道疏浚工程临时倾倒区	中心点 37°39′30″N，120°06′13″E，半径 1.0 公里
	长岛临时海洋倾倒区	中心点 120°55′00″E，37°54′00″N，半径 0.5 公里
	烟台港西港区临时倾倒区	121°11′25″E，37°57′34″N；121°12′44″E，37°57′13″N；121°12′56″E，37°57′43.5″N；121°11′37.6″E，37°58′03″N，四点围成海域

（二）倾倒区倾废量情况统计

山东省海洋倾废物包括建港疏浚物和港池、航道维护性疏浚物以及少量骨灰，主要以清洁疏浚物为主。2001 年至 2010 年 10 年间，山东省海洋倾废总量约占全国海洋倾废总量的 9.5%，在全国海洋倾废中占据一定的比例（数据见表 8-3）。2001 年以来山东省海洋倾废量年际变化呈现抛物线变化趋势，整体先上升再下降，变化幅度较小；采用六次二项式作图变化趋势明显，2001 年到 2004 年快速上升，2005 年到 2008 年快速下降，2009 年至2010 年倾废量又快速上升（见图 8-2）。造成这一趋势的原因是，新千年开始社会经济水平不断提高，山东省城市化进程不断加速，近岸工程疏浚物不断增多，向海上倾倒废弃物的数量和规模也不断增加。但倾废量在 2007 年至 2009 年间出现了明显减少的态势，据官方解释主要原因是这期间山东省大兴围海造田，发展蓝色经济，将大量疏浚物作为就近资源用于填海所致。

表 8-3：山东省与全国海洋倾废量情况比较（2001—2010）①（单位：万吨）

	2001	2002	2003	2004	2005	2006	2007	2008	2009	2010
山东省	567.2	1560.28	2210.55	1460.04	2123.57	1474.07	711.92	900.87	666.1	2059.6
全国	8965.2	10721	12681	14661	19276	17073	20010	12445.87	12144	16957

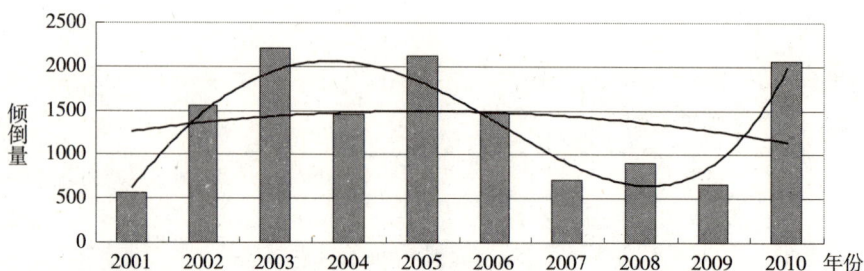

图 8-2：山东省海洋倾废量变化趋势图（2001—2010）（单位：万吨）

二、2001—2010 年山东省海洋倾倒区管理基本情况

（一）海洋倾倒区环境监测

《条例》规定海洋倾废主管部门，即国家海洋局及其派出机构对海洋倾倒区的监测主要有三种：常规监测、重点倾废活动的跟踪监测和专项监测。承担海洋倾倒区监测的机构为国家海洋局所属的监测机构。进行海洋倾倒区监测的主要目的是通过监测，了解倾废物（主要为疏浚物）在倾废海域的输移、扩散状况，在海底的堆积情况、物质交换过程和最终归宿，倾废活动对倾倒区周边环境的扰动范围和影响程度，以及由倾废活动所产生的生态环境影响及生物效应。根据山东省海洋环境质量公报以及各地市海洋环境质量公报数据显示，2001 年至 2010 年山东省对海洋倾倒区监测的结果是：与倾倒区选划时的环境质量状况比较，多数倾倒区的底质环境状况基本稳定，倾倒区邻近海域底栖生物群落结构未因倾废活动而产生显著变化；所倾倒的废弃物基本控制在预期的海域范围内；海洋倾倒区的基本功能得以继续维持。

---

① 数据来源，国家海洋局：《2001—2010 年中国海洋环境质量公报》；山东省海洋与渔业局：《2001—2010 年山东省海洋环境质量公报》。

多数倾倒区的水深未产生显著变化，在可允许倾废范围之内，对正常倾废作业和其他海上活动不构成威胁。

（二）海洋倾废活动监督管理

目前，山东省海洋倾废的管理分为两级审批（国家海洋局和省海洋行政主管部门）、四级海监机构（国家、省、市、县）实施监督检查。当前针对海洋倾废活动的监督与管理主要是依靠国家海洋局及所属中国海监机构，采用中国海监船舶、飞机和车辆，以巡航监视、陆岸监视和登船检查等方式进行监督检查。[①] 据中国海洋行政执法统计年鉴数据显示，山东省在 2002 年至 2007 年间检查海洋倾废项目共计 127 个，检查次数 523 次，共发现违法行为 34 起(见表 8-4)。

表 8-4：2002—2007 年山东省海洋倾废监督检查情况[②]

年份	检查项目（个）	检查次数（次）	发现违法行为（起）
2002	2	25	4
2003	12	33	2
2004	18	60	2
2005	39	72	10
2006	31	76	12
2007	25	257	4

（三）海洋倾倒区违法倾废处罚

2003 年至 2007 年间，山东省共承办海洋倾废行政处罚案件 11 件，办结案件 11 件。在审理案件的同时，作出行政处罚的决定，2003 年至 2007 年作出决定罚款共计 69.2 万元，最终收缴罚款 69.2 万元，这四年期间的罚款全部如期、如数收缴。

---

① 丁金钊：《疏浚物倾废对区域海洋生态环境的影响与对策研究相关文献综述》，《海洋开发与管理》2009 年第 9 期。

② 数据来源：《中国海洋行政执法统计年鉴（2001—2007 年）》，海洋出版社 2008 年版。

表 8-5：2003—2007 年山东省海洋倾废行政处罚情况①

年份	承办案件（件）	行政处罚决定（件）	办结案件（件）	决定罚款（万元）	已收缴罚款（万元）
2003	1	1	1	3	3
2004	2	2	2	11	11
2005	4	4	4	29	29
2006	1	1	1	0.2	0.2
2007	3	3	3	26	26

三、山东省海洋倾废对海洋环境的影响

由于海洋倾倒区的使用及监督检查和管理不善，海洋倾废往往对海洋环境造成一定程度的污染破坏。山东省海洋倾废物包括建港疏浚物和港池、航道维护性疏浚物以及少量骨灰，以三类清洁疏浚物为主。疏浚物对海洋环境的影响主要包括疏浚运作和倾抛过程的短期环境影响，以及疏浚物倾抛后对倾倒区的长期环境影响。具体主要表现为对近海水产养殖业的水质、海洋浮游生物生存环境以及对海洋船舶水道航行安全的影响。

1. 对近海水产养殖业的水质影响

疏浚物的倾废不仅产生物理和沉积学方面的影响，还产生化学方面影响。如受到污染的疏浚物被倾废入海，被海水分解释放六六六、滴滴涕、硫化物等有毒有害物质，铜、铅、锌、镉、总汞等重金属以及石油类污染物，这些污染物随着海水的涌动迁移和扩散，导致海水质量下降，造成的影响一般为暂时性，但可能对近海水产养殖业产生危害，危及一些经济鱼类，造成短期内渔业经济损失。②

2. 对海洋浮游生物生存环境的影响

倾废对浮游生物和海床底栖生物及海洋植物的影响，主要是由于倾废海域水质的浑浊、溶解氧下降和透光率降低等，对浮游植物的光合作用产生不

---

① 数据来源：《中国海洋行政执法统计年鉴（2001—2007 年）》，海洋出版社 2008 年版。
② 丁金钊：《疏浚物倾废对区域海洋生态环境的影响与对策研究相关文献综述》，《海洋开发与管理》2009 年第 9 期。

利影响，导致倾倒区附近海域内初级生产力水平下降。尤其在疏浚施工过程中，悬浮物的扩散使生物窒息死亡，并且疏浚物也严重破坏了底栖生物特别是定居性贝类的栖息环境，导致减产或死亡。

3. 对海洋船舶水道航行安全的影响

疏浚物倾废的长期影响则会引起海底地形变化、底部沉积物特性局部发生变化、邻近地区沉积速率的增加，这些变化一方面对海洋生物造成严重影响，另一方面还将影响海洋船舶水道的航行安全。

第二节　山东省海洋倾倒区使用与管理中存在的问题及原因

山东省海洋倾废活动地域特征明显，如图8-3所示。山东省海洋倾废活动涉及渤海和黄海两个海域，并且多以倾废疏浚物为主。其中，东营市、潍坊市、烟台市以及威海市部分海洋倾倒区设在渤海区域内，渤海作为中国

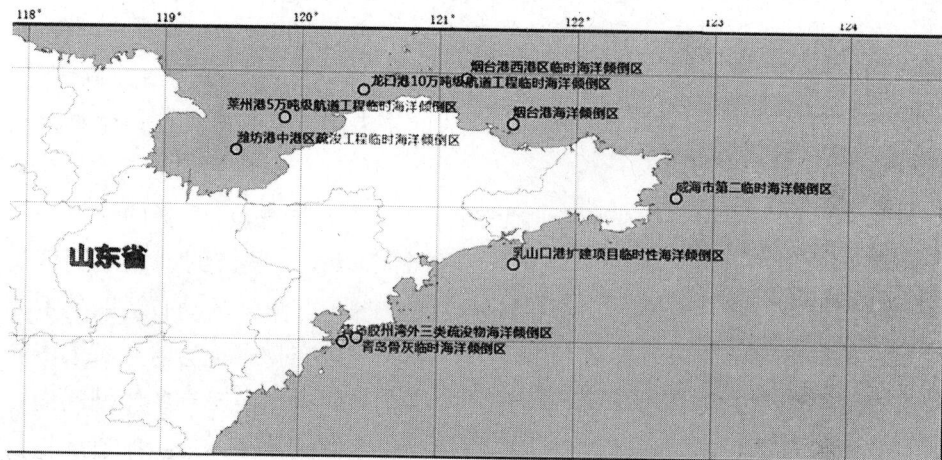

图8-3：山东省海域海洋倾倒区位置分布图①

的内海，因其独特的地理特征，自身的纳污净化能力非常有限，随着渤海周边省份经济的发展，沿海工程大量的疏浚物被倾废，渤海承受的环境压力也

---

① 资料来源：国家海洋局北海分局环保处提供。

越来越大。因此在渤海区域内设置倾倒区必须要经过科学论证，努力将海洋倾倒区对海洋环境的影响降到最低。但是，随着山东省蓝色经济的发展以及海洋倾废活动的愈加频繁，山东省的海洋倾倒区使用难以满足发展需求，海洋倾倒区的使用与管理问题不断出现，如何有效使用与管理海洋倾倒区已成为海洋倾废管理工作的重中之重。

一、倾倒区大多近海设置

山东省海洋倾倒区位置基本都处于渤海和黄海两海域的近海区域，尤其集中在渤海海区。渤海作为一个半封闭的内海，海水交换能力差，海洋生态系统脆弱。黄河、海河、辽河三大流域径流汇入渤海，陆源污染排海量大，又加之环渤海地区是我国经济发展的热点区域，滨海城市化及临海工业发展迅猛，易造成海洋污染，渤海本身就承受着很大的环境压力。由于在渤海区域设置倾倒区，倾废运输成本相对较低，但在充分发挥这个优势的同时，因其自身净污能力有限，往往加重了海洋环境的污染程度。近年来，渤海海域尤其是近岸海域，海洋环境污染非常严重，海生动植物死亡率很高。海水中的主要污染物是无机氮、活性磷酸盐和石油类（见图8-4）。有人担心，如果人们继续向其中排放大量陆源污染，继续选择渤海海域作为海洋倾倒区，而不采取措施进行有效治理，也许在不久的将来渤海将变成无任何生物存在的"死海"。

另外，黄海也是一个半封闭陆间海，是平均海洋深度45米的浅海。从图8-3中可以看出，烟台市、威海市、青岛市以及日照市的一些倾倒区设置在黄海近海海域，这些区域多是捕捞、水产养殖等海洋活动较活跃的重要区域，同时还是大型港口所在地，在此区域倾倒废弃物难免会对近海水产养殖业的水质以及海洋浮游生物的生境产生影响，同时也由于有些倾倒区设置在航道附近，航道附近水势较缓，废弃物的长期倾废造成港口、航道沉积物淤积，引起海底地形变化、底部沉积物特性局部发生变化，从而会对海洋船舶水道的航行安全造成一定影响。

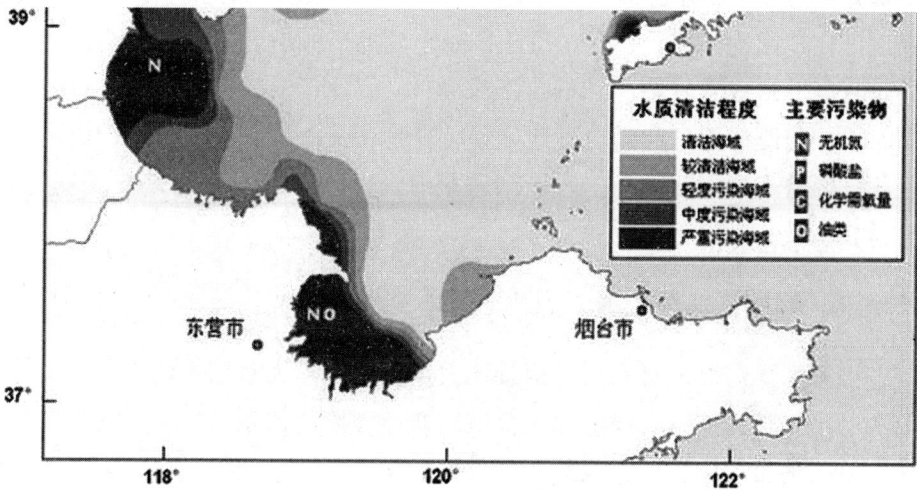

图 8-4：山东海域水质情况图①

二、倾倒区选划缺乏整体性与局部性规划

目前山东省海洋倾倒区的设置都是遵循倾废方先申请，主管部门再审批的程序，缺乏整体性长远规划与局部性短期规划，导致山东省正式倾倒区和临时倾倒区比例不协调，不能很好满足蓝色经济建设带来的日益增长的倾废量需求。根据近年来山东省海洋环境质量公报的资料显示，山东省从 2005 年到 2010 年间批准并使用的正式倾倒区只有两个：即青岛胶州湾口外海洋倾倒区和烟台港海洋倾倒区，其他海洋倾倒区全部是临时倾倒区（见表 8-1）。

随着山东半岛蓝色经济区的建设与发展，日常生产建设活动以及产生的废弃物将越来越多，这势必会增加对正式海洋倾倒区的需求。同时，沿海城市海岸经济繁荣，每年因海岸工程建设、海洋航道整治疏通、海底石油开发等经济活动产生大量的疏浚物需要倾废，对临时海洋倾倒区的需求也不断增加。但通过数据资料显示，山东省一些临时海洋倾倒区在选划批准后并未投入使用，年倾废量经常为零。经调查，造成这种现象的原因是，管理部门在为某一海岸和海洋工程等建设项目划定临时海洋倾倒区后，申请倾废的海洋

① 资料来源：北海分局环保处：《2008 年渤海海洋环境质量公报》。

工程建设方由于资金或管理等问题导致工程不能如期开工或中途夭折，以致倾倒区在期限内未能使用，根据法律规定到期后倾倒区只能关停。这势必在一定程度上造成自然资源和行政资源浪费。因此，在建设和发展蓝色经济的同时，如何既能保证科学合理地处置废弃物，又能减少资源浪费，促使资源使用与经济发展同步合作，这个问题是海洋倾废管理实践中需要反复规划、利益权衡及科学论证的问题。

三、倾倒区环境监测不到位

国家海洋局北海分局每年都投入大量资金和人力对倾倒区进行监测，但监测的结果较为笼统，没能切实反映出海洋环境的质量情况。首先，监测站位、监测项目、监测时间及频率的设置缺少针对性。例如对部分倾倒区的浮游植物和浮游动物等监测项目的设置没有较大意义；对受到倾废直接影响的底栖生物的监测过于单一；监测站位设置没有考虑周围敏感目标，缺少对照站位。其次，海洋环境监测设备较落后，监测技术不过关，导致监测结果失真。第三，监测的倾倒区大都考虑的是在用的倾倒区，多为跟踪监测，而对于已经关停倾倒区的生态环境恢复状况的监测管理开展的较少。①

四、倾倒区监管力度不够

由于海洋环境的复杂性和多变性以及违法证据难以收集的特点等，使管理部门对违法的认定和处置上因标准尺度不统一而纠纷不断。目前海上倾倒作业的监视方式主要是派出海洋监察员随倾废载运工具出航实施监视，或派出"中国海监"船、飞机定期或不定期地对倾倒区进行巡视，船舶巡航是倾废监视的主要方式，依据船载倾废仪器的记录，实时监察执行倾废任务的船只是否按时、按规定在指定区域内完成倾废作业。但这些执法仪器在生产、安装及数据出具方面的法律效力不足，还未有统一的国家计量认证来进行管理，其记录数据作为处罚证据一直存有争议。由于安装成本及程序限制，使得这些执法设备安装不平衡、使用率低以及使用不彻底，对倾废活动

---

① 郑琳、崔文林、卜志国、王梅：《渤海海洋倾倒区使用现状与管理对策研究》，《海洋开发与管理》2010年第1期。

无法实施全面有效的监视，因此，难以实时实地收集倾废船只的违法证据。

五、海洋倾倒费征收标准偏低

海洋倾废费是指所有向海洋倾倒废弃物者，都必须按照国家的有关规定，缴纳用于补偿海洋环境污染治理的费用，是一种对资源和环境利用与损害的补偿费，也是环境法规定的"污染者付费原则"的体现。既然海洋环境资源是一类综合性的资源，使用这种资源，尤其是损害性地使用，理应收取一定的补偿费用。

山东省海洋倾废费用存在标准偏低的问题。山东省海洋倾废收费标准是根据2005年国家发改委和财政部根据海洋环境保护法律法规和我国海洋倾废的实际情况发布的《国家发展改革委、财政部关于重新核定废弃物海洋倾废费收费标准的通知》（以下简称《通知》）中规定的向实施倾废的单位征缴费用的标准。根据《通知》的规定，清洁疏浚物在距离陆地12海里以内倾废，每立方米征收0.3元；12海里以外倾废，每立方米征收0.15元。其他废弃物倾废收取费用的标准要高于清洁疏浚物。倾废费用主要用于倾废活动管理和倾倒区环境修复等后续管理工作。随着海洋倾废管理成本性支出增加以及海洋倾倒区评估及监测工作费用增加，海区管理部门每年收取山东省海洋倾废费的数额严重偏低，从而影响了海洋倾废管理的有效性。

根据倾废管理工作的实际需要，相关管理部门应对现行的收费标准重新进行核定与制定。[①] 完善倾废收费制度。征收倾废费制度的作用有两点：一是补偿环境资源的损失，把收取的费用用于海洋环境的恢复和整治；二是限制和控制海上倾倒活动。目前，由于收取的费用过低，难以维持海洋倾废管理工作的顺利进行，无法调动相关管理人员的积极性，不利于对因海洋倾废造成的生态环境破坏进行修复和治理，也使得污染者宁愿污染海洋环境而不愿意从源头上降低或消除污染物损害海洋环境的结果，这势必会阻碍海洋产业的发展。征收倾废费制度的作用得不到充分发挥，就会严重影响海洋经济效益的实现，进而对发展半岛蓝色经济产生负面效应。合理地调整海洋倾废费的标准不仅是政府控制环境污染的政策体现，也是促进倾废单位采用清洁

---

① 许丽娜：《废弃物海洋倾废费征收标准有关问题的探讨》，《海洋开发与管理》2006年第3期。

工艺、减轻海洋环境污染的经济杠杆。

第三节　实现山东省海洋倾倒区有效管理的对策建议

海洋倾倒区管理的目的是保护海洋资源与环境，减少海洋倾废活动对海洋生态环境的破坏和干扰，保证海洋功能区的正常使用。总之，有效管理海洋倾倒区对海洋环境保护和海洋经济发展具有十分重要的意义。为此，依据山东省近年来对海洋倾倒区的使用状况，针对海洋倾废管理实际操作过程中存在的问题及原因分析，我们建议，从以下几方面着手实现山东省海洋倾倒区的有效使用与管理。

一、以科学合理和生态经济的原则选划海洋倾倒区

山东省海洋倾倒区主要分布在距离陆域12海里以内的海域范围内（图8-3所示），且主要分布在沿海城市及其重要港口周边。近年来，山东省倾倒区的设置，基本保证了日常生产建设活动产生的废弃物和近岸港口工程疏浚物的就近倾废，降低了废弃物处置的成本，促进了沿海城市工业经济和港口经济的发展。但是，就近倾倒废弃物虽然有其经济方便的有利一面，同时也存在影响近海海洋环境、破坏海洋生境平衡的不利一面。这就是长期以来困扰我们的经济与环境二元矛盾冲突的问题，即，要发展海洋经济，就可能会损害海洋环境。因此几十年来，学界针对这一矛盾始终在围绕"先污染，后治理"，还是"边污染，边治理"的观点争论不休。孰是孰非，我们不能妄加评断，但有一点我们必须坚持，就是海洋资源开发与利用的过程，一定要以环境保护为目的，努力将海洋环境损害降到最低。

根据《条例》和《技术导则》提出的海洋倾倒区选划工作的指导思想和原则，结合山东省实际情况，我们认为，海洋倾倒区选划应遵循"科学规划、合理利用、生态安全、经济方便"的原则。因此，在尽可能合理利用海洋空间和海洋环境吸收容量的同时，我们主张摒弃经济发展与环境保护二元对立的思维方式，做到经济、社会和环境三方面效益的统一，使倾废活动对环境的影响及对其他海洋利用功能的干扰降到最低程度，允许实施倾废作业对海洋环境的暂时性干扰，但在其影响达至海滩、海岸、海上自然保护

区、渔业捕捞养殖区等之前，必须将所受影响的海域环境加以恢复，直至与未受影响的海域同等水平。为了体现这一选划的原则和精神，我们建议在选划倾倒区时尽量选择在距陆域 12 海里以外的较远海海域设置，同时对倾倒区的选划与设置需要做详细的考察规划，此外还要组织专家进行充分论证。

二、根据经济发展需求规划设置倾倒区数量

作为我国第一个蓝色经济区，山东省具有较强的蓝色经济区海洋资源集中的优势。这一优势促使港口经济日益成为推动山东省区域经济发展的重要动力，同时使发展港口经济成为本地区与外界物资和信息交流的重要载体。频繁活跃的港口及海岸工程建设催生了沿海城市海洋经济发展。在各项工程建设中，疏浚港池淤泥和挖掘航道产生大量的疏浚泥，这些疏浚泥需要足够的倾倒区予以处置。为港口工程建设而设置的临时倾倒区，因其是由于工程需要等特殊原因划定的一次性专用倾倒区，使用期限一般不超过 1 年，使用期满后，使用单位若仍需继续使用，则应及时向该倾倒区的主管部门提出申请，获得批准后方可继续使用，但最多延长 1 年。期限届满，临时倾倒区即予以关停。

因此，国家海洋局在选划设置倾倒区之前，应从海域的整体和局部上进行战略规划，针对港口及海岸工程建设所需，根据海洋环境功能及环境容量和自净能力进行合理布局，统筹安排，科学计算出具体数量，有计划有步骤地在山东省海域选划设置海洋倾倒区。

三、加强对海洋倾倒区及其周边环境状况的环境监测管理工作

海洋倾倒区监测是对废弃物倾废后产生的有害环境影响进行的专门监测，是海洋倾倒区管理不可缺少的重要环节。通过对海洋倾倒区的监测，可及时发现由于在该区域倾废而引起的环境变化，从而对海洋倾倒区实施有效的科学化管理。如果依据监测结果发现倾倒区及附近海域环境受到污染损害，主管部门可及时采取有效应急措施，停止使用该倾倒区或停止在该倾倒区倾废某种废弃物，以避免或减少海洋倾废造成的危害，达到保护海洋环境的目的。《条例》明确规定："主管部门对海洋倾倒区应定期或不定期地进行监测，加强管理，避免对渔业资源和其他海上活动造成有害影响。当发现

倾倒区不宜继续倾废时，主管部门可决定予以封闭。"①

　　根据有关文件规定，要求正式倾倒区在倾废量每累计超过 100 万立方米后必须进行监测；临时倾倒区只要使用，就必须进行监测。对正式海洋倾倒区，应定期进行回顾评价。随着海洋环境污染愈加严重，海洋科学技术的不断进步以及人类对于自身生存环境质量的关注与重视，对于海洋倾倒区环境的监测不能只停留在单纯的污染监测水平上，更需要提高到海洋生态环境监测水平上。应该利用海洋化学、生物传感器及其集成技术、遥感监测技术以及浮标自动监测技术等方法继续加强对海洋倾倒区环境的监测。

　　总之，发展蓝色经济区要依法对海洋开发项目进行环境影响评估等措施，建立海洋环境监测体系，适时掌握各种污染物入海量和时空分布特征，及时解决环境污染问题，并根据沿海经济发展实际需求合理安排倾倒区数量，实现海洋资源的集约可持续利用。

四、提高海洋倾废执法能力建设

　　对海洋倾倒区的有效使用与管理是一项长期复杂的工程。加强对疏浚和倾废行为的规范和管理，依法惩处违法行为，要求山东省市各级海洋主管部门及国家海洋机构不断提高倾废执法能力，为倾倒区的有效使用与管理打下坚实的基础。具体措施如下：

　　在海洋倾废巡航检查方面，首先，加大巡航检查力度，增加执法船舶数量和巡查频率，扩大巡查范围，尤其加强夜间及节假日巡航执法。建立与海洋管理各部门有效衔接的应急管理体系与运行机制，完善管理资源储备，加强应急队伍演练和建设，对集中倾废的区域定期开展风险排查和评估，积极防控突发性违规倾废事件。其次，适当开展专项整治联合执法行动。联合各海域当地执法管理支队和部门，调配执法设备和人员，集中对倾倒区分布密集的区域进行监视和监管。联合各沿海市的海洋与渔业行政管理部门、港口行政管理部门以及海事行政管理部门进行综合执法。

　　在海洋倾废执法设施方面，出台强制性规定，要求山东省所辖海区内进行海洋倾废活动的船舶必须安装倾废航行数据记录仪，对现行的倾废船舶开

---

　　① 《中华人民共和国海洋倾废管理条例》。

展全面普查，彻底实行强制安装政策。此外，还要完善倾废仪生产应用手续及行业技术标准和规范。由国家海洋行政主管部门颁发许可证，各海区选择具有研制生产倾废仪设备经验的技术单位来完成生产和安装。[①] 在人员配备方面，要加强对执法人员的全面培训，在掌握专业技术和方法的同时，也需要掌握涉海法律、法规及相关制度规定，这样在处理各种倾废违法案件时，才能做到依据具体规定，利用科学方法，做出准确判断。

五、建立海洋倾废生态损害赔偿和损失补偿机制

为深入贯彻实施山东半岛蓝色经济区发展战略规划，加强海洋环境整治与保护，恢复海洋生态，促进海洋经济可持续发展，山东省财政厅、省海洋与渔业厅联合制定下发了《山东省海洋生态损害赔偿费和损失补偿费管理暂行办法》（以下简称《办法》），这是我国首个海洋生态损害损失赔偿补偿办法，为保护海洋生态环境提供了重要的政策依据。《办法》主要内容包括：海洋生态损害赔偿和损失补偿的界定、海洋生态损害赔偿和损失补偿的提出主体和适用范围、赔偿费和补偿费的征收、使用管理和用途、损失补偿费的各级分成和减免、对赔偿费和补偿费征缴和使用的监督检查等。《办法》首次明确了对海洋倾废、海洋溢油等八种海洋污染事故和违法开发行为的损害评估标准，并严令照价赔偿补偿。

《办法》的出台为海洋倾废生态损害赔偿和损失补偿机制的建立提供了政策依据。建立海洋倾废生态损害赔偿和损失补偿机制，应该明确海洋倾废生态损害赔偿和损失补偿的界定。海洋倾废生态损害赔偿，是指违规违法进行海洋倾废作业所造成的生态破坏和海洋污染事故，必须对由其造成的国有资产损害做出赔偿。常见损害行为有违法海洋倾废，如不按照倾废许可证的规定超量倾废、不在指定区域倾废以及未在规定期限内完成倾废的行为。海洋倾废生态损失补偿，是指合法进行海洋倾废造成的生态破坏必须得到补偿，遵循"凡用海，必补偿"原则。

除了明确海洋倾废生态损害赔偿和损失补偿的界定，建立海洋倾废生态损害赔偿和损失补偿机制需解决三个基本问题：一是如何确定赔偿、补偿标

① 何桂芳等：《改进海洋倾废监控仪器装备的初步设想》，《海洋开发与管理》2011年第1期。

准。无论是海洋倾废的污染损害赔偿还是生态补偿，难点在于生态损失和环境污染的后果难以量化。二是如何界定赔偿补偿的责任主体。这涉及"谁赔偿，补偿给谁"的问题，对于海洋倾废而引起的海洋生态损害赔偿与海洋生态损失补偿费用，是作为污染受害者的损失补偿，还是成为政府工作人员的额外收入，相关管理部门应该认真权衡利益权属。三是赔偿补偿金如何使用。《办法》规定海洋生态损害赔偿费和海洋生态损失补偿费专项用于海洋与渔业生态环境修复、保护、整治和管理。关于赔偿补偿金的使用，相关部门应该确保最后实际的使用情况是否真能如《办法》中要求的一样，是不是真的用在增殖放流、恢复海洋生态建设上。①

---

　　① 此章节引自吕建华《山东省海洋倾倒区使用现状与管理对策研究》，《东方行政论坛文集》（第1辑）2012年第1期。

结　语

　　中国的海洋倾废管理自 1985 年颁布的《海洋倾废管理条例》开始至今，已走过近 30 年的历程，取得了较为显著的管理成效：倾倒区倾废量已控制在年平均 6500 万吨以下；倾倒区设置的个数近几年呈下降的态势；倾倒区倾废物严格控制为清洁的三类疏浚物和人体骨灰倾废；倾废船强制安装的倾废仪科技含量有了很大的提高；倾废费的征收标准根据治理污染的成本加大有较大幅度的提高；海洋倾废执法队伍得到整合统一；海洋倾废活动环境影响评价制度已开始在实践中应用；海洋倾倒区选划制度和许可证制度更加完善。更加值得一提的是，我国新当选的新一届中央领导班子上任后，正式启动建设海洋强国战略，海洋事业发展的春天已真正到来。如此多的利好消息无疑给我国海洋倾废管理工作注入了一剂强心剂。笔者欣慰自己已经以一个学者的身份对我国海洋倾废管理从理论到实践进行了系列问题研究并获得了较突出的学术成果和学术地位。今后，笔者将继续潜心致力于该领域问题研究，比如关于海洋倾废费用的征收主体和标准问题；关于倾倒区倾废量的容量以及怎样控制倾废量问题……，这些问题都将关乎我国海洋倾废管理的成效。因此，笔者深感继续该主题的后续研究依然任重而道远。让我们以伟大诗人屈原"路漫漫其修远兮，吾将上下而求索"这句名言共勉。

附　录

一、防止倾倒废物及其他物质污染
海洋公约（1972 伦敦公约）

本公约各缔约国，认识到海洋环境及赖以生存的生物对人类至关重要，确保对海洋环境进行管理使其质量和资源不致受到损害，关系到全体人民的利益；同时认识到海洋吸收废物与转化废物为无害物质以及使自然资源再生的能力不是无限的；也认识到各国按照联合国宪章和国际法原则，有权依照本国的环境政策开发其资源，并有责任保证在其管辖或控制范围内的活动不致损害其他国家的环境或各国管辖范围以外区域的环境；忆及联合国大会关于国家管辖范围以外海床洋底及其底土的原则的第 2749（XXV）号决议；注意到海洋污染有许多来源，诸如通过大气、河流、河口、下水道及管道的倾倒和排放；各国应当采取最切实可行的办法防止这类污染，并发展能够减少需要处置的有害废物数量的产品生产工艺；确信国际间能够并且必须刻不容缓地采取行动，以控制由于倾倒废物而污染海洋，但此种行动不应排除尽快地讨论控制海洋污染其他来源的措施；希望通过鼓励特定地理区域内具有共同利益的各国缔结适当的协定作为本公约的补充，以改进对海洋环境的保护。兹协议如下：

第一条　各缔约国应个别地或集体地促进对海洋环境污染的一切来源进行有效的控制，并特别保证采取一切切实可行的步骤，防止为倾倒废物及其他物质污染海洋，因为这些物质可能危害人类健康，损害生物资源和海洋生物，减损环境优美，或妨碍对海洋的其他合法利用。

第二条 各缔约国应按照下列条款的规定，依其科学、技术及经济的能力，个别地和集体地采取有效措施，以防止因倾倒而造成的海洋污染，并在这方面协调其政策。

第三条 为本公约的目的：

（一）1."倾倒"的含义是：

（1）任何从船舶、航空器、平台或其他海上人工构筑物上有意地在海上倾弃废物或其他物质的行为；

（2）任何有意地在海上弃置船舶、航空器、平台或其他海上人工构筑物的行为。

2."倾倒"不包括：

（1）船舶、航空器、平台或其他海上人工构筑物及其设备的正常操作所附带发生或产生的废物或其他物质的处置。但为了处置这种物质而操作的船舶、航空器、平台或其他海上人工构筑物所运载或向其输送的废物或其他物质，或在这种船舶、航空器、平台或构筑物上处理这种废物或其他物质所产生的废物或其他物质均除外；

（2）并非为了单纯处置物质而放置物质，但以这种放置不违反本公约的目的为限。

3. 由于海底矿物资源的勘探、开发及相关的海上加工所直接产生的或与此有关的废物或其他物质的处置，不受本公约规定的约束。

（二）"船舶和航空器"系指任何类型的海、空运载工具，包括不论是否是自动推进的气垫船和浮动工具。

（三）"海"系指各国内水以外的所有海域。

（四）"废物或其他物质"系指任何种类、任何形状或任何式样的材料和物质。

（五）"特别许可证"系指按照附件二和附件三的规定，经过事先申请而特别颁发的许可证。

（六）"一般许可证"系指按照附件三规定，事先发放的许可证。

（七）"机构"系指各缔约国按照第十四条第（二）款的规定所指定的

机构。

第四条　（一）按照本公约规定，各缔约国应禁止倾倒任何形式和状态的任何废物或其他物质，除非以下另有规定：

1. 倾倒附件一所列的废物或其他物质应予禁止；

2. 倾倒附件二所列的废物或其他物质需要事先获得特别许可证；

3. 倾倒一切其他废物或物质需要事先获得一般许可证。

（二）在发放任何许可证之前，必须慎重考虑附件三中所列举的所有因素，包括对该附件第（二）款及第（三）款所规定的倾倒地点的特点的事先研究。

（三）本公约的任何规定不得解释为阻止某一缔约国在其所关心的范围内禁止倾倒未列入附件一的废物或其他物质。该缔约国应向该"机构"报告这类措施。

第五条　（一）在恶劣天气引起不可抗力的情况下，或对人命构成危险或对船舶、航空器、平台或其他海上人工构筑物构成实际威胁的任何情况下，当保证人命安全或船舶、航空器、平台或其他海上构筑物的安全确有必要时，如果倾倒是防止威胁的唯一办法，并确信倾倒所造成的损失将小于用其他办法而招致的损失，则不适用第四条的规定。进行这类倾倒活动应尽量减少对人类及海洋生物的损害，并应立即向该"机构"报告。

（二）当对人类健康造成不能容许的危险，并且没有其他可行的解决办法的紧急情况下，一缔约国可以作为第四条第（一）款第1项的例外而签发特别许可证。在发给这类特别许可证之前，该缔约国应与可能涉及的任何国家及该"机构"协商，该"机构"在与其他缔约国及适当的国际组织协商后，应根据第十四条规定，立即建议该缔约国应采取的最适当的程序。该缔约国应于必须采取行动的时间内，并遵守避免损害海洋环境的普遍义务，而在最大可能范围内遵循这些建议，并报告该"机构"其所采取的行动。各缔约国保证在这类情况下互相帮助。

（三）任何一个缔约国在批准或加入该公约时或在此以后，可以放弃第（二）款规定的权利。

第六条　（一）每一缔约国应指定一个或数个适当的机关，以执行下列事项：

　　1. 颁发在倾倒附件二所列的物质之前及为倾倒这类物质，以及出现第五条第（二）款所规定的情况时所需要的特别许可证；

　　2. 颁发在倾倒一切其他物质之前及为倾倒这类物质所需要的一般许可证；

　　3. 记录许可倾倒的一切物质的性质和数量，以及倾倒的地点、时间和方法；

　　4. 为本公约的目的，个别地或协同其他缔约国和主管的国际组织对海域状况进行监测。

　　（二）缔约国的适当机关，应按第（一）款规定对于准备倾倒的下列物质预先颁发特别许可证或一般许可证：

　　1. 在其领土上装载的物质；

　　2. 在其领土上登记或悬挂其国旗的船舶或航空器所装载的物质，如果这类物质系在非本公约缔约国的领土上装载。

　　（三）根据上述第（一）款第 1、2 项规定颁发许可证时，适当机关应遵守附件三的规定以及其认为有关的其他标准、措施和要求。

　　（四）每一缔约国应直接地或通过根据区域协定设立的秘书处向该"机构"以及必要时向其他缔约国报告本条第（一）款第 3、4 项所规定的情报及按照本条第（三）款采用的标准、措施和要求。应遵循的程序及这类报告的性质应由各缔约国协商同意。

　　第七条　（一）每一缔约国应将为实施本公约所必要的措施应用于：

　　1. 在其领土上登记的或悬挂其国旗的所有船舶和航空器；

　　2. 在其领土上或领海内装载行将倾倒的物质的所有船舶和航空器；

　　3. 在其管辖下的被认为是从事倾倒活动的所有船舶和航空器，以及固定或浮动平台。

　　（二）每一缔约国应在其领土内采取适当的措施，以防止和处罚违反本公约规定的行为。

　　（三）各缔约国同意合作，以制订有效地适用本公约的程序，特别是适用于公海上的程序，其中包括报告所发现的违反本公约的规定进行倾倒活动的船舶和航空器的程序。

　　（四）本公约不适用于根据国际法享有主权豁免的船舶和航空器。但是每一缔约国应采取适当措施，确保其拥有或使用的这类船舶和航空器按照本公约的宗旨和目的行动，并应向该"机构"做出相应的报告。

（五）本公约的任何规定均不影响每一缔约国根据国际法原则采取防止海上倾倒的其他措施的权利。

第八条　为促进本公约各项目标的实现，对于保护某一特定地理区域的海洋环境有共同利益的各缔约国，应考虑到特定区域的特征，尽力达成与本公约一致的防止污染（特别是倾倒造成的污染）的区域协定。本公约各缔约国应尽力按这类区域协定的目标及规定行事，该"机构"应将这类协定通知各缔约国。本公约各缔约国应寻求与这类区域协定的各缔约国合作，以制订其他有关公约的缔约国所应遵守的协调程序，特别应注意在监测和科学研究方面的协作。

第九条　本公约各缔约国应通过该"机构"内以及其他国际团体内的协作，促进对在下列方面要求帮助的缔约国的支持：

（一）训练科学和技术人员；

（二）提供科学研究及监测所必需的设备和装置；

（三）废物的处置和处理及其他防止或减轻倾倒引起的污染的措施，并最好在有关国家内进行，以促进本公约的宗旨及目的的实现。

第十条　依照一国内倾倒废物和其他各种物质而损害他国环境或任何其他区域的环境而承担责任的国际法原则，各缔约国应着手制定确定责任和解决因倾倒引起的争端的程序。

第十一条　各缔约国应在其第一次协商会议上考虑解决有关因解释及适用本公约引起的争端的程序。

第十二条　各缔约国保证在各主管专门机构及其他国际团体内，促进为保护海洋环境免受下列物质污染而采取措施：

（一）包括油料在内的碳氢化合物及其废物；

（二）并非为倾倒的目的而由船舶运送的其他有害或危险物质；

（三）在船舶、航空器、平台及其他海上人工构筑物操作过程中产生的废物；

（四）包括源于船舶的各种来源的放射性污染物质；

（五）化学和生物战争制剂；

（六）由海底矿物资源的勘探、开发及相关的海上加工而直接产生的或与此有关的废物或其他物质。

同时各缔约国将在适当的国际组织内促进编订从事倾倒的船舶应使用的信号。

第十三条 本公约不影响依照联合国大会第 2750（XXV）号决议召开的联合国海洋法会议对海洋法的编纂和发展，也不影响任何国家现在或将来关于海洋法和沿岸国管辖权及船旗国管辖权的性质和范围的主张及法律观点。各缔约国同意在海洋法会议后，无论如何不迟于 1976 年，由该"机构"召开会议进行协商，以便确定沿岸国在邻接其海岸的区域中适用本公约的权利和责任的性质和范围。

第十四条 （一）在本公约生效后 3 个月内，作为公约保存国的大不列颠及北爱尔兰联合王国政府应召集一次缔约国会议，以决定有关组织事项。

（二）各缔约国应指定一个在上述会议召开时存在的主管"机构"，负责履行有关本公约的秘书处的职责。不是该"机构"成员国的本公约任何缔约国均应适当分担该"机构"在履行其职责中产生的费用。

（三）该"机构"的秘书处职责应包括：

1. 至少每两年召集一次缔约国协商会议，并根据 2/3 以上成员国的要求随时召集缔约国特别会议；

2. 与各缔约国及适当的国际组织协商，在制订与履行本条第（四）款第 5 项所述的程序中，进行准备并提供协助；

3. 审议各缔约国的询问以及情报，与各缔约国及适当的国际组织协商，对本公约未专门规定的有关本公约的问题，向各缔约国提供建议；

4. 向有关缔约国转交该"机构"按照第四条第（三）款，第五条第（一）款、第（二）款，第六条第（四）款，第十五条，第二十一条规定所收到的所有通知；

在指定"机构"之前，为执行这些职责的目的，有必要由保存国，即大不列颠及北爱尔兰联合王国履行。

（四）各缔约国的协商会议或特别会议应不断审查本公约的履行情况，并且，除其他之外可以：

1. 按照第十五条审查并通过对本公约及其附件的修正案；

2. 邀请适当的科学团体与各缔约国或该"机构"协作，并就有关本公约的任何科学或技术问题，特别是各附件的内容，提供咨询意见；

3. 接收并审议按照第六条第（四）款提出的报告；

4. 促进与防止海洋污染有关的区域性组织的协作以及这类组织间的协作；

5. 与适当的国际组织协商，以制定或通过第五条第（二）款所述程序，其中包括确定非常情况和紧急情况的基本标准，以及在这种情况下提供咨询意见和安全处置物质的程序，包括指定适当的倾倒区和提供相应的建议；

6. 考虑可能需要的任何其他行动。

（五）各缔约国在其第一次协商会议上应制订必要的议事规则。

第十五条 （一）1. 在按第十四条规定召开的缔约国会议上，可以由到会的 2/3 多数通过对本公约的修正案。修正案在 2/3 的缔约国向该"机构"交存接受证书后第 60 天起对接受该修正案的缔约国生效。此后，该修正案在其他任何缔约国交存接受修正案的证书后第 30 天起，对该缔约国生效。

2. 该"机构"应通知所有缔约国关于根据第十四条规定召开特别会议的任何请求和在缔约国会议上通过的任何修正案，以及通过的每一修正案对每个缔约国生效的日期。

（二）对附件的修正应以科学或技术上的考虑为依据。在按第十四条规定召开的会议上，以到会 2/3 多数通过的对附件的修正案，应在每一缔约国通知该"机构"表示接受该修正案后对该缔约国立即生效，并在会议通过该修正案 100 天后对所有其他缔约国生效，但在 100 天期间内声明在当时不能接受该修正案的缔约国除外。在会议上通过修正案后，各缔约国应尽快向该"机构"表示它们接受修正案。一缔约国可以在任何时候以表示接受的声明来代替先前所作的反对声明，因而其先前反对过的修正案应立即对该缔约国生效。

（三）根据本条规定对修正案的接受或声明反对，均应向该"机构"交存证书。该"机构"应将上述证书的收讫通知所有缔约国。

（四）在指定"机构"之前，此条中属于秘书处的职责应暂时由作为本公约保存国的大不列颠及北爱尔兰联合王国政府临时承担。

第十六条 本公约自 1972 年 12 月 29 日至 1973 年 12 月 31 日在伦敦、

墨西哥城、莫斯科和华盛顿对所有国家开放签字。

第十七条　本公约须经批准。批准书应交墨西哥、苏维埃社会主义共和国联盟、大不列颠及北爱尔兰联合王国和美利坚合众国政府保存。

第十八条　1973年12月31日后，本公约应向所有其他国家开放加入。加入书应交墨西哥、苏维埃社会主义共和国联盟、大不列颠及北爱尔兰联合王国和美利坚合众国政府保存。

第十九条　（一）本公约应自第15份批准书或加入书交存后第30天生效。

（二）对于在交存第15份批准书或加入书后批准或加入本公约的各个缔约国，本公约应在该国交存批准书或加入书后第30天起对该缔约国生效。

第二十条　保存国应将下述情况通知各缔约国：

（一）按照第十六条、第十七条、第十八条和第二十一条规定关于本公约的签字以及批准书、加入书或退出书的交存情况；

（二）按照第十九条规定关于本公约生效的日期。

第二十一条　任何缔约国可以在书面通知一保存国后6个月退出本公约，该保存国应立即将这类通知告知所有缔约国。

第二十二条　本公约的原本应交墨西哥、苏维埃社会主义共和国联盟、大不列颠及北爱尔兰联合王国和美利坚合众国政府保存，其英文、法文、俄文和西班牙文本具有同等效力。保存国应将经认证无误的副本分送所有国家。

下列各全权代表根据本国政府的正式授权签字于本公约，以昭信守。（签名略）

1972年12月29日订于伦敦、墨西哥城、莫斯科及华盛顿，共4份。

附件一

（一）有机卤素化合物。

（二）汞及汞化合物。

（三）镉及镉化合物。

（四）耐久塑料及其他耐久性合成材料，如渔网和绳索。这类物质能漂浮在海面或悬浮在水中，以致严重地妨碍捕鱼、航行或对海洋的其他合法利用。

（五）为倾倒的目的而装在船上的原油及其废物、经提炼的石油产品、石油馏出物残渣以及含上述任何物质的混合物。

（六）在这一领域的国际主管机构（目前是国际原子能机构）根据公共卫生、生物或其他理由，确定为不宜在海上倾倒的强放射性废物和其他强放射性物质。

（七）为生物和化学战争制造的任何形态的物质（固体、液体、半液体、气体或活性物质）。

（八）本附件的上述条款不适用于通过海中物理、化学或生物过程迅速地转化为无害的物质，其前提是这些物质不会：

1. 使可食用的海洋生物变味；

2. 危及人类和家畜家禽的健康。

如果对这些物质的无害性持有疑问，缔约国可遵循第十四条规定的程序进行协商。

（九）本附件不适用于含有上述第（一）至第（五）项所提及的物质之废物或其他材料（如阴沟淤泥和疏浚污物）的痕量沾污物。这类废物的倾倒相应地适用附件二和附件三的规定。

（十）本附件第（一）款和第（五）款不适用于通过海上焚烧而处置的在这些款项中提及的废物或其他物质。在海上焚烧这类废物和其他物质需要事先获得特别许可证。在为焚烧颁发特别许可证时，缔约国应适用本附件的附录（此附录为本附件整体的一部分）所载"海上焚烧废物及其他物质的管理条例"，并充分考虑各缔约国协商通过的"海上焚烧废物及其他物质管理技术指南"。

附录①

（附件一）海上焚烧废物及其他物质管理条例

第一部分

第一条　定义

为本附录的目的：

---

① 本附录作为一个修正案于 1978 年第 3 次缔约国协商会议与附件一第（十）款一起通过。此修正案于 1979 年 3 月 11 日生效。

（一）"海洋焚烧设施"系指为在海上焚烧的目的而作业的船舶、平台或其他人工构筑物。

（二）"海上焚烧"系指以热摧毁为目的而在海洋焚烧设施上有意地焚毁废物或其他物质的行为。船舶、平台或其他人工构筑物在正常操作中所附带发生的行为不在此定义范围内。

第二条　适用

（一）本条例的第二部分适用于下列废物或其他物质：

（1）附件一第（一）款提及的物质；

（2）附件一未包括的杀虫剂及其副产品。

（二）缔约国在按照本条例向海上焚烧签发许可证之前应首先考虑选择实际已有的陆上处理、处置或消除的方法，或实际已有的可减轻废物或其他物质有害程度的处理方法。海上焚烧不应被解释为阻止为找到对环境来说更好的解决方法（包括发展新技术）而做出努力。

（三）除了本条第（一）款所提到的，附件一第（十）款和附件二第（五）款提及的废物或其他物质的海上焚烧应根据签发特别许可证的缔约国的意愿加以管理。

（四）焚烧本条第（一）款和第（三）款未提到的废物或其他物质应获得一般许可证。

（五）在签发本条第（三）款和第（四）款中提及的许可证时，缔约国应充分考虑本条例所有可适用的条款，并充分考虑"海上焚烧废物和其他物质管理技术指南"中与此项废物有关的内容。

第二部分

第三条　焚烧系统的批准和检查

（一）对每一个建议的海洋焚烧设施的焚烧系统均应附诸下列检查。按照本公约第七条第（一）款的规定，准备颁发焚烧许可证的缔约国应确保完成对即将使用的海洋焚烧设施的检查，焚烧系统应符合本条例的规定。如首次检查是根据某一缔约国的指令进行的，则该缔约国应颁发一个规定试验要求的特别许可证。每次检查的结果应记录在检查报告中。

①首次检查应确保在焚烧废物或其他物质的过程中燃烧摧毁率超过

99.9%。

②作为这种首次检查的一部分，指示进行这种检查的国家应：

1）批准温度测量装置的选址、型号和使用方式；

2）批准气体取样系统，包括探头位置、分析装置和记录方式；

3）确保如果温度降到最低许可温度以下，批准的装置的安装应能自动停止向焚烧炉添加废物；

4）确保除通过焚烧炉的正常作业进行处置外，不得通过其他海洋焚烧设施处置废物或其他物质；

5）批准可控制并记录废物和燃料添加速率的装置；

6）通过使用行将被焚烧的典型废物进行仔细的炉身监测试验的方法，包括对 O_2、CO、CO_2、卤化有机物含量以及碳氢化合物总量的测定，来确认焚烧系统的运转情况。

③应至少每两年对焚烧系统进行一次检查以确保焚烧炉继续符合本条例的规定。两年一度的检查范围应基于对过去两年中作业数据和维修记录的评价。

（二）在一次检查令人满意地结束之后，如认为焚烧系统与本条例的规定相符，缔约国应颁发一项批准书，并附有一份检查报告，其他缔约国应对一缔约国所颁发的批准书予以承认，除非有明显的理由相信该焚烧系统不符合本条例的规定。每次颁发的批准书和检查报告均应向该"机构"提交一份副本。

（三）在任何一次检查完成之后，未经颁发批准书的缔约国同意，不得做出可影响焚烧系统运转的重大改变。

第四条　需特别研究的废物

（一）在某一缔约国对建议焚烧的废物或其他物质的热摧毁程度表示怀疑的情况下，应进行尝试性试验。

（二）在某一缔约国准备允许焚烧废物或其他物质而对燃烧效率存在疑虑的情况下，应对焚烧系统进行和首次焚烧系统检查同样仔细的炉身检查。应考虑对颗粒进行取样，并考虑到废物的固体含量。

（三）最低许可火焰温度应为第五条中所列的温度，除非对海洋焚烧设施进行的试验结果表明所需的燃烧和摧毁速率可以较低的温度进行。

（四）应将本条第（一）、（二）、（三）款中提及的特别研究结果记录下来并附在检查报告后。特别研究的结果应向该"机构"提交一份副本。

第五条 操作要求

（一）应控制焚烧系统的操作，以确保废物或其他物质的焚烧在不低于摄氏 1250 度的火焰温度下进行，但第四条所述情况除外。

（二）燃烧效率应至少是 99.95±0.05%，基于：

$$燃烧效率 = \frac{C_{CO_2} - C_{CO}}{C_{CO_2}} \times 100$$

其中 C_{CO_2} = 燃烧气体中二氧化碳的浓度。

C_{CO} = 燃烧气体中一氧化碳的浓度。

（三）炉台上不应有黑烟或火焰延露。

（四）海洋焚烧设施在焚烧的任何时候都应对无线电呼叫迅速做出反应。

第六条 记录装置和记录

（一）海洋焚烧设施应使用根据第三条批准的记录装置和方法。作为最低要求，在每次焚烧作业中，应记录下列数据并留待颁发许可证的缔约国进行检查：

①用批准的温度测量装置进行的连续温度测量；

②焚烧的日期和时间及对被焚烧的废物的记录；

③用适当导航手段记录的船舶位置；

④对废物和燃料的添加速率——液状废物和燃料则是流动速率，应作连续记录；后一要求不适用于在 1979 年 1 月 1 日或以前作业的船舶；

⑤燃烧气体中 CO 和 CO_2 的浓度；

⑥船舶的航线和速度。

（二）由缔约国依照第三条颁发的批准书和准备的检查报告副本，以及为在设施上焚烧废物和其他物质而颁发的焚烧许可证副本应保留在海洋焚烧设施所在地。

第七条 对焚烧废物性质的控制

海上焚烧废物或其他物质的许可申请应包括废物或其他物质特性的情况。这些情况应能够符合第九条的要求。

第八条　焚烧场地

（一）在制订指导焚烧场地选划标准时需考虑的规定，除公约附件三所列之外，应包括以下规定：

①该地区的大气扩散特性——包括风速和风向、大气稳定性、转化频率和雾、降水种类和降水量、湿度——以确定从海洋焚烧设施释放出来的污染物质对周围环境的潜在影响，特别注意大气将污染物搬运到沿岸地区的可能性；

②该地区的海洋扩散特性，以评价卷流与水面相互作用的潜在影响；

③现有的导航手段。

（二）指定的永久性焚烧区的坐标应广为散发并提交该"机构"。

第九条　通知

缔约国应遵守各方协商通过的通知程序。

附件二

为了第六条第（一）款第 1 项的目的，需对下列物质和材料特别加以注意：

（一）含有大量下列物质的废物：

砷及其化合物；

铅及其化合物；

铜及其化合物；

锌及其化合物；

有机硅化合物；

氰化物；

氟化物；

未列入附件一的杀虫剂及其副产品。

（二）在颁发倾倒大量酸和碱的许可证时，应考虑到这些废物中可能含有第（一）款所列的物质以及下列其他物质：

1. 铍及其化合物；

2. 铬及其化合物；

3. 镍及其化合物；

4. 钒及其化合物；

（三）容易沉于海底，可能对捕鱼或航行造成严重障碍的容器、废金属及其他笨重的废物。

（四）未列入附件一的放射性废物或其他放射性物质，在发给倾倒这些物质的许可证时，缔约国应充分考虑这一领域的国际主管机构（目前是国际原子能机构）的建议。

（五）在为焚烧本附件所列物质和材料颁发特别许可证时，缔约国应适用附件一的附录所载"海上焚烧废物及其他物质管理条例"并充分考虑各缔约国协商通过的"海上焚烧废物及其他物质管理技术指南"并达到这些条例和指南的规定。①

（六）尽管是无毒性的物质，也可以因倾倒量过大而变得有害，或是易于严重损害环境优美的物质。②

附件三

考虑到第四条第（二）款的规定，在为签发海上倾倒物质许可证制定标准时，需要考虑的规定包括：

（一）物质的特性及成分

1. 倾倒物质的总量及平均成分（例如每年的）；

2. 形态：例如固体、污泥、液体或气体；

3. 性质：物理的（例如可溶性与比重），化学与生物化学的（例如需氧量、营养物）以及生物学的（例如病毒、细菌、酵母寄生虫的存在）；

4. 毒性；

5. 持续性：物理的、化学的及生物学的；

6. 在生物物质或沉积物中的积累及生物变化；

7. 对物理、化学、生物化学变化的敏感性及其在水中与其他溶解了的有机物和无机物的相互作用；

---

① 此附加款作为一个修正案于 1979 年召开的第 3 次缔约国协商会议通过。此修正案于 1979 年 3 月 11 日生效。

② 此附加款作为一个修正案于 1980 年召开的第五次缔约国协商会议通过。此修正案于 1981 年 3 月 11 日生效。

8. 导致某些资源（鱼、贝类等）销售量减少的污染或其他变化的可能性。

（二）倾倒地点及堆积方法的特点

1. 位置（例如倾倒区的坐标、深度及距海岸的距离）：位置与其他区域（例如娱乐区、产卵区、索饵区、捕鱼区及可开发资源区）的关系；

2. 每一特定时间的处置率（例如每日、每周、每月的数量）；

3. 包装及密封的方法（如果有的话）；

4. 通过建议的释放方法而得到的初步稀释；

5. 消散的特性（例如潮流、潮汐和风对水平输送及垂直混合的影响）；

6. 水的特性（例如温度、酸碱度、盐度、跃层、污物氧气的指数——溶解氧、化学耗氧量、生化需氧量，以有机及矿物形态存在的氮，包括氨、悬浮物、其他营养物和生产能力）；

7. 海底的特征（例如地形、地质与地质化学特征以及生物生产能力）；

8. 该区域以前倾倒的其他物质的存在及影响（例如以前倾倒物中的重金属含量及有机碳含量）；

9. 签发倾倒许可证时，各缔约国必须考虑到是否具备充分的科学依据，以便按照本附件的规定评价这种倾倒的后果，同时还要考虑到季节的变化。

（三）一般的考虑与条件

1. 对环境优美可能产生的影响（例如漂浮物或搁浅物质的存在、浑浊、不好的气味、变色、泡沫）；

2. 对海洋生物、鱼、贝类养殖、鱼类和渔业，以及海藻的培植和收获可能产生的影响；

3. 对海洋其他用途可能产生的影响（例如对工业用水质量的损害、建筑物的水下腐蚀、漂浮物对船舶操作的障碍、废物或固体物质在海底的堆积对捕鱼或航行的障碍以及为科学或资源养护的目的对特别重要区域的保护所构成的障碍）；

4. 实际上是否另有在陆地上处理、处置或清除的方法，或者可使倾倒入海的物质减少危害性的处理方法。

二、中华人民共和国海洋环境保护法

第一章　总　则

第一条　为了保护和改善海洋环境，保护海洋资源，防治污染损害，维护生态平衡，保障人体健康，促进经济和社会的可持续发展，制定本法。

第二条　本法适用于中华人民共和国内水、领海、毗连区、专属经济区、大陆架以及中华人民共和国管辖的其他海域。

在中华人民共和国管辖海域内从事航行、勘探、开发、生产、旅游、科学研究及其他活动，或者在沿海陆域内从事影响海洋环境活动的任何单位和个人，都必须遵守本法。在中华人民共和国管辖海域以外，造成中华人民共和国管辖海域污染的，也适用本法。

第三条　国家建立并实施重点海域排污总量控制制度，确定主要污染物排海总量控制指标，并对主要污染源分配排放控制数量。具体办法由国务院制定。

第四条　一切单位和个人都有保护海洋环境的义务，并有权对污染损害海洋环境的单位和个人，以及海洋环境监督管理人员的违法失职行为进行监督和检举。

第五条　国务院环境保护行政主管部门作为对全国环境保护工作统一监督管理的部门，对全国海洋环境保护工作实施指导、协调和监督，并负责全国防治陆源污染物和海岸工程建设项目对海洋污染损害的环境保护工作。

国家海洋行政主管部门负责海洋环境的监督管理，组织海洋环境的调查、监测、监视、评价和科学研究，负责全国防治海洋工程建设项目和海洋倾倒废弃物对海洋污染损害的环境保护工作。

国家海事行政主管部门负责所辖港区水域内非军事船舶和港区水域外非渔业、非军事船舶污染海洋环境的监督管理，并负责污染事故的调查处理；对在中华人民共和国管辖海域航行、停泊和作业的外国籍船舶造成的污染事故登轮检查处理。

船舶污染事故给渔业造成损害的，应当吸收渔业行政主管部门参与调查处理。国家渔业行政主管部门负责渔港水域内非军事船舶和渔港水域外渔业船舶污染海洋环境的监督管理，负责保护渔业水域生态环境工作，并调查处理前款规定的污染事故以外的渔业污染事故。

军队环境保护部门负责军事船舶污染海洋环境的监督管理及污染事故的调查处理。

沿海县级以上地方人民政府行使海洋环境监督管理权的部门的职责，由省、自治区、直辖市人民政府根据本法及国务院有关规定确定。

第二章　海洋环境监督管理

第六条　国家海洋行政主管部门会同国务院有关部门和沿海省、自治区、直辖市人民政府拟定全国海洋功能区划，报国务院批准。

沿海地方各级人民政府应当根据全国和地方海洋功能区划，科学合理地使用海域。

第七条　国家根据海洋功能区划制定全国海洋环境保护规划和重点海域区域性海洋环境保护规划。

毗邻重点海域的有关沿海省、自治区、直辖市人民政府及行使海洋环境监督管理权的部门，可以建立海洋环境保护区域合作组织，负责实施重点海域区域性海洋环境保护规划、海洋环境污染的防治和海洋生态保护工作。

第八条　跨区域的海洋环境保护工作，由有关沿海地方人民政府协商解决，或者由上级人民政府协调解决。

跨部门的重大海洋环境保护工作，由国务院环境保护行政主管部门协调；协调未能解决的，由国务院做出决定。

第九条　国家根据海洋环境质量状况和国家经济、技术条件，制定国家海洋环境质量标准。

沿海省、自治区、直辖市人民政府对国家海洋环境质量标准中未作规定的项目，可以制定地方海洋环境质量标准。

沿海地方各级人民政府根据国家和地方海洋环境质量标准的规定和本行政区近岸海域环境质量状况，确定海洋环境保护的目标和任务，并纳入人民政府工作计划，按相应的海洋环境质量标准实施管理。

第十条　国家和地方水污染物排放标准的制定，应当将国家和地方海洋环境质量标准作为重要依据之一。在国家建立并实施排污总量控制制度的重点海域，水污染物排放标准的制定，还应当将主要污染物排海总量控制指标作为重要依据。

第十一条　直接向海洋排放污染物的单位和个人，必须按照国家规定缴纳排污费。

向海洋倾倒废弃物，必须按照国家规定缴纳倾倒费。

根据本法规定征收的排污费、倾倒费，必须用于海洋环境污染的整治，不得挪作他用。具体办法由国务院规定。

第十二条　对超过污染物排放标准的，或者在规定的期限内未完成污染物排放削减任务的，或者造成海洋环境严重污染损害的，应当限期治理。

限期治理按照国务院规定的权限决定。

第十三条　国家加强防治海洋环境污染损害的科学技术的研究和开发，对严重污染海洋环境的落后生产工艺和落后设备，实行淘汰制度。

企业应当优先使用清洁能源，采用资源利用率高、污染物排放量少的清洁生产工艺，防止对海洋环境的污染。

第十四条　国家海洋行政主管部门按照国家环境监测、监视规范和标准，管理全国海洋环境的调查、监测、监视，制定具体的实施办法，会同有关部门组织全国海洋环境监测、监视网络，定期评价海洋环境质量，发布海洋巡航监视通报。

依照本法规定行使海洋环境监督管理权的部门分别负责各自所辖水域的监测、监视。

其他有关部门根据全国海洋环境监测网的分工，分别负责对入海河口、主要排污口的监测。

第十五条　国务院有关部门应当向国务院环境保护行政主管部门提供编制全国环境质量公报所必需的海洋环境监测资料。

环境保护行政主管部门应当向有关部门提供与海洋环境监督管理有关的资料。

第十六条　国家海洋行政主管部门按照国家制定的环境监测、监视信息管理制度，负责管理海洋综合信息系统，为海洋环境保护监督管理提供服务。

第十七条　因发生事故或者其他突发性事件，造成或者可能造成海洋环境污染事故的单位和个人，必须立即采取有效措施，及时向可能受到危害者通报，并向依照本法规定行使海洋环境监督管理权的部门报告，接受调查处理。

沿海县级以上地方人民政府在本行政区域近岸海域的环境受到严重污染时，必须采取有效措施，解除或者减轻危害。

第十八条　国家根据防止海洋环境污染的需要，制定国家重大海上污染事故应急计划。

国家海洋行政主管部门负责制定全国海洋石油勘探开发重大海上溢油应急计划，报国务院环境保护行政主管部门备案。

国家海事行政主管部门负责制定全国船舶重大海上溢油污染事故应急计划，报国务院环境保护行政主管部门备案。

沿海可能发生重大海洋环境污染事故的单位，应当依照国家的规定，制定污染事故应急计划，并向当地环境保护行政主管部门、海洋行政主管部门备案。

沿海县级以上地方人民政府及其有关部门在发生重大海上污染事故时，必须按照应急计划解除或者减轻危害。

第十九条　依照本法规定行使海洋环境监督管理权的部门可以在海上实行联合执法，在巡航监视中发现海上污染事故或者违反本法规定的行为时，应当予以制止并调查取证，必要时有权采取有效措施，防止污染事态的扩大，并报告有关主管部门处理。

依照本法规定行使海洋环境监督管理权的部门，有权对管辖范围内排放污染物的单位和个人进行现场检查。被检查者应当如实反映情况，提供必要的资料。

检查机关应当为被检查者保守技术秘密和业务秘密。

第三章　海洋生态保护

第二十条　国务院和沿海地方各级人民政府应当采取有效措施，保护红树林、珊瑚礁、滨海湿地、海岛、海湾、入海河口、重要渔业水域等具有典型性、代表性的海洋生态系统，珍稀、濒危海洋生物的天然集中分布区，具

有重要经济价值的海洋生物生存区域及有重大科学文化价值的海洋自然历史
遗迹和自然景观。

对具有重要经济、社会价值的已遭到破坏的海洋生态，应当进行整治和
恢复。

第二十一条　国务院有关部门和沿海省级人民政府应当根据保护海洋生
态的需要，选划、建立海洋自然保护区。

国家级海洋自然保护区的建立，须经国务院批准。

第二十二条　凡具有下列条件之一的，应当建立海洋自然保护区：

（一）典型的海洋自然地理区域、有代表性的自然生态区域，以及遭受
破坏但经保护能恢复的海洋自然生态区域；

（二）海洋生物物种高度丰富的区域，或者珍稀、濒危海洋生物物种的
天然集中分布区域；

（三）具有特殊保护价值的海域、海岸、岛屿、滨海湿地、入海河口和
海湾等；

（四）具有重大科学文化价值的海洋自然遗迹所在区域；

（五）其他需要予以特殊保护的区域。

第二十三条　凡具有特殊地理条件、生态系统、生物与非生物资源及海
洋开发利用特殊需要的区域，可以建立海洋特别保护区，采取有效的保护措
施和科学的开发方式进行特殊管理。

第二十四条　开发利用海洋资源，应当根据海洋功能区划合理布局，不
得造成海洋生态环境破坏。

第二十五条　引进海洋动植物物种，应当进行科学论证，避免对海洋生
态系统造成危害。

第二十六条　开发海岛及周围海域的资源，应当采取严格的生态保护措
施，不得造成海岛地形、岸滩、植被以及海岛周围海域生态环境的破坏。

第二十七条　沿海地方各级人民政府应当结合当地自然环境的特点，建
设海岸防护设施、沿海防护林、沿海城镇园林和绿地，对海岸侵蚀和海水入
侵地区进行综合治理。

禁止毁坏海岸防护设施、沿海防护林、沿海城镇园林和绿地。

第二十八条　国家鼓励发展生态渔业建设，推广多种生态渔业生产方

式，改善海洋生态状况。

新建、改建、扩建海水养殖场，应当进行环境影响评价。

海水养殖应当科学确定养殖密度，并应当合理投饵、施肥，正确使用药物，防止造成海洋环境的污染。

第四章　防治陆源污染物对海洋环境的污染损害

第二十九条　向海域排放陆源污染物，必须严格执行国家或者地方规定的标准和有关规定。

第三十条　入海排污口位置的选择，应当根据海洋功能区划、海水动力条件和有关规定，经科学论证后，报设区的市级以上人民政府环境保护行政主管部门审查批准。

环境保护行政主管部门在批准设置入海排污口之前，必须征求海洋、海事、渔业行政主管部门和军队环境保护部门的意见。

在海洋自然保护区、重要渔业水域、海滨风景名胜区和其他需要特别保护的区域，不得新建排污口。

在有条件的地区，应当将排污口深海设置，实行离岸排放。设置陆源污染物深海离岸排放排污口，应当根据海洋功能区划、海水动力条件和海底工程设施的有关情况确定，具体办法由国务院规定。

第三十一条　省、自治区、直辖市人民政府环境保护行政主管部门和水行政主管部门应当按照水污染防治有关法律的规定，加强入海河流管理，防治污染，使入海河口的水质处于良好状态。

第三十二条　排放陆源污染物的单位，必须向环境保护行政主管部门申报拥有的陆源污染物排放设施、处理设施和在正常作业条件下排放陆源污染物的种类、数量和浓度，并提供防治海洋环境污染方面的有关技术和资料。

排放陆源污染物的种类、数量和浓度有重大改变的，必须及时申报。

拆除或者闲置陆源污染物处理设施的，必须事先征得环境保护行政主管部门的同意。

第三十三条　禁止向海域排放油类、酸液、碱液、剧毒废液和高、中水平放射性废水。

严格限制向海域排放低水平放射性废水；确需排放的，必须严格执行国家辐射防护规定。

严格控制向海域排放含有不易降解的有机物和重金属的废水。

第三十四条 含病原体的医疗污水、生活污水和工业废水必须经过处理，符合国家有关排放标准后，方能排入海域。

第三十五条 含有机物和营养物质的工业废水、生活污水，应当严格控制向海湾、半封闭海及其他自净能力较差的海域排放。

第三十六条 向海域排放含热废水，必须采取有效措施，保证邻近渔业水域的水温符合国家海洋环境质量标准，避免热污染对水产资源的危害。

第三十七条 沿海农田、林场施用化学农药，必须执行国家农药安全使用的规定和标准。

沿海农田、林场应当合理使用化肥和植物生长调节剂。

第三十八条 在岸滩弃置、堆放和处理尾矿、矿渣、煤灰渣、垃圾和其他固体废物的，依照《中华人民共和国固体废物污染环境防治法》的有关规定执行。

第三十九条 禁止经中华人民共和国内水、领海转移危险废物。

经中华人民共和国管辖的其他海域转移危险废物的，必须事先取得国务院环境保护行政主管部门的书面同意。

第四十条 沿海城市人民政府应当建设和完善城市排水管网，有计划地建设城市污水处理厂或者其他污水集中处理设施，加强城市污水的综合整治。

建设污水海洋处置工程，必须符合国家有关规定。

第四十一条 国家采取必要措施，防止、减少和控制来自大气层或者通过大气层造成的海洋环境污染损害。

第五章 防治海岸工程建设项目对海洋环境的污染损害

第四十二条 新建、改建、扩建海岸工程建设项目，必须遵守国家有关建设项目环境保护管理的规定，并把防治污染所需资金纳入建设项目投资计划。

在依法划定的海洋自然保护区、海滨风景名胜区、重要渔业水域及其他需要特别保护的区域，不得从事污染环境、破坏景观的海岸工程项目建设或者其他活动。

第四十三条 海岸工程建设项目的单位，必须在建设项目可行性研究阶段，对海洋环境进行科学调查，根据自然条件和社会条件，合理选址，编报环境影响报告书。环境影响报告书经海洋行政主管部门提出审核意见后，报环境保护行政主管部门审查批准。

环境保护行政主管部门在批准环境影响报告书之前，必须征求海事、渔业行政主管部门和军队环境保护部门的意见。

第四十四条 海岸工程建设项目的环境保护设施，必须与主体工程同时设计、同时施工、同时投产使用。环境保护设施未经环境保护行政主管部门检查批准，建设项目不得试运行；环境保护设施未经环境保护行政主管部门验收，或者经验收不合格的，建设项目不得投入生产或者使用。

第四十五条 禁止在沿海陆域内新建不具备有效治理措施的化学制浆造纸、化工、印染、制革、电镀、酿造、炼油、岸边冲滩拆船以及其他严重污染海洋环境的工业生产项目。

第四十六条 兴建海岸工程建设项目，必须采取有效措施，保护国家和地方重点保护的野生动植物及其生存环境和海洋水产资源。

严格限制在海岸采挖砂石。露天开采海滨砂矿和从岸上打井开采海底矿产资源，必须采取有效措施，防止污染海洋环境。

第六章 防治海洋工程建设项目对海洋环境的污染损害

第四十七条 海洋工程建设项目必须符合海洋功能区划、海洋环境保护规划和国家有关环境保护标准，在可行性研究阶段，编报海洋环境影响报告书，由海洋行政主管部门核准，并报环境保护行政主管部门备案，接受环境保护行政主管部门监督。

海洋行政主管部门在核准海洋环境影响报告书之前，必须征求海事、渔业行政主管部门和军队环境保护部门的意见。

第四十八条 海洋工程建设项目的环境保护设施，必须与主体工程同时设计、同时施工、同时投产使用。环境保护设施未经海洋行政主管部门检查批准，建设项目不得试运行；环境保护设施未经海洋行政主管部门验收，或者经验收不合格的，建设项目不得投入生产或者使用。

拆除或者闲置环境保护设施，必须事先征得海洋行政主管部门的同意。

第四十九条 海洋工程建设项目，不得使用含超标准放射性物质或者易溶出有毒有害物质的材料。

第五十条 海洋工程建设项目需要爆破作业时，必须采取有效措施，保护海洋资源。

海洋石油勘探开发及输油过程中，必须采取有效措施，避免溢油事故的发生。

第五十一条 海洋石油钻井船、钻井平台和采油平台的含油污水和油性混合物，必须经过处理达标后排放；残油、废油必须予以回收，不得排放入海。经回收处理后排放的，其含油量不得超过国家规定的标准。

钻井所使用的油基泥浆和其他有毒复合泥浆不得排放入海。水基泥浆和无毒复合泥浆及钻屑的排放，必须符合国家有关规定。

第五十二条 海洋石油钻井船、钻井平台和采油平台及其有关海上设施，不得向海域处置含油的工业垃圾。处置其他工业垃圾，不得造成海洋环境污染。

第五十三条 海上试油时，应当确保油气充分燃烧，油和油性混合物不得排放入海。

第五十四条 勘探开发海洋石油，必须按有关规定编制溢油应急计划，报国家海洋行政主管部门审查批准。

第七章 防治倾倒废弃物对海洋环境的污染损害

第五十五条 任何单位未经国家海洋行政主管部门批准，不得向中华人民共和国管辖海域倾倒任何废弃物。

需要倾倒废弃物的单位，必须向国家海洋行政主管部门提出书面申请，经国家海洋行政主管部门审查批准，发给许可证后，方可倾倒。

禁止中华人民共和国境外的废弃物在中华人民共和国管辖海域倾倒。

第五十六条 国家海洋行政主管部门根据废弃物的毒性、有毒物质含量和对海洋环境影响程度，制定海洋倾倒废弃物评价程序和标准。

向海洋倾倒废弃物，应当按照废弃物的类别和数量实行分级管理。

可以向海洋倾倒的废弃物名录，由国家海洋行政主管部门拟定，经国务院环境保护行政主管部门提出审核意见后，报国务院批准。

第五十七条　国家海洋行政主管部门按照科学、合理、经济、安全的原则选划海洋倾倒区，经国务院环境保护行政主管部门提出审核意见后，报国务院批准。

临时性海洋倾倒区由国家海洋行政主管部门批准，并报国务院环境保护行政主管部门备案。

国家海洋行政主管部门在选划海洋倾倒区和批准临时性海洋倾倒区之前，必须征求国家海事、渔业行政主管部门的意见。

第五十八条　国家海洋行政主管部门监督管理倾倒区的使用，组织倾倒区的环境监测。对经确认不宜继续使用的倾倒区，国家海洋行政主管部门应当予以封闭，终止在该倾倒区的一切倾倒活动，并报国务院备案。

第五十九条　获准倾倒废弃物的单位，必须按照许可证注明的期限及条件，到指定的区域进行倾倒。废弃物装载之后，批准部门应当予以核实。

第六十条　获准倾倒废弃物的单位，应当详细记录倾倒的情况，并在倾倒后向批准部门作出书面报告。倾倒废弃物的船舶必须向驶出港的海事行政主管部门作出书面报告。

第六十一条　禁止在海上焚烧废弃物。

禁止在海上处置放射性废弃物或者其他放射性物质。废弃物中的放射性物质的豁免浓度由国务院制定。

第八章　防治船舶及有关作业活动对海洋环境的污染损害

第六十二条　在中华人民共和国管辖海域，任何船舶及相关作业不得违反本法规定向海洋排放污染物、废弃物和压载水、船舶垃圾及其他有害物质。

从事船舶污染物、废弃物、船舶垃圾接收、船舶清舱、洗舱作业活动的，必须具备相应的接收处理能力。

第六十三条　船舶必须按照有关规定持有防止海洋环境污染的证书与文书，在进行涉及污染物排放及操作时，应当如实记录。

第六十四条　船舶必须配置相应的防污设备和器材。

载运具有污染危害性货物的船舶，其结构与设备应当能够防止或者减轻所载货物对海洋环境的污染。

第六十五条　船舶应当遵守海上交通安全法律、法规的规定，防止因碰撞、触礁、搁浅、火灾或者爆炸等引起的海难事故，造成海洋环境的污染。

第六十六条　国家完善并实施船舶油污损害民事赔偿责任制度；按照船舶油污损害赔偿责任由船东和货主共同承担风险的原则，建立船舶油污保险、油污损害赔偿基金制度。

实施船舶油污保险、油污损害赔偿基金制度的具体办法由国务院规定。

第六十七条　载运具有污染危害性货物进出港口的船舶，其承运人、货物所有人或者代理人，必须事先向海事行政主管部门申报。经批准后，方可进出港口、过境停留或者装卸作业。

第六十八条　交付船舶装运污染危害性货物的单证、包装、标志、数量限制等，必须符合对所装货物的有关规定。

需要船舶装运污染危害性不明的货物，应当按照有关规定事先进行评估。

装卸油类及有毒有害货物的作业，船岸双方必须遵守安全防污操作规程。

第六十九条　港口、码头、装卸站和船舶修造厂必须按照有关规定备有足够的用于处理船舶污染物、废弃物的接收设施，并使该设施处于良好状态。

装卸油类的港口、码头、装卸站和船舶必须编制溢油污染应急计划，并配备相应的溢油污染应急设备和器材。

第七十条　进行下列活动，应当事先按照有关规定报经有关部门批准或者核准：

（一）船舶在港区水域内使用焚烧炉；

（二）船舶在港区水域内进行洗舱、清舱、驱气、排放压载水、残油、含油污水接收、舷外拷铲及油漆等作业；

（三）船舶、码头、设施使用化学消油剂；

（四）船舶冲洗沾有污染物、有毒有害物质的甲板；

（五）船舶进行散装液体污染危害性货物的过驳作业；

（六）从事船舶水上拆解、打捞、修造和其他水上、水下船舶施工作业。

第七十一条 船舶发生海难事故，造成或者可能造成海洋环境重大污染损害的，国家海事行政主管部门有权强制采取避免或者减少污染损害的措施。

对在公海上因发生海难事故，造成中华人民共和国管辖海域重大污染损害后果或者具有污染威胁的船舶、海上设施，国家海事行政主管部门有权采取与实际的或者可能发生的损害相称的必要措施。

第七十二条 所有船舶均有监视海上污染的义务，在发现海上污染事故或者违反本法规定的行为时，必须立即向就近的依照本法规定行使海洋环境监督管理权的部门报告。

民用航空器发现海上排污或者污染事件，必须及时向就近的民用航空空中交通管制单位报告。

接到报告的单位，应当立即向依照本法规定行使海洋环境监督管理权的部门通报。

第九章 法律责任

第七十三条 违反本法有关规定，有下列行为之一的，由依照本法规定行使海洋环境监督管理权的部门责令限期改正，并处以罚款：

（一）向海域排放本法禁止排放的污染物或者其他物质的；

（二）不按照本法规定向海洋排放污染物，或者超过标准排放污染物的；

（三）未取得海洋倾倒许可证，向海洋倾倒废弃物的；

（四）因发生事故或者其他突发性事件，造成海洋环境污染事故，不立即采取处理措施的。

有前款第（一）、（三）项行为之一的，处3万元以上20万元以下的罚款；有前款第（二）、（四）项行为之一的，处2万元以上10万元以下的罚款。

第七十四条 违反本法有关规定，有下列行为之一的，由依照本法规定行使海洋环境监督管理权的部门予以警告，或者处以罚款：

（一）不按照规定申报，甚至拒报污染物排放有关事项，或者在申报时弄虚作假的；

（二）发生事故或者其他突发性事件不按照规定报告的；

（三）不按照规定记录倾倒情况，或者不按照规定提交倾倒报告的；

（四）拒报或者谎报船舶载运污染危害性货物申报事项的。

有前款第（一）、（三）项行为之一的，处 2 万元以下的罚款；有前款第（二）、（四）项行为之一的，处 5 万元以下的罚款。

第七十五条　违反本法第十九条第二款的规定，拒绝现场检查，或者在被检查时弄虚作假的，由依照本法规定行使海洋环境监督管理权的部门予以警告，并处 2 万元以下的罚款。

第七十六条　违反本法规定，造成珊瑚礁、红树林等海洋生态系统及海洋水产资源、海洋保护区破坏的，由依照本法规定行使海洋环境监督管理权的部门责令限期改正和采取补救措施，并处 1 万元以上 10 万元以下的罚款；有违法所得的，没收其违法所得。

第七十七条　违反本法第三十条第一款、第三款规定设置入海排污口的，由县级以上地方人民政府环境保护行政主管部门责令其关闭，并处 2 万元以上 10 万元以下的罚款。

第七十八条　违反本法第三十二条第三款的规定，擅自拆除、闲置环境保护设施的，由县级以上地方人民政府环境保护行政主管部门责令重新安装使用，并处 1 万元以上 10 万元以下的罚款。

第七十九条　违反本法第三十九条第二款的规定，经中华人民共和国管辖海域，转移危险废物的，由国家海事行政主管部门责令非法运输该危险废物的船舶退出中华人民共和国管辖海域，并处 5 万元以上 50 万元以下的罚款。

第八十条　违反本法第四十三条第一款的规定，未持有经审核和批准的环境影响报告书，兴建海岸工程建设项目的，由县级以上地方人民政府环境保护行政主管部门责令其停止违法行为和采取补救措施，并处 5 万元以上 20 万元以下的罚款；或者按照管理权限，由县级以上地方人民政府责令其限期拆除。

第八十一条　违反本法第四十四条的规定，海岸工程建设项目未建成环境保护设施，或者环境保护设施未达到规定要求即投入生产、使用的，由环境保护行政主管部门责令其停止生产或者使用，并处 2 万元以上 10 万元以下的罚款。

第八十二条　违反本法第四十五条的规定，新建严重污染海洋环境的工业生产建设项目的，按照管理权限，由县级以上人民政府责令关闭。

第八十三条　违反本法第四十七条第一款、第四十八条的规定，进行海洋工程建设项目，或者海洋工程建设项目未建成环境保护设施、环境保护设施未达到规定要求即投入生产、使用的，由海洋行政主管部门责令其停止施工或者生产、使用，并处 5 万元以上 20 万元以下的罚款。

第八十四条　违反本法第四十九条的规定，使用含超标准放射性物质或者易溶出有毒有害物质材料的，由海洋行政主管部门处 5 万元以下的罚款，并责令其停止该建设项目的运行，直到消除污染危害。

第八十五条　违反本法规定进行海洋石油勘探开发活动，造成海洋环境污染的，由国家海洋行政主管部门予以警告，并处 2 万元以上 20 万元以下的罚款。

第八十六条　违反本法规定，不按照许可证的规定倾倒，或者向已经封闭的倾倒区倾倒废弃物的，由海洋行政主管部门予以警告，并处 3 万元以上 20 万元以下的罚款；对情节严重的，可以暂扣或者吊销许可证。

第八十七条　违反本法第五十五条第三款的规定，将中华人民共和国境外废弃物运进中华人民共和国管辖海域倾倒的，由国家海洋行政主管部门予以警告，并根据造成或者可能造成的危害后果，处 10 万元以上 100 万元以下的罚款。

第八十八条　违反本法规定，有下列行为之一的，由依照本法规定行使海洋环境监督管理权的部门予以警告，或者处以罚款：

（一）港口、码头、装卸站及船舶未配备防污设施、器材的；

（二）船舶未持有防污证书、防污文书，或者不按照规定记载排污记录的；

（三）从事水上和港区水域拆船、旧船改装、打捞和其他水上、水下施工作业，造成海洋环境污染损害的；

（四）船舶载运的货物不具备防污适运条件的。

有前款第（一）、（四）项行为之一的，处 2 万元以上 10 万元以下的罚款；有前款第（二）项行为的，处 2 万元以下的罚款；有前款第（三）项行为的，处 5 万元以上 20 万元以下的罚款。

第八十九条　违反本法规定，船舶、石油平台和装卸油类的港口、码头、装卸站不编制溢油应急计划的，由依照本法规定行使海洋环境监督管理权的部门予以警告，或者责令限期改正。

第九十条　造成海洋环境污染损害的责任者，应当排除危害，并赔偿损失；完全由于第三者的故意或者过失，造成海洋环境污染损害的，由第三者排除危害，并承担赔偿责任。

对破坏海洋生态、海洋水产资源、海洋保护区，给国家造成重大损失的，由依照本法规定行使海洋环境监督管理权的部门代表国家对责任者提出损害赔偿要求。

第九十一条　对违反本法规定，造成海洋环境污染事故的单位，由依照本法规定行使海洋环境监督管理权的部门根据所造成的危害和损失处以罚款；负有直接责任的主管人员和其他直接责任人员属于国家工作人员的，依法给予行政处分。

前款规定的罚款数额按照直接损失的 30% 计算，但最高不得超过 30 万元。

对造成重大海洋环境污染事故，致使公私财产遭受重大损失或者人身伤亡严重后果的，依法追究刑事责任。

第九十二条　完全属于下列情形之一，经过及时采取合理措施，仍然不能避免对海洋环境造成污染损害的，造成污染损害的有关责任者免予承担责任：

（一）战争；

（二）不可抗拒的自然灾害；

（三）负责灯塔或者其他助航设备的主管部门，在执行职责时的疏忽，或者其他过失行为。

第九十三条　对违反本法第十一条、第十二条有关缴纳排污费、倾倒费和限期治理规定的行政处罚，由国务院规定。

第九十四条　海洋环境监督管理人员滥用职权、玩忽职守、徇私舞弊，造成海洋环境污染损害的，依法给予行政处分；构成犯罪的，依法追究刑事责任。

第十章　附　则

第九十五条　本法中下列用语的含义是：

（一）海洋环境污染损害，是指直接或者间接地把物质或者能量引入海洋环境，产生损害海洋生物资源、危害人体健康、妨害渔业和海上其他合法活动、损害海水使用素质和减损环境质量等有害影响。

（二）内水，是指我国领海基线向内陆一侧的所有海域。

（三）滨海湿地，是指低潮时水深浅于 6 米的水域及其沿岸浸湿地带，包括水深不超过 6 米的永久性水域、潮间带（或洪泛地带）和沿海低地等。

（四）海洋功能区划，是指依据海洋自然属性和社会属性，以及自然资源和环境特定条件，界定海洋利用的主导功能和使用范畴。

（五）渔业水域，是指鱼虾类的产卵场、索饵场、越冬场、洄游通道和鱼虾贝藻类的养殖场。

（六）油类，是指任何类型的油及其炼制品。

（七）油性混合物，是指任何含有油分的混合物。

（八）排放，是指把污染物排入海洋的行为，包括泵出、溢出、泄出、喷出和倒出。

（九）陆地污染源（简称陆源），是指从陆地向海域排放污染物，造成或者可能造成海洋环境污染的场所、设施等。

（十）陆源污染物，是指由陆地污染源排放的污染物。

（十一）倾倒，是指通过船舶、航空器、平台或者其他载运工具，向海洋处置废弃物和其他有害物质的行为，包括弃置船舶、航空器、平台及其辅助设施和其他浮动工具的行为。

（十二）沿海陆域，是指与海岸相连，或者通过管道、沟渠、设施，直接或者间接向海洋排放污染物及其相关活动的一带区域。

（十三）海上焚烧，是指以热摧毁为目的，在海上焚烧设施上，故意焚烧废弃物或者其他物质的行为，但船舶、平台或者其他人工构造物正常操作中，所附带发生的行为除外。

第九十六条　涉及海洋环境监督管理的有关部门的具体职权划分，本法未作规定的，由国务院规定。

第九十七条　中华人民共和国缔结或者参加的与海洋环境保护有关的国际条约与本法有不同规定的，适用国际条约的规定；但是，中华人民共和国声明保留的条款除外。

第九十八条　本法自 2000 年 4 月 1 日起施行。

三、中华人民共和国海洋倾废管理条例

第一条　为实施《中华人民共和国海洋环境保护法》，严格控制向海洋倾倒废弃物，防止对海洋环境的污染损害，保持生态平衡，保护海洋资源，促进海洋事业的发展，特制定本条例。

第二条　本条例中的"倾倒"，是指利用船舶、航空器、平台及其他载运工具，向海洋处置废弃物和其他物质；向海洋弃置船舶、航空器、平台和其他海上人工构造物，以及向海洋处置由于海底矿物资源的勘探开发及与勘探开发相关的海上加工所产生的废弃物和其他物质。"倾倒"不包括租用船舶、航空器及其他载运工具和设施正常操作产生的废弃物的排放。

第三条　本条例适用于：一、向中华人民共和国的内海、领海、大陆架和其他管辖海域倾倒废弃物和其他物质；二、为倾倒的目的，经中华人民共和国的内海、领海及其他管辖海域倾倒废弃物和其他物质；三、为倾倒的目的，经中华人民共和国的内海、领海及其他管辖海域运送废弃物和其他物质；四、在中华人民共和国管辖海域焚烧处置废弃物和其他物质。海洋石油勘探开发过程中产生的废弃物，按照《中华人民共和国海洋石油勘探开发环境保护管理条例》的规定处理。

第四条　海洋倾倒废弃物的主管部门是中华人民共和国国家海洋局及其派出机构（简称"主管部门"，下同）。

第五条　海洋倾倒区由主管部门商同有关部门，按科学合理、安全和经济的原则划出，报国务院批准确定。

第六条　需要向海洋倾倒废弃物的单位，应事先向主管部门提出申请，按规定的格式填报倾倒废弃物申请书，并附报废弃物特性和成分检验单。主管部门在接到申请书之日起两个月内予以审批。对同意倾倒者应发给废弃物倾倒许可证。任何单位和船舶、航空器、平台及其他载运工具，未依法经主管部门批准，不得向海洋倾倒废弃物。

第七条　外国的废弃物不得运至中华人民共和国管辖海域进行倾倒，包括弃置船舶、航空器、平台和其他海上人工构造物。违者，主管部门可责令其限期治理，支付清除污染费，赔偿损失，并处以罚款。在中华人民共和国管辖海域以外倾倒废弃物，造成中华人民共和国管辖海域污染损害的，按本条例第十七条规定处理。

第八条　为倾倒的目的，经过中华人民共和国管辖海域运送废弃物的任何船舶及其他载运工具，应当在进入中华人民共和国管辖海域 15 天之前，通报主管部门，同时报告进入中华人民共和国管辖海域的时间、航线以及废弃物的名称、数量及成分。

第九条　外国籍船舶、平台在中华人民共和国管辖海域，由于海底矿物资源的勘探开发及与勘探开发相关的海上加工所产生的废弃物和其他物质需要向海洋倾倒的，应按规定程序报经主管部门批准。

第十条　倾倒许可证应注明倾倒单位、有效期限和废弃物的数量、种类、倾倒方法等事项。签发许可证应根据本条例的有关规定严格控制。主管部门根据海洋生态环境的变化和科学技术的发展，可以更换或撤销许可证。

第十一条　废弃物根据其毒性、有害物质含量和对海洋环境的影响等因素，分为三类。其分类标准，由主管部门制定。主管部门可根据海洋生态环境的变化，科学技术的发展，以及海洋环境保护的需要，对附件进行修订。一、禁止倾倒附件一所列的废弃物及其他物质（见附件一）。当出现紧急情况，在陆地上处置会严重危及人民健康时，经国家海洋局批准，获得紧急许可证，可到指定的区域按规定的方法倾倒。二、倾倒附件二所列的废弃物（见附件二），应当事先获得特别许可证。三、倾倒未列入附件一和附件二的低毒或无毒废弃物，应当事先获得普通许可证。

第十二条　获准向海洋倾倒废弃物的单位在废弃物装载时，应通知主管部门予以核实。核实工作按许可证所载的事项进行。主管部门如发现实际装载与许可证所注明内容不符，应责令停止装运；情节严重的，应中止或吊销许可证。利用船舶倾倒废弃物的，还应通知驶出港或就近的港务监督核实。港务监督如发现实际装载与许可证所注明内容不符，则不予办理签证放行，并及时通知主管部门。

第十三条　主管部门应对海洋倾倒活动进行监视和监督，必要时可派员随航。倾倒单位应为随航公务人员提供方便。

第十四条　获准向海洋倾倒废弃物的单位，应当按许可证注明的期限和条件，到指定的区域进行倾倒，如实地详细填写倾倒情况记录表，并按许可证注明的要求，将记录表报送主管部门。倾倒废弃物的船舶、航空器、平台和其他载运工具应有明显标志和信号，并在航行日志上详细记录倾倒情况。

第十五条　倾倒废弃物的船舶、航空器、平台和其他载运工具，凡属《中华人民共和国海洋环境保护法》第四十三条规定的情形，可免于承担赔偿责任。为紧急避险或救助人命，未按许可证规定的条件和区域进行倾倒时，应尽力避免或减轻因倾倒而造成的污染损害，并在事后尽快向主管部门报告。倾倒单位和紧急避险和救助人命的受益者，应对由此所造成的污染损害进行补偿。由于第三者的过失造成污染损害的，倾倒单位应向主管部门提出确凿证据，经主管部门确认后责令第三者承担赔偿责任。在海上航行和作业的船舶、航空器、平台和其他载运工具，因不可抗拒的原因而弃置时，其所有人应向主管部门和就近的港务监督报告，并尽快打捞清理。

第十六条　主管部门对海洋倾倒区应定期进行监测，加强管理，避免对渔业资源和其他海上活动造成有害影响。当发现倾倒区不宜继续倾倒时，主管部门可决定予以封闭。

第十七条　对违反本条例，造成海洋环境污染损害的，主管部门可责令其限期治理，支付清除污染费，向受害方赔偿由此所造成的损失，并视情节轻重和污染损害的程度，处以警告或人民币 10 万元以下的罚款。

第十八条　要求赔偿损失的单位和个人，应尽快向主管部门提出污染损害索赔报告书。报告书应包括：受污染损害的时间、地点、范围、对象、损失清单，技术鉴定和公证证明，并尽可能提供有关原始单据和照片等。

第十九条　受托清除污染的单位在作业结束后，应尽快向主管部门提交索取清除污染费用报告书。报告书应包括：清除污染的时间、地点、投入的人力、机具、船只、清除材料的数量、单价、计算方法，组织清除的管理费、交通费及其他有关费用，清除效果及其情况，其他有关证据和证明材料。

第二十条　对违法行为的处罚标准如下：一、凡有下列行为之一者，处以警告或人民币 2000 元以下的罚款：（一）伪造废弃物检验单的；（二）不按本条例第十四条规定填报倾倒情况记录表的；（三）在本条例第十五条规定的情况下，未及时向主管部门和港务监督报告的。二、凡实际装载与许可证所注明内容不符，情节严重的，除中止或吊销许可证外，还可处以人民币 2000 元以上 5000 元以下的罚款。三、凡未按本条例第十二条规定通知主管部门核实而擅自进行倾倒的，可处以人民币 5000 元以上 2 万元以下的罚款。四、凡有下列行为之一者，可处以人民币 2 万元以上 10 万元以下的罚款：（一）未经批准向海洋倾倒废弃物的；（二）不按批准的条件和区域进行倾倒的，但本条例第十五条规定的情况不在此限。第二十一条　对违反本条例，造成或可能造成海洋环境污染损害的直接责任人，主管部门可处以警告或者罚款，也可以并处。对于违反本条例，污染损害海洋环境造成重大财产损失或致人伤亡的直接责任人，由司法机关依法追究刑事责任。

第二十二条　当事人对主管部门的处罚决定不服的，可以在收到处罚通知书之日起 15 日内，向人民法院起诉；期满不起诉又不履行处罚决定的，由主管部门申请人民法院强制执行。

第二十三条　对违反本条例，造成海洋环境污染损害的行为，主动检举、揭发，积极提供证据，或采取有效措施减少污染损害有成绩的个人，应给予表扬或奖励。

第二十四条　本条例自 1985 年 4 月 1 日起施行。

附件一

禁止倾倒的物质：一、含有机卤素化合物、汞及汞化合物、镉及镉化合物的废弃物，但微含量的或能在海水中迅速转化为无害物质的除外。二、强放射性废弃物及其他强放射性物质。三、原油及其废弃物、石油炼制品、残油，以及含这类物质的混合物。四、渔网、绳索、塑料制品及其他能在海面漂浮或在水面中悬浮，严重妨碍航行、捕鱼及其他活动或危害海洋生物的人工合成物质。五、含有本附件第一、二项所列物质的阴沟污泥和疏浚物。

附件二

需要获得特别许可证才能倾倒的物质：一、含有下列大量物质的废弃：

（一）砷及其化合物；（二）铅及其化合物；（三）铅及其化合物；（四）锌及其化合物；（五）有机硅化合物；（六）氰化物；（七）氟化物；（八）铍、铬、镍、钒及其化合物；（九）未列入附件一的杀虫剂及其副产品。但无害的或能在海水中迅速转化为无害的物质除外。二、含弱放射性物质的废弃物。三、容易沉入海底，可能严重妨碍捕鱼和航行的容器、废金属及其他笨重的废弃物。四、含有本附件第一、二项所列物质的阴沟污泥和疏浚物。

四、中华人民共和国海洋倾废管理条例实施办法

第一条　根据《中华人民共和国海洋环境保护法》第四十七条的规定，为实施《中华人民共和国海洋倾废管理条例》（以下简称《条例》），加强海洋倾废管理，制定本办法。

第二条　本办法适用于任何法人、自然人和其他经济实体向中华人民共和国的内海、领海、大陆架和其他一切管辖海域倾倒废弃物和其他物质的活动。

本办法还适用于《条例》第三条二、三、四款所规定的行为和因不可抗拒的原因而弃置船舶、航空器、平台和其他载运工具的行为。

第三条　中华人民共和国国家海洋局及其派出机构是实施本办法的主管部门。派出机构包括：分局及其所属的海洋管区（以下简称海区主管部门）。海洋监察站根据海洋管区的授权实施管理。

沿海省、自治区、直辖市海洋管理机构是主管部门授权实施本办法的地方管理机构。

第四条　为防止或减轻海洋倾废对海洋环境的污染损害，向海洋倾倒的废弃物及其他物质应视其毒性进行必要的预处理。

第五条　废弃物依据其性质分为一、二、三类废弃物。

一类废弃物是指列入《条例》附件一的物质，该类废弃物禁止向海洋倾倒。除非在陆地处置会严重危及人类健康，而海洋倾倒是防止威胁的唯一办法时可以例外。

二类废弃物是指列入《条例》附件二的物质和附件一第一、三款属"痕量沾污"或能够"迅速无害化"的物质。

　　三类废弃物是指未列入《条例》附件一、附件二的低毒、无害的物质和附件二第一款，其含量小于"显著量"的物质。

　　第六条　未列入《条例》附件一、附件二的物质，在不能肯定其海上倾倒是无害时，须事先进行评价，确定该物质类别。

　　第七条　海洋倾倒区分为一、二、三类倾倒区，试验倾倒区和临时倾倒区。

　　一、二、三类倾倒区是为处置一、二、三类废弃物而相应确定的，其中一类倾倒区是为紧急处置一类废弃物而确定的。

　　试验倾倒区是为倾倒试验而确定的（使用期不超过两年）。

　　临时倾倒区是因工程需要等特殊原因而划定的一次性专用倾倒区。

　　第八条　一类、二类倾倒区由国家海洋局组织选划。

　　三类倾倒区、试验倾倒区、临时倾倒区由海区主管部门组织选划。

　　第九条　一、二、三类倾倒区经商有关部门后，由国家海洋局报国务院批准，国家海洋局公布。

　　试验倾倒区由海区主管部门（分局级）商海区有关单位后，报国家海洋局审查确定，并报国务院备案。

　　试验倾倒区经试验可行，商有关部门后，再报国务院批准为正式倾倒区。

　　临时倾倒区由海区主管部门（分局级）审查批准，报国家海洋局备案。使用期满，立即封闭。

　　第十条　海洋倾废实行许可证制度。

　　倾倒许可证应载明倾倒单位，有效期限和废弃物的数量、种类、倾倒方法等。

　　倾倒许可证分为紧急许可证、特别许可证、普通许可证。

　　第十一条　凡向海洋倾倒废弃物的废弃物所有者及疏浚工程单位，应事先向主管部门提出倾倒申请，办理倾倒许可证。

　　废弃物所有者或疏浚工程单位与实施倾倒作业单位有合同约定，依合同规定实施倾倒作业单位也可向主管部门申请办理倾倒许可证。

　　第十二条　申请倾倒许可证应填报倾倒废弃物申请书，并附废弃物特性和成分检验单。

第十三条　主管部门在收到申请书后两个月内应予以答复。经审查批准的应签发倾倒许可证。

紧急许可证由国家海洋局签发。或者经国家海洋局批准，由海区主管部门签发。

特别许可证、普通许可证由海区主管部门签发。

第十四条　紧急许可证为一次性使用许可证。

特别许可证有效期不超过六个月。

普通许可证有效期不超过一年。

许可证有效期满仍需继续倾倒的，应在有效期满前二个月到发证主管部门办理换证手续。

倾倒许可证不得转让；倾倒许可证使用期满后十五日内交回发证机关。

第十五条　申请倾倒许可证和更换倾倒许可证应缴纳费用。具体收费项目和收费标准由国家物价局、国家海洋局另行规定。

第十六条　海区主管部门根据需要确定废弃物的检验项目，检验工作由海区主管部门认可的单位按已公布的部级以上（含部级）的方法进行检验。

第十七条　一类废弃物禁止向海上倾倒。但在符合本办法第五条第二款规定的条件下，可以申请获得紧急许可证，到指定的一类倾倒区倾倒。

第十八条　二类废弃物须申请获得特别许可证，到指定的二类倾倒区倾倒。

第十九条　三类废弃物须申请获得普通许可证，到指定的三类倾倒区倾倒。

第二十条　含有《条例》附件一、二所列物质的疏浚物的倾倒，按"疏浚物分类标准和评价程序"实施管理。

第二十一条　向海洋处置船舶、航空器、平台和其他海上人工构造物，须获得海区主管部门签发的特别许可证，按许可证的规定处置。

第二十二条　油污水和垃圾回收船对所回收的油污水、废弃物经处理后，需要向海洋倾倒的，应向海区主管部门提出申请，取得倾倒许可证后，到指定区域倾倒。

第二十三条　向海洋倾倒军事废弃物的，应由军队有关部门按本办法的规定向海区主管部门申请，按许可证的要求倾倒。

第二十四条　为开展科学研究，需向海洋投放物质的单位，应按本办法的规定程序向海区主管部门申请，并附报投放试验计划和海洋环境影响评估报告，海区主管部门核准签发相应类别许可证。

第二十五条　所有进行倾倒作业的船舶、飞机和其他载运工具应持有倾倒许可证（或许可证副本），未取得许可证的船舶、飞机和其他载运工具不得进行倾倒。

第二十六条　进行倾倒作业的船舶、飞机和其他载运工具在装载废弃物时，应通知发证主管部门核实。

利用船舶运载出港的，应在离港前通知就近港务监督核实。

凡在军港装运的，应通知军队有关部门核实。

如发现实际装载与倾倒许可证注明内容不符，则不予放行，并及时通知发证主管部门处理。

第二十七条　进行倾倒作业的船舶、飞机和其他载运工具应将作业情况如实详细填写在倾倒情况记录表和航行日志上，并在返港后十五日内将记录表报发证机关。

第二十八条　"中国海监"船舶、飞机、车辆负责海上倾倒活动的监视检查和监督管理。必要时海洋监察人员也可登船或随倾废船舶或其他载运工具进行监督检查。实施倾倒作业的船舶（或其他载运工具）应为监察人员履行公务提供方便。

第二十九条　主管部门对海洋倾倒区进行监测，如认定倾倒区不宜继续使用时，应予以封闭，并报国务院备案。

主管部门在封闭倾倒区之前两个月向倾倒单位发出通告，倾倒单位须从倾倒区封闭之日起终止在该倾倒区的倾倒。

第三十条　为紧急避险、救助人命而未能按本办法规定的程序申请倾倒的或未能按倾倒许可证要求倾倒的，倾倒单位应在倾倒后十天内向海区主管部门提交书面报告。报告内容应包括：倾倒时间和地点，倾倒物质特性和数量，倾倒时的海况和气象情况，倾倒的详细过程，倾倒后采取的措施及其他事项等。

航空器应在紧急放油后十天内向海区主管部门提交书面报告。报告内容应包括航空器国籍、所有人、机号、放油时间、地点、数量、高度及具体放油原因等。

第三十一条 因不可抗拒的原因而弃置的船舶、航空器、平台和其他载运工具，应尽可能地关闭所有油舱（柜）的阀门和通气孔，防止溢油。弃置后其所有人应在十天内向海区主管部门和就近的港务监督报告，并根据要求进行处置。

第三十二条 向海洋弃置船舶、航空器、平台和其他海上人工构造物前，应排出所有的油类和其他有害物质。

第三十三条 需要设置海上焚烧设施，应事先向海区主管部门申请，申请时附报该设施详细技术资料，经海区主管部门批准后，方可建立。设施建成后，须经海区主管部门检验核准。

实施焚烧作业的单位，应按本办法的规定程序向海区主管部门申请海上焚烧许可证。

第三十四条 违反《条例》和本实施办法，造成或可能造成海洋环境污染损害的，海区主管部门可依照《条例》第十七条、第二十条和第二十一条的规定，予以处罚。

未获得主管部门签发的倾倒许可证，擅自倾倒和未按批准的条件或区域进行倾倒的，按《条例》第二十条有关规定处罚。

第三十五条 对处罚不服者，可在收到行政处罚决定之日起十五日内向做出处罚决定机关的上一级机关申请复议。对复议结果不服的，从收到复议决定之日起十五日内，向人民法院起诉；当事人也可在收到处罚决定之日起十五日内直接向人民法院起诉。

当事人逾期不申请复议，也不向人民法院起诉，又不履行处罚决定的，由做出处罚决定的机关申请人民法院强制执行。

第三十六条 违反《条例》和本实施办法，造成海洋环境污染损害和公私财产损失的，肇事者应承担赔偿责任。

第三十七条 赔偿责任包括：

1. 受害方为清除、治理污染所支付的费用及对污染损害所采取的预防措施所支付的费用。

2. 污染对公私财产造成的经济损失，对海水水质、生物资源等的损害。

3. 为处理海洋倾废引起的污染损害事件所进行的调查费用。

第三十八条　赔偿责任和赔偿金额的纠纷，当事人可依照民事诉讼程序向人民法院提起诉讼；也可请求海区主管部门进行调解处理。对调解不服的，也可以向人民法院起诉；涉外案件还可以按仲裁程序解决。

第三十九条　因环境污染损害赔偿提起诉讼的时效期间为三年，从当事人知道或应当知道受到污染损害时计算。

赔偿纠纷处理结束后，受害方不得就同一污染事件再次提出索赔要求。

第四十条　由于战争行为、不可抗拒的自然灾害或由于第三者的过失，虽经及时采取合理措施，但仍不能避免造成海洋环境污染损害的，可免除倾倒单位的赔偿责任。

由于第三者的责任造成污染损害的，由第三者承担赔偿责任。

因不可抗拒的原因而弃置的船舶、航空器、平台和其他载运工具，不按本办法第三十一条规定要求进行处置而造成污染损害的，应承担赔偿责任。

海区主管部门对免除责任的条件调查属实后，可做出免除赔偿责任的决定。

第四十一条　本办法下列用语的含义是：

1. "内海"系指领海基线内侧的全部海域（包括海湾、海峡、海港、河口湾）；领海基线与海岸之间的海域；被陆地包围或通过狭窄水道连接海洋的海域。

2. "疏浚物倾倒"系指任何通过或利用船舶或其他载运工具，有意地在海上以各种方式抛弃和处置疏浚物。"疏浚物"系指任何疏通、挖深港池、航道工程和建设、挖掘港口、码头、海底与岸边工程所产生的泥土、沙砾和其他物质。

3. "海上焚烧"系指以热摧毁方式在海上用焚烧设施有目的地焚烧有害废弃物的行为，但不包括船舶或其他海上人工构造物在正常操作中所附带发生的此类行为。

4. "海上焚烧设施"系指为在海上焚烧目的作业的船舶、平台或人工构造物。

5. "废弃物和其他物质"系指为弃置的目的，向海上倾倒或拟向海上倾倒的任何形式和种类的物质与材料。

6. "迅速无害化"系指列入《条例》附件一的某些物质能通过海上物

理、化学和生物过程迅速转化为无害，并不会使可食用的海洋生物变味或危及人类健康和家畜家禽的正常生长。

7. "痕量沾污"即《条例》附件一中的"微含量"，系指列入《条例》附件一的某些物质在海上倾倒不会产生有害影响，特别是不会对海洋生物或人类健康产生急性或慢性效应，不论这类毒性效应是否是由于这类物质在海洋生物尤其是可食用的海洋生物富集而引起的。

8. "显著量"即《条例》附件二中的"大量"。系指列入《条例》附件二的某些物质的海上倾倒，经生物测定证明对海洋生物有慢性毒性效应，则认为该物质的含量为显著量。

9. "特别管理措施"系指倾倒非"痕量沾污"，又不能"迅速无害化"的疏浚物时，须采取的一些行政或技术管理措施。通过这些措施降低疏浚物中的所含附件一或附件二中物质对环境的影响，使其不对人类健康和生物资源产生危害。

第四十二条　本办法由国家海洋局负责解释。

第四十三条　本办法自发布之日起开始施行。

五、中华人民共和国海洋倾倒区管理暂行规定

第一条　为加强海洋倾废管理，保护海洋环境，科学合理地利用倾倒区，根据《中华人民共和国海洋环境保护法》和《中华人民共和国海洋倾废管理条例》有关规定，制定本规定。

第二条　在中华人民共和国内水、领海、毗连区、专属经济区、大陆架及中华人民共和国管辖的其他海域从事与倾倒区选划、使用、监测、管理有关活动的单位和个人应遵守本规定。

第三条　本规定所指的倾倒区包括海洋倾倒区和临时性海洋倾倒区。

海洋倾倒区是指由国务院批准的、供某一区域在海上倾倒日常生产建设活动产生的废弃物而划定的长期使用的倾倒区。

临时性海洋倾倒区是指为满足海岸和海洋工程等建设项目的需要而划定的限期、限量倾倒废弃物的倾倒区。

第四条　国家海洋局及其海区分局是实施本规定的主管部门。

第五条　选划倾倒区应当符合全国海洋功能区划和全国海洋环境保护规划的要求。

第六条　国家海洋局根据全国海洋功能区划、全国海洋环境保护规划及沿海经济发展需要制定倾倒区规划。

第七条　临时性海洋倾倒区由国家海洋局负责审批。

国家海洋局受理和组织选划下列临时性海洋倾倒区：

（一）疏浚物或惰性无机地质废料总倾倒量在 500 万立方米（含 500 万立方米）以上的临时性海洋倾倒区；

（二）倾倒除疏浚物、惰性无机地质废料和人体骨灰以外的其他废弃物的临时性海洋倾倒区；

（三）倾倒作业活动涉及两个海区的临时性海洋倾倒区；

（四）军事工程、绝密工程等特殊性质工程使用的临时性海洋倾倒区；

（五）香港、澳门特别行政区的废弃物在内地管理海域倾倒的临时性海洋倾倒区；

（六）国家海洋局认为对海洋环境可能产生较大影响的其他临时性海洋倾倒区。

国家海洋局海区分局受理和组织选划前款规定以外的临时性海洋倾倒区。

第八条　海洋倾倒区由国家海洋局根据倾倒区规划提出并组织选划，也可由需要倾倒废弃物的单位提出选划申请，经国家海洋局同意后开展选划工作。

临时性海洋倾倒区由需要倾倒废弃物的单位在工程可行性研究阶段向具有受理权限的主管部门提出书面申请，经同意后开展选划工作。

申请报告的主要内容包括：申请理由、拟倾倒废弃物的名称、数量、作业时限、废弃物特性以及其他有关材料。

第九条　主管部门在接到需要倾倒废弃物的单位书面申请之日起 10 个工作日内做出是否同意选划倾倒区的答复。

第十条　倾倒区选划程序如下：

（一）由申请单位委托主管部门认可的选划技术单位编制倾倒区选划大纲。

（二）主管部门自收到申请单位提交的倾倒区选划大纲送审稿之日起 15 个工作日内组织评审。

（三）主管部门自收到申请单位提交的倾倒区选划大纲报批稿之日起 15 个工作日内提出审查意见回复申请单位。

（四）申请单位根据主管部门对选划大纲的审查意见开展倾倒区选划工作并编制倾倒区选划报告。

（五）主管部门自收到申请单位提交的倾倒区选划报告送审稿之日起 15 个工作日内组织评审。

（六）申请单位将倾倒区选划报告报批稿报送主管部门，并抄送海事、渔业行政主管部门和所在海域的省级海洋行政主管部门。由国家海洋局组织选划的，申请单位应将倾倒区选划报告报批稿同时报送国家海洋局海区分局。

（七）国家海洋局海区分局应在收到倾倒区选划报告报批稿之日起 10 个工作日内提出初审意见报国家海洋局。

（八）国家海洋局自收到海洋倾倒区选划报告报批稿之日起 15 个工作日内送国务院环境保护行政主管部门审核。国务院环境保护行政主管部门应在 15 个工作日内提出审核意见并回复国家海洋局，逾期未回复审核意见则视为同意。国家海洋局在收到国务院环境保护行政主管部门的审核意见之日起 15 个工作日内将海洋倾倒区选划报告报国务院审批。

国家海洋局自收到临时性海洋倾倒区选划报告报批稿之日起 30 个工作日内予以审批。

第十一条　国家海洋局组织倾倒区选划大纲和选划报告评审时，征求国家海事、渔业行政主管部门的意见。

国家海洋局海区分局组织倾倒区选划大纲和选划报告评审时，征求所在海区国家海事、渔业行政主管部门直属机构的意见。

国家海事、渔业行政主管部门或其直属机构应在倾倒区选划大纲和选划报告评审后 10 个工作日内向国家海洋局或海区分局提交书面意见，逾期则视为同意。

主管部门在组织选划倾倒区时应征求所在海域省级海洋行政主管部门意见。

第十二条　在编制倾倒区选划报告时，应对废弃物的特性、成分、倾倒的方式、数量、强度、频率、倾倒物质的扩散方式、倾倒物质对海洋生态环境、通航安全、海洋开发利用活动的影响等因素进行分析并做出相应的结论，同时要提出防止倾倒污染的管理措施、对策和建议。

第十三条　在已有倾倒区的附近海域，原则上不再设立新的倾倒区。但是已有的倾倒区由于其容量、环境因素以及经济和社会条件等原因不宜使用或不能满足倾倒作业需要时，可选划新的倾倒区。

第十四条　两项以上工程同时使用一个临时性海洋倾倒区时，可按照总倾倒量将选划论证工作予以合并，提交一份选划报告。

一项工程使用另一项工程已选划或正在使用的临时性海洋倾倒区时，应在原选划工作的基础上对倾倒增量的可行性进行论证，并提交论证报告，报国家海洋局批准。

第十五条　疏浚物倾倒总量在50万立方米以下的工程项目需要使用临时性海洋倾倒区时，可由选划技术单位在收集倾倒区及其附近海域现有自然环境和社会经济资料的基础上开展专题论证，直接编制选划报告。倾倒申请单位将选划报告报送国家海洋局海区分局，海区分局在组织专家审查并征求有关部门意见后提出初审意见，报国家海洋局审批。

疏浚物倾倒总量在5万立方米以下且对海洋环境影响很小的工程项目需要使用临时性海洋倾倒区时，由国家海洋局海区分局在征求有关部门意见后确定临时性海洋倾倒区的位置和范围，报国家海洋局审批。

人体骨灰所需的倾倒区由国家海洋局海区分局根据需要指定倾倒区域。

第十六条　国家海洋局负责发布海洋倾倒区公告。公告内容包括海洋倾倒区的位置、倾倒废弃物的种类和数量、使用期限等。

国家海洋局海区分局负责发布临时性海洋倾倒区公告。公告内容包括临时性海洋倾倒区的位置、倾倒单位、工程名称、倾倒数量、作业时间和倾倒区使用期限等。

第十七条　当海洋倾倒区不宜使用或暂时不宜使用时，由国家海洋局予以封闭或暂停使用，并发布公告。

当临时性海洋倾倒区不宜使用或暂时不宜使用时，由国家海洋局海区分局予以封闭或暂停使用，并发布公告。

对使用期限已满或倾倒活动已结束的临时性海洋倾倒区，国家海洋局海区分局应在期满或倾倒作业结束后立即予以封闭，并于封闭后 20 个工作日内报国家海洋局备案。

废弃物倾倒单位应自倾倒区暂停使用或封闭之日起终止在该倾倒区的倾倒作业。

第十八条 临时性海洋倾倒区的有效期一般不超过 3 年。在临时性海洋倾倒区 3 年期满时，倾倒作业尚未完成的，废弃物倾倒单位必须向主管部门提出延期申请，并提交环境监测报告。

主管部门根据倾倒作业状况和环境监测结论做出是否延期的决定，并将延期使用情况通告国家海事、渔业行政主管部门或其直属机构。临时性海洋倾倒区的延长期限不得超过 1 年。

第十九条 废弃物倾倒单位在实施倾倒作业过程中应当接受中国海监机构的监督检查，并为执法人员执行公务提供方便。

第二十条 在产业活动密集区域或倾倒作业活动与其他产业活动容易发生冲突的区域划定的倾倒区实施倾倒作业时，废弃物倾倒单位应当发布倾倒作业公告。

第二十一条 国家海洋局海区分局应当根据倾倒区使用的状况适时组织环境监测工作，并根据监测结果制定相应的管理措施，包括封闭或暂停使用倾倒区，调整倾倒的方式、数量、强度、使用年限等。

废弃物倾倒单位应当委托主管部门认可的机构承担倾倒区进行监测与评价工作，监测评价方案应当报国家海洋局海区分局核准。

第二十二条 国家海洋局海区分局应将海洋倾倒区的监测结果定期报送国家海洋局备案。

在临时性海洋倾倒区倾倒作业结束后 90 日内，废弃物倾倒单位应向国家海洋局海区分局提交环境监测评价报告。主管部门可根据临时性海洋倾倒区的使用状况和倾倒作业强度，要求废弃物倾倒单位提交阶段性监测结果。

第二十三条 倾倒区的选划和监测工作应当符合倾倒区选划和监测技术规范。

第二十四条 承担倾倒区选划和环境监测的单位对选划结论和监测结论负责，并严格按照国家有关规定收取倾倒区选划费用和海洋环境监测费用。

第二十五条　违反本规定，未开展倾倒区选划工作擅自实施倾倒作业的，主管部门按《中华人民共和国海洋环境保护法》第七十三条之规定予以处罚。

第二十六条　违反本规定，向已封闭的倾倒区倾倒废弃物的，主管部门按《中华人民共和国海洋环境保护法》第八十六条之规定予以处罚。

第二十七条　废弃物倾倒单位违反本规定，在倾倒区选划工作中弄虚作假的，由主管部门给予警告；情节严重的，主管部门可责令其停止倾倒作业，吊销倾倒许可证。

第二十八条　从事倾倒区选划和监测的单位，在倾倒区选划和监测工作中弄虚作假的，由主管部门予以警告；情节严重的，在5年之内不得从事倾倒区选划和监测工作。

第二十九条　废弃物倾倒单位不按规定向主管部门提供倾倒情况记录、拒绝接受中国海监机构的现场检查、或者在检查中弄虚作假的，主管部门按《中华人民共和国海洋环境保护法》第七十四条第三项、第七十五条之规定予以处罚。

第三十条　对违反本规定，造成海洋环境污染损害的，由主管部门依照《中华人民共和国海洋环境保护法》和《中华人民共和国海洋倾废管理条例》的有关规定予以处理。

第三十一条　本规定自2004年1月1日起施行。

参考文献

（一）中文专著

1. 赵理海：《海洋法的新发展》，北京大学出版社 1984 年版。

2. 魏敏：《海洋法》，法律出版社 1987 年版。

3. 陈德恭：《现代国际海洋法》，中国社会科学出版社 1988 年版。

4. 鹿守本：《海洋法律制度》，光明日报出版社 1992 年版。

5. 蔡守秋、何卫东：《当代海洋环境资源法》，煤炭工业出版社 2001 年版。

6. 欧阳鑫、窦玉珍：《国际海洋环境保护法》，海洋出版社 1994 年版。

7. ［法］亚历山大·基斯：《国际环境法》，张若思编译，法律出版社 2000 年版。

8. 周训芳：《环境法学》，中国林业出版社 2000 年版。

9. 吕忠梅：《环境资源法学》，中国法制出版社 2001 年版。

10. 徐祥民：《环境与资源保护法学》，科学出版社 2008 年版。

11. 徐祥民、李冰强：《渤海管理法的体制问题研究》，科学出版社 2011 年版。

12. 金瑞林：《环境法学》，北京大学出版社 2002 年版。

13. 蔡守秋：《环境资源法教程》，武汉大学出版社 2000 年版。

14. 徐祥民：《环境法学》，北京大学出版社 1999 年版。

15. 徐祥民：《海洋环境的法律保护研究》，中国海洋大学出版社 2006

年版。

16. 周珂：《生态环境法论》，法律出版社 2001 年版。

17. 徐祥民、王光和：《生态文明视野下的环境法理论与实践》，山东出版社 2007 年版。

18. 江彦桥：《船舶与海洋防污染技术》，上海交通大学出版社 2000 年版。

19. 王曦：《美国环境法概论》，武汉大学出版社 1992 年版。

20. ［美］博登海默：《法理学：法律哲学与法律方法》，邓正来译，中国政法大学出版社 1999 年版。

21. 蔡守秋：《调整论》，高等教育出版社 2003 年版。

22. 赵震江：《科技法学》，北京大学出版社 1998 年版。

23. 杨仁寿：《法学方法论》，中国政法大学出版社 2000 年版。

24. 刘瑞玉：《胶州湾生态学和生物资源》，科学出版社 1992 年版。

25. 马骧聪：《环境保护法》，四川人民出版社 1988 年版。

26. 杨金森、刘容子等著：《海岸带管理指南——基本概念、分析方法、规划模式》，海洋出版社 1999 年版。

27. 许肖梅编：《海洋技术概论》，科学出版社 2000 年版。

28. 刘燕华：《21 世纪初中国海洋科学技术发展前瞻》，海洋出版社 2000 年版。

29. 王振清：《海洋行政执法研究》，海洋出版社 2008 年版。

30. 郑敬高：《海洋行政管理》，中国海洋大学出版社 2002 年版。

31. 王琪：《海洋管理：从理念到制度》，海洋出版社 2007 年版。

32. 徐祥民：《中国环境资源法学评论》，人民出版社 2008 年版。

33. 郑淑英：《中国海上排污与倾废收费政策及标准研究》，海洋出版社 2006 年版。

34. S.A.罗斯编，孙克城译：《全球废弃物调查》，海洋出版社 2001 年版。

35. 孙书贤：《海洋行政执法法律依据汇编》，海洋出版社 2007 年版。

36. 曹明德：《生态法原理》，人民出版社 2002 年版。

37. 杨文鹤：《伦敦公约二十五年》，海洋出版社 1999 年版。

38. 曹明德:《环境侵权法》,法律出版社 2000 年版。

39. 鹿守本:《海洋管理通论》,海洋出版社 1997 年版。

40. 中国海洋年鉴编辑部,《2001 年中国海洋年鉴》,海洋出版社 2002 年版。

41. 杨文鹤:《中国海洋年鉴》(1991—1993),海洋出版社 1994 年版。

42. 王志远、蒋铁民:《渤黄海区域海洋管理》,海洋出版社 2003 年版。

43. 曼库尔·奥尔森著,陈郁等译:《集体行动的逻辑》,上海三联书店 1996 年版。

44. 国家海洋局:《中国海洋行政执法统计年鉴(2001—2007 年)》,海洋出版社 2008 年版。

45. 王长江:《中国政治文明视野下的党的执政能力建设》,人民出版社 2005 年版,第 271、273、262 页。

46. 王长江:《政党现代化论》,人民出版社 2004 年版,第 340 页。

47. Nancy K.Kubasek,Gary S.Silverman:Environment Law,Pearson Education,Inc. 2003.

48. Allan K. Fitzsimmons. Lanham,MD:The ecosystem illusion—Defending illusions:Federal Protection of Ecosystems. Rowman & Littlefield,1999.

(二)中文期刊论文

1. 张和庆:《中国海洋倾废历史与管理现状》,《湛江海洋大学学报》2003 年第 5 期。

2. 肖慧丹、杨小鸣:《如何正确理解海洋倾废的定义》,《海洋开发与管理》2006 年第 3 期。

3. 吕建华:《我国海洋区域执法合作机制建构》,《中国海洋大学学报社科版》2011 年第 5 期。

4. 徐祥民:《极限与分配——再论环境法的本位》,《中国人口·资源与环境》2003 年第 4 期。

5. 郑琳等:《渤海海洋倾倒区使用现状与管理对策研究》,《海洋开发与管理》2010 第 1 期。

6. 邱桔斐等：《东海区海洋倾倒区现状与需求分析研究》，《海洋开发与管理》2007 年第 4 期。

7. 石莉：《海上倾倒区的选划原则》，《海洋信息》1994 年第 4 期。

8. 杨振姣等：《海洋生态安全研究综述》，《海洋环境科学》2011 年第 4 期。

9. 吕建华、杨艺：《论中国东海区海洋倾废管理问题与对策》，《太平洋学报》2011 年第 8 期。

10. 高专：《海洋倾废管理的现状和未来》，《交通环保》1995 年第 4 期。

11. 韩天：《关于建立我国"海洋倾倒区信息管理系统"的初步设想》，《海洋技术》1996 年第 4 期。

12. 何桂芳等：《改进海洋倾废监控仪器装备的初步设想》，《海洋开发与管理》2011 年第 1 期。

13. 张玉芬、蔡思忠：《疏浚物倾废对海域环境影响预测》，《海洋通报》1992 年第 6 期。

14. 鲍建国：《疏浚物倾废对海洋生物的影响》，《交通环保》1994 年第 5 期。

15. 周立波：《浅论海洋行政执法合作机制若干问题》，《河北渔业》2008 年第 1 期。

16. 王刚、王琪：《我国海洋环境应急管理的政府合作机制探析》，《云南行政学院学报》2009 年第 2 期。

17. 王琪、刘芳：《我国海洋管理中的合作机制探析》，《海洋开发与管理》2007 年第 12 期。

18. 陈嘉辉等：《疏浚物海洋倾倒区管理模式的探讨——以大亚湾临时性海洋倾倒区为例》，《海洋开发与管理》2008 年第 8 期。

19. 张功：《21 世纪海洋倾废国际立法趋势及我国对策》，《大连海事大学学报》2000 年第 7 期。

20. 丁金钊：《疏浚物倾废对区域海洋生态环境的影响与对策研究相关文献综述》，《海洋开发与管理》2009 年第 9 期。

21. 郑琳等：《渤海海洋倾倒区使用现状与管理对策研究》，《海洋开发与管理》2010 年第 1 期。

22. 许丽娜：《废弃物海洋倾废废征收标准有关问题的探讨》，《海洋开发与管理》2006 年第 3 期。

23. 李景治：《至于机制与制度》，《政治学》2010 年第 8 期。

24. 齐卫平、朱联平：《构建党的执政能力动作机制刍议》，《理论导刊》2006 年第 2 期。

25. 尹杰：《关于海洋倾倒区管理的探讨——以青岛胶州湾外三类疏浚物海洋倾倒区为例》，《海岸工程》2001 年第 3 期。

26. 刘卫先：《生态法对生态系统整体性的回应》，《环境保护》2008 年第 7 期。

27. 叶先锋：《港口环境对船舶安全航行的影响及安全评价》，《中国水运》2009 年第 5 期。

28. 王小钢：《对"环境立法目的二元论"的反思——试论当前中国复杂社会背景下环境立法的目的》，《中国地质大学学报》（社科版）2008 年第 4 期。

29. 田其云：《海洋生态系统法律保护研究》，《河北法学》2006 年第 5 期。

30. 田其云：《对我国循环经济立法的的思考》，《理论界》2005 年第 9 期。

31. 王琪：《海洋环境管理中的政府行为分析》，《海洋通报》2004 年第 3 期。

32. 王琪：《海洋环境治理的政策选择》，《海洋通报》2005 年第 6 期。

33. 王琪：《论我国海洋政策运行现状及其完善策略》，《海洋开发与管理》2006 年第 12 期。

34. 邱桔斐等：《东海区海洋倾倒区现状与需求分析研究》，《海洋开发与管理》2008 年第 5 期。

35. 曹英志：《我国海洋倾废立法修订的构想和对策》，《海洋信息》2008 年第 2 期。

36. 石谦等：《二氧化碳海洋倾废的研究进展》，《海洋通报》2005 年第 2 期。

37. 张和庆等：《疏浚物倾废现状与转化为再生资源的研究——中国海洋倾废面临的困难和对策》，《海洋通报》2004 年第 6 期。

38. 张士三：《疏浚物海洋倾倒区封闭条件探讨》，《台湾海峡》1998 年第 1 期。

39. 蔡思忠、张玉芬：《我国疏浚物倾废研究现状——物理过程及有关问题》，《海洋技术》1993 年第 1 期。

40. 李幼萌：《国际疏浚物污染研究进展》，《中国港湾建设》2000 年第 3 期。

41. 姜万钧：《海洋倾废实时监控记录仪在海洋倾废管理应用》，《中国新产品新技术》2012 年第 8 期。

42. 李白齐：《对我国海洋综合管理问题的几点思考》，《中国行政管理》2006 年第 12 期。

43. 张辉：《国际海洋法与我国的海洋管理体制》，《海洋管理》2005 年第 1 期。

44. 石莉：《美国的新海洋管理体制》，《海洋信息》2006 年第 4 期。

45. 林千红、洪华生：《构建海洋综合管理机制的框架》，《发展研究》2000 年第 9 期。

46. 范志杰：《我国海洋倾废活动的发展历程》，《交通环保》1994 年第 5 期。

47. 石谦、郭卫东：《海洋倾废的研究进展》，《海洋通报》2005 年第 8 期。

48. 邵秘华：《刍论我国海洋倾倒区选划及管理》，《环境保护》1998 年第 4 期。

49. 高战朝：《英国海洋综合能力建设情况》，《海洋开发与管理》2005 年第 5 期。

50. 李国庆：《美国海洋污染的管理体制》，《海洋通报》1998 年第 2 期。

51. 范晓婷：《日本海洋新政策及其对中国的借鉴意义》，《石家庄经济学院学报》2008 第 8 期。

52. 虞志英、张勇：《疏浚物倾抛对海洋环境影响的研究述评》，《海洋与湖沼》1999 年第 4 期。

53. 尹毅等：《疏浚物倾倒区的疏浚经济性研究》，《海洋通报》1992 年第 12 期。

54. 辛和平、赵明精：《海洋倾废管理模式的初步探讨》，《海洋开发与管理》2003 年增刊。

55. 许丽娜：《废弃物海洋倾废废征收标准有关问题的探讨》，《海洋开发与管理》2006 年第 3 期。

56. 赵明静等：《青岛胶州湾外三类疏浚物海洋倾倒区综合整治研究》，《海洋开发与管理》2010 年第 11 期。

57. 张士三：《疏浚物海洋倾倒区封闭条件探讨》，《台湾海峡》1998 年第 1 期。

58. 邱桔斐等：《海洋倾倒区与航道间距初步研究》，《海洋开发与管理》2012 年第 1 期。

59. 吕建华：《对我国海洋倾废概念立法修订的理性思考》，《环境保护》2011 年第 12 期。

60. 吕建华、高娜：《整体性治理理论对我国海洋环境管理体制改革的启示》，《中国行政管理》2012 年第 5 期。

61. 吕建华：《美国海洋倾倒区选划原则及其对我国的借鉴》，《中国海洋大学学报》（社科版）2013 年第 3 期。

62. 吕建华、平开玉、樊玄鹏：《山东省海洋倾倒区使用现状与管理对策研究》，《东方行政论坛文集》第 1 辑 2012 年第 1 期。

63. 吕建华、杨艺：《中国东海区海洋倾废管理问题与对策研究》，《地域研究与开发》2012 年第 1 期。

（三）中文学位论文

1. 张栋梁：《长期倾废对青岛海洋倾倒区海洋环境的影响研究》，中国海洋大学 2012 年。

2. 杨凡：《航道工程疏浚物倾废对湛江临时性海洋倾倒区海洋环境的影响研究》，中国海洋大学 2011 年。

3. 苟英英：《我国海洋倾废执法现状与改进对策研究》，中国海洋大学

2011 年。

4. 张功：《二十一世纪海洋倾废国际立法趋势及我国对策》，大连海事大学 2000 年。

5. 尹杰：《海洋倾废管理研究》，中国海洋大学 2002 年。

6. 沈晓磊：《我国现行海上执法体制的理论分析及对策研究》，同济大学 2006 年。

（四）外文文献

1. Claudia Copeland, 1999, Ocean Dumping Act：A Summary of the Law, National Council for Science and the Environment, http：//www. ncseonline. org/nle/crsreports/marine/mar−25. cfm.

2. Rt Hon Margaret Beckett, 2001, Safeguarding Our Seas, Department for Environment Food and Rural Affairs, 31, http：//www. defra. gov. uk/environment/water/marine/uk/stewardship/pdf/marine_ stewardship.pdf.

3. Rt Hon Margaret Beckett, 2001, Safeguarding Our Seas, Department for Environment Food and Rural Affairs, 32, http：//www. defra. gov. uk/environment/water/marine/uk/stewardship/pdf/marine_ stewardship.pdf.

4. Christopher Pollit.Joined-up Government：a Survey Political [J]. Studies Revier, 2003, 1 (1)：35

5. Federal Water Pollution Control Act of 1972, available at：http：//epw. senate.gov/water.pdf

6. Marine Protection Research and Sanctuaries Act of 1972, available at：http：//epw.senate.gov/mprsa72. pdf

7. Article 228. 6 & Article 228. 7 of Ocean Dumping Ban Act of 1988, Available at：http：//www.epa.gov/history/topics/mprsa/02. html

8. Article 102 & Arcticle 103 of Marine Protection Research and Sanctuaries Act of 1972, available at：http：//epw.senate.gov/mprsa72. pdf

9. Zou Keyuan, Regulation of Waste Dumping at Sea：The Chinese Practice, Ocean and Coastal Management, 52, (2009), p. 383

10. Perri 6. Holistic Government [M]. London：Demos, 1997.

11. Perri 6, Diana Leat, Kimberly Seltzer and Gerry Stoker. Towards Holistic Governance：The New Reform Agenda ［C］. New York：Palgrave，2002.

（五）法律法规
1. 中华人民共和国海洋倾废管理条例
2. 中华人民共和国海洋倾倒区管理办法
3. 中华人民共和国海洋环境保护法
4. 中华人民共和国海洋倾废管理实施细则
5. 中国海洋倾倒区选划技术导则
6. 疏浚物海洋倾废分类标准和评价程序
7. 联合国国际海洋法公约
8. 1972 伦敦倾废公约
9. 伦敦公约/1996 议定书
10. 美国海洋倾废条例（1988）
11. 澳大利亚 1981 年（海洋倾废）环境保护法（海洋倾废条例）
12. 南非《海洋倾废条例》
13. 澳大利亚海洋倾废条例
14. 英国食品环境保护法
15. 澳大利亚环境保护法
16. 香港海上倾倒物料条例
17. 海洋保护、研究和自然保护区法

（六）其他参考资料
1. 李剑飞、石兆文、蔡少盾、顾正为：《美国海洋资源开发与保护》，《中国海洋报》1313 期，http：//www. soa. gov. cn/shixun/outside/200403/13132c.htm。
2. 国家海洋局东海分局：《1999—2010 年度东海分局海洋倾废管理公报》。
3. 国家海洋局：《2000 年中国海洋环境质量公报》。

4. 国家海洋局:《疏浚物海洋倾废分类标准和评价程序》1992 年 9 月 20 日颁布。

5. 国家海洋局:《2011 中国海洋环境状况公告》。

6. 保卫我们的海洋（2002 年 5 月 1 日），英国政府首次海事工作报告，http：//www.defra.gov.uk/environment/water/marine/uk/policy/index.htm。

7. 丁金钊:《〈海洋倾废管理〉修订中需要重视的问题及建议》,《中国海洋报》2007 年 2 月 6 日。

8. 国家海洋局:《2001—2010 年中国海洋环境质量公报》。

9. 山东省海洋与渔业局:《2001—2010 年山东省海洋环境质量公报》。

10. 国家海洋局:《2008 年渤海海洋环境质量公报》。

后 记

近五年的研究，终将修成正果。在即将结束我的这部著作写作之际，一种成就感、欣慰感、幸福感从心而发。我感慨近五年日日夜夜的困顿、纠结、艰辛与收获成功的喜悦；更感动于诸多老师、学者、同事和我的弟子们无私、热情、友爱地支持和帮助。

首先，我要感谢中国海洋大学这所以"海洋"为特色的世界著名海洋类高等学府，是学校给我提供了研究涉海问题的科研平台，资助我教与研，始终做我们的科研后勤保障。其次，我还要感谢我现在工作所在的法政学院，这个近年来在打造"海洋"和"环境"两大品牌异军突起的新的生力军，是学院给我营造了"你追我赶、奋行上进"的学术研究氛围。再则，我要感谢引领我走上学术科研之路的我国著名环境法学家、中国海洋大学法政学院院长、博士生导师徐祥民教授。我深感我的每一点进步都离不开导师徐祥民教授的教诲与关怀，导师以身作则潜心致力于学术研究，以及在学术上取得的辉煌成就给我带来了莫大的精神动力，始终鞭策、激励我勇往直前、不言放弃。同时，我还要感谢我国著名学者、北京大学政府管理学院周志忍教授，是他给我明确指出了今后在该领域研究的方向，使我能在该书的写作中深受启发，有所创新。当然，我理所应当地要感谢我们的丛书《海洋公共管理》的主编、我国著名学者娄成武教授，是他引领并帮助我们开拓海洋公共管理研究新领域。

我还要感谢我院其他教师：刘惠荣教授、薛桂芳教授、马英杰教授、田其云教授、崔凤教授、王琪教授、同春芬教授、王书明教授、于阜民教授和桑本谦教授，他们对我的研究成果给予了充分肯定，并对书稿内容提出了十分宝贵的意见和建议，以致我能顺利完成这部著作的最终写作。同时，我还要感谢我们教研室的同事：王刚老师、王印红老师、孙凯老师、赵宗金老师等，是他们时时鼓励我努力，不要懈怠，才使我最终坚持下来。当然，我还要感谢我的这几届弟子们，是他们在我的课题研究中辅助我收集和整理资料、财务报账、书稿校对等，应该说本书若能按时出版，一定有他们的功劳。

最后，我还要感谢我的家人，是他们给我解决了生活上的后顾之忧，让我能拿出足够的时间和精力从事课题研究。他们是我追求进步、永不停歇的动力之源。

本书能及时出版，得益于人民出版社王萍主任的大力支持和帮助，在此作者对她一并表示感谢。

责任编辑:张　旭
封面设计:肖　辉

图书在版编目(CIP)数据

中国海洋倾废管理的理论与实践/吕建华 著. —北京:人民出版社,2013.9
(海洋公共管理丛书/娄成武主编)
ISBN 978 - 7 - 01 - 012509 - 1

Ⅰ.①中…　Ⅱ.①吕…　Ⅲ.①海洋倾废-管理-研究-中国　Ⅳ.①X55

中国版本图书馆 CIP 数据核字(2013)第 212581 号

中国海洋倾废管理的理论与实践
ZHONGGUO HAIYANG QINGFEI GUANLI DE LILUN YU SHIJIAN

吕建华　著

人民出版社 出版发行
(100706　北京市东城区隆福寺街 99 号)

北京市文林印务有限公司　新华书店经销
2013 年 9 月第 1 版　2013 年 9 月北京第 1 次印刷
开本:710 毫米×1000 毫米 1/16　印张:16.75
字数:270 千字

ISBN 978 - 7 - 01 - 012509 - 1　定价:38.00 元

邮购地址 100706　北京市东城区隆福寺街 99 号
人民东方图书销售中心　电话 (010)65250042　65289539